东莞市典型火灾事故案例集

黄路生　郭志刚　主编

·广州·

图书在版编目（CIP）数据

东莞市典型火灾事故案例集/黄路生，郭志刚主编. --广州：华南理工大学出版社，2025.4. --ISBN 978-7-5623-7626-2

Ⅰ.X928.7

中国国家版本馆 CIP 数据核字第 2024DM4805 号

东莞市典型火灾事故案例集
黄路生　郭志刚　主编

出 版 人：房俊东
出版发行：华南理工大学出版社
　　　　　（广州五山华南理工大学17号楼，邮编510640）
　　　　　http://hg.cb.scut.edu.cn　E-mail:scutc13@scut.edu.cn
　　　　　营销部电话：020-87113487　87111048（传真）
策划编辑：毛润政
责任编辑：陈丹婷　欧建岸
责任校对：盛美珍
印 刷 者：广州小明数码印刷有限公司
开　　本：787mm×1092mm　1/16　印张：23.25　字数：572千
版　　次：2025年4月第1版　印次：2025年4月第1次印刷
定　　价：89.90元

版权所有　盗版必究　印装差错　负责调换

编委会名单

主　编　黄路生　郭志刚

编写人员（按姓氏笔画排序）

尤高远　朱锐锋　朱润科　刘卫军
刘治平　刘　浩　许仲明　李　博
杨维泽　林映冰　单　祎　赵泳棋
柯　俊　徐向朋　唐葆祥　曾　真
蒋　鹏　谢永波　雷海军

前　言

火灾是一种常见的灾害，它不仅会造成财产损失，还会威胁人们的生命安全。因此，了解火灾的起因、预防火灾的发生和积极应对火灾非常重要。本书汇集了东莞市部分典型的火灾事故案例，旨在通过对这些案例进行分析和总结，提高人们对火灾的认识和防范意识，为减少火灾的发生和保护人们的生命财产安全提供参考和借鉴。

本书列举了 8 种类型的火灾事故案例，分别为生产企业类火灾、锂电池类火灾、在建工地类火灾、仓库类火灾、"三小"场所类火灾、再生资源类火灾、居民住宅类火灾、出租屋类火灾。每个案例都详细描述了火灾的发生经过、救援情况、火灾原因调查、事故教训、火灾警示、调查体会等内容。对每起火灾事故原因进行分析，既展现了火灾事故调查的基本程序和基本方法，又着重突出了各类火灾事故调查的基本思路和技巧。同时，根据不同类型的事故调查，对调查要点进行了深入剖析，并提炼出一些行之有效的调查方法，供各类火灾事故调查人员参考。期望本书能够成为广大读者的指导手册，进而引起人们对火灾防控工作的重视。

本书由东莞市消防救援支队的尤高远、朱锐锋、朱润科、刘卫军、刘治平、刘浩、许仲明、李博、杨维泽、林映冰、单祎、赵泳棋、柯俊、徐向朋、郭志刚、唐葆祥、黄路生、曾真、蒋鹏、谢永波、雷海军等人员参与编写。第一章和第三章由尤高远、杨维泽、林映冰、赵泳棋、柯俊、徐向朋、黄路生编写，第二章、第六章、第七章和第八章由朱锐锋、刘浩、单祎、曾真、蒋鹏、谢永波编写，第四章和第五章由朱润科、刘卫军、刘治平、许仲明、李博、郭志刚、唐葆祥、雷海军编写。因编者能力有限，疏漏和不妥之处在所难免，敬请广大读者批评指正。

编　者

2024 年 1 月

目　　录

第一章　生产企业类火灾事故典型案例 …………………………………… 1
　2012年东莞市中堂镇潢涌村大坝工业区"4·9"火灾 ……………………… 3
　2019年东莞市大岭山镇杨屋村107国道旁"9·4"火灾 ………………… 11
　2021年东莞市麻涌镇豪丰工业园D01栋"4·22"火灾 ………………… 18
　2022年东莞市寮步镇泉塘村大蚬地工业区"3·13"火灾 ……………… 28
　2022年东莞市虎门镇沙角社区凤凰二路220号1栋101室"4·23"火灾 … 36
　2022年东莞市塘厦镇凤凰岗凤南街38号"5·30"火灾 ………………… 46
　2023年东莞市厚街镇厚街社区西环路302号"2·15"火灾 …………… 53
　2023年东莞市樟木头镇樟洋圣淘沙工业区圣陶路77号"3·10"火灾 … 60
　2023年东莞市万江街道莞穗路万江段184号"7·23"火灾 …………… 70
　2023年东莞市道滘镇粤晖路"11·3"火灾 ……………………………… 79

第二章　锂电池类火灾事故典型案例 ………………………………………… 89
　2014年东莞市凤岗镇黄洞村科技路46号"11·19"火灾 ………………… 91
　2022年东莞市清溪镇罗马村罗马路汉通工业园"6·24"火灾 ………… 98
　2023年东莞市石排镇向西沿河路北21号"5·11"火灾 ……………… 111
　2023年东莞市塘厦镇石潭埔创兴路13号5栋"5·17"火灾 ………… 118

第三章　在建工地类火灾事故典型案例 …………………………………… 125
　2020年东莞市松山湖高新技术产业开发区"9·25"火灾 …………… 127
　2022年东莞市清溪镇长山头村清溪大道62号"9·2"火灾 ………… 136

第四章　仓库类火灾事故典型案例 ………………………………………… 151
　2021年东莞市大岭山镇连平村鼎盛产业园"3·2"火灾 ……………… 153
　2022年东莞市洪梅镇洪金路24号"3·11"火灾 ……………………… 161
　2022年东莞市凤岗镇天堂围村兴旺路东二巷3号"4·11"火灾 …… 170
　2022年东莞市大朗镇犀牛陂村公凹二路28号"8·21"火灾 ……… 180

第五章　"三小"场所类火灾事故典型案例 … 185

2011 年东莞市樟木头镇樟洋樟深大道 122 号 "1·13" 火灾 … 187
2011 年东莞市塘厦镇振兴围社区东兴大道南 127 号 "4·17" 火灾 … 196
2011 年东莞市石排镇石兴路 356 号 "5·14" 火灾 … 203
2013 年东莞市长安镇霄边社区大塘路甘元三巷 1 号 "1·20" 火灾 … 209
2013 年东莞市厚街镇珊美社区珊美大道北 78 号 "11·20" 火灾 … 216
2013 年东莞市虎门镇金龙路龙泉小区九巷 8 号 "5·6" 火灾 … 222
2015 年东莞市塘厦镇清湖头竹公岭西 15 号 "2·15" 火灾 … 229
2016 年东莞市大朗镇巷头社区富康北路四巷 15 号 "8·14" 火灾 … 239
2017 年东莞市长安镇东江地摊市场北区 30 号 "2·14" 火灾 … 249
2022 年东莞市大朗镇竹山竹园一路一街 12 号 "10·25" 火灾 … 256
2022 年东莞市企石镇新南村宝石路 485 号 "4·12" 火灾 … 261
2022 年东莞市东城街道主山社区草岭路 3 号 106 室 "9·13" 火灾 … 267
2023 年东莞市大朗镇屏山屏安路 29 号 "5·10" 火灾 … 276
2023 年东莞市莞城街道东门路花街 6 号 "5·5" 火灾 … 281

第六章　再生资源类火灾事故典型案例 … 289

2011 年东莞市长安镇锦厦环村东路 5 号 "9·1" 火灾 … 291
2021 年东莞市虎门镇沙角社区牛荣一路 61 号 "8·8" 火灾 … 300
2022 年东莞市万江街道流涌尾社区大兴工业路 "1·12" 火灾 … 309
2022 年东莞市中堂镇东泊社区新村二街 "9·12" 火灾 … 316

第七章　居民住宅类火灾事故典型案例 … 325

2011 年东莞市谢岗镇泰园社区泰康花园 G 座 405 房 "3·29" 火灾 … 327
2013 年东莞市莞城街道学左前街三巷二横巷 1 号 "10·25" 火灾 … 336
2023 年东莞市道滘镇南城村南中路 35 号 "4·19" 火灾 … 342

第八章　出租屋类火灾事故典型案例 … 347

2012 年东莞市厚街镇三屯社区企山头林屋 32 号 "1·1" 火灾 … 349
2014 年东莞市厚街镇珊瑚路 107 号 "11·20" 火灾 … 355

第一章
生产企业类火灾事故典型案例

2012年东莞市中堂镇潢涌村大坝工业区"4·9"火灾

2012年4月9日4时25分许，东莞市中堂镇潢涌村的东莞建晖纸业有限公司发生较大火灾，火灾烧损厂内设备及物品一批，造成1人死亡。

一、基本情况

东莞建晖纸业有限公司位于中堂镇潢涌村大坝工业区，建于2002年12月，由香港建辉国际实业有限公司与东莞市潢涌实业投资有限公司合资建设，为合资企业，主要生产涂布白板纸和包装纸，年产量100万吨。该厂区占地面积43.3万平方米，有一个发电站和三条造纸生产线，由北往南依次为发电厂及污水处理厂、一期生产线、成品仓库、二期生产线、三期生产线、废纸棚（见图1-1）。公司的东面是规划路，南面是大坝村，西面是大坝路，北面是东江。

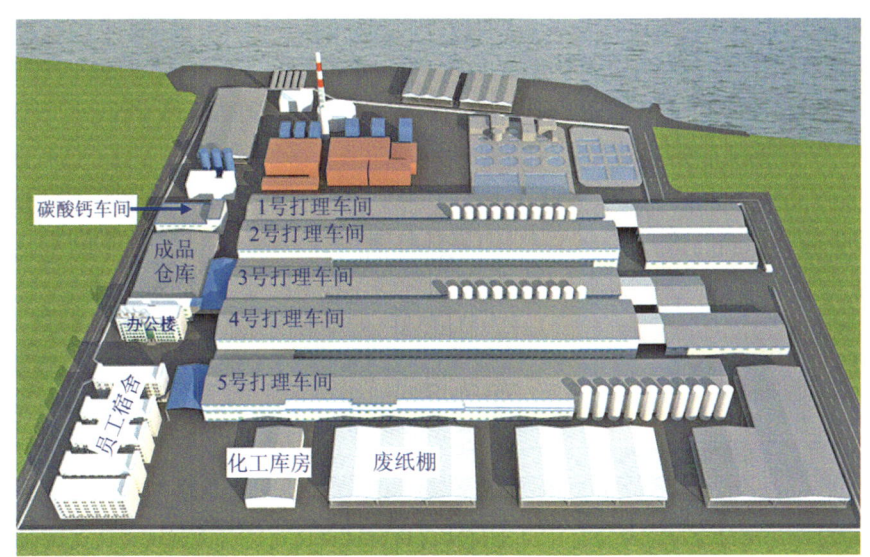

图1-1 纸厂建筑分布情况

起火建筑为3栋两层高的造纸厂房完成车间和1栋单层的成品仓库，钢筋混凝土结构（见图1-2），均为二级耐火等级。一期、二期生产厂房，呈"U"字形布局；三期生产厂房，呈长方形布局。二期与三期完成车间之间（防火间距25米）、二期完成车间与成品仓库之间（防火间距30米）、三期完成车间西面的消防通道上方局部搭建了钢结构雨棚。

图 1-2 起火建筑外围情况

二、火灾发生经过和救援情况

2012年4月9日4时31分，东莞公安消防局指挥中心接到报警：东莞市中堂镇潢涌大坦工业区的东莞建晖纸业有限公司发生火灾。接到报警后，指挥中心先后调派31个中队（含专职队）、62辆消防车、1艘消防船、290多名消防员赶往现场扑救，并向省消防总队请求增援。省消防总队接报后，先后调派广州、佛山、深圳、中山4个支队和总队直属特勤大队赶赴现场增援。现场总共投入133辆消防车、2艘消防船、640多名消防员及400多名其他社会救援人员，调集铲车、叉车、抱车、翻斗车等机械作业车辆46辆，医疗、供电、环保、安监、海事等部门工作车52辆，海事用船2艘，参与火灾救援工作。

火灾发生后，广东省公安厅、省消防总队，东莞市人民政府、市公安局、市公安消防局，中堂镇人民政府等有关单位的领导先后到场指挥灭火救援及处理善后工作。

三、火灾原因调查

火灾发生后，在广东省消防总队的指导下，东莞市公安消防局与公安刑侦部门积极开展了调查工作。通过大量的调查询问取证工作，对火灾现场进行详细的内外围反复勘查，收集和掌握了大量的第一手材料。

（一）起火部位与起火点的认定

（1）起火部位的认定。

经调查询问、现场勘验，认定起火部位为一期完成车间与二期完成车间的通道处（见图1-3）。主要依据如下：

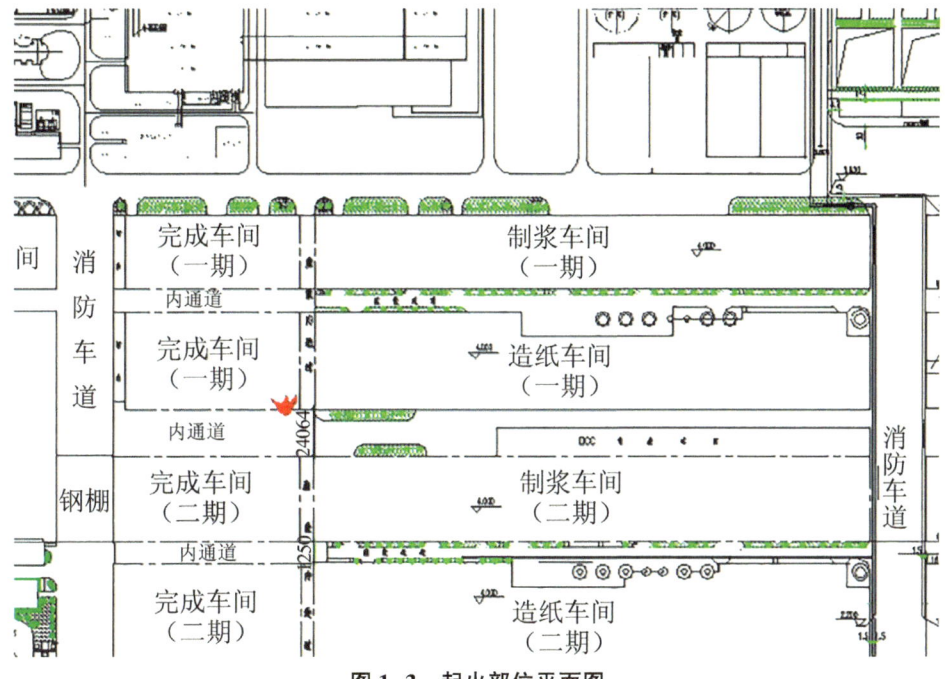

图 1-3 起火部位平面图

①证人证言。复卷机班长黎某林:"从窗户往外看,看到一期与二期成品仓的通道处东侧有火光冒出来,很亮、很闪。从一期成品仓南侧的楼梯下到一楼,看到有电缆掉在楼梯口前。又走到对面外墙处,看到对面的纸卷着火了。着火纸卷在一期与二期成品仓之间,比较靠近一期成品仓楼梯口处,当时纸卷只是表面在烧。"一期完成车间叉车工邹某英:"在一、二期完成车间之间的过道转弯发现,前面的过道里面有很亮的光,等后退至转弯处时,又发现最前面厕所过道上有东西烧得很快,还有物品往下掉。"二期完成车间叉车工刘某威:"在横穿二期完成车间东北向的通道时,看到疏散通道处有火光。"一期完成车间叉车工贾某闯:"看到一期成品车间里面的厕所附近有烟、有火光。"1号复卷机主操文某顺:"通过窗户探出头往下看,看到一期与二期完成车间连接通道有火光,从右手边楼梯跑下去,看到整排电缆掉到靠近楼梯口的通道地面。"一期造纸车间湿部控制室值班班长洪某葵:"看到成品仓有火苗,在纸的上方燃烧。"三期完成车间叉车工张某建:"看到二期仓库通道有明火在燃烧。"保安部副班长孟某宇:"走到成品库与车间之间的通道,就看到通道中间部位起了很大的火,当时电缆和桥架都已经烧塌了。"二期制浆车间电气工黎某华:"通过值班室旁边的小门,看到一期与二期成品仓之间的通道及一楼仓库靠东边的多个纸卷上部着火。"2号复卷机主操陈某涛:"看到一楼一期与二期完成车间之间的过道的火很大。"

②现场勘验。经对该部位的柱子勘验发现,1至6号柱(见图1-4)的烧损程度不同,1号、4号柱烧损较轻,2号、5号柱下半部比上半部烧损严重,3号、6号柱烧损严重,且3号、6号柱中下部混凝土烧损程度最严重,部分钢筋裸露,上部烧毁脱落程度较轻。表明该部位最早起火,燃烧时间长。

图 1-4　1 至 6 号柱烧损情况

（2）起火点的认定。

经现场勘验、调查询问，认定起火点为东莞建晖纸业有限公司一期完成车间与二期完成车间通道的 3 号柱东侧。主要依据如下：

①证人证言。据上述的邹某英、贾某闯、文某顺、孟某宇、黎某华等人的证言。

②现场勘验。一期完成车间与二期完成车间的通道处上方的二期高压电缆桥架北侧变形，但仍悬挂在上面；二期西侧的三期电缆桥架掉落，但电缆仍保留较为完整，绝缘铠甲等较为完好；三期西侧的低压电缆桥架烧损严重，在 3 号柱东侧，有 4 股三相五线的低压电缆掉落及熔断（见图 1-5），说明此处火势较为猛烈且较早发生燃烧。

图 1-5　3 号柱东侧掉落的电缆

(二) 起火原因的认定

(1) 排除人为放火的因素。经勘验和排查，起火部位没有发现放火及助燃剂燃烧迹象，东莞市公安局中堂分局排查厂内员工后，未发现可疑线索，出具了《关于"4·9"建晖纸业有限公司火灾事故暂排除人为纵火的报告》，排除人为放火的嫌疑。

(2) 排除自燃及吸烟遗留火种引起火灾因素。经现场勘验，起火部位堆放的均为纸卷，没有存放自燃物品。该起火灾从发现到燃烧，时间短、起火快，无阴燃起火痕迹特征，排除自燃及吸烟遗留火种引起火灾因素。

(3) 排除雷击引发火灾因素。据东莞市中堂镇气象部门提供的资料，火灾发生前后，东莞建晖纸业有限公司区域无雷电现象发生。

(4) 经现场勘验，起火点上方有带电电气线路经过，而且该电气线路发现有熔痕（见图1-6、图1-7），提取该处的熔痕，经公安部消防局沈阳火灾物证鉴定中心鉴定，部分熔痕为短路作用形成，具备引起火灾的条件。

图1-6 现场提取的电线检材（1）

图1-7 现场提取的电线检材（2）

（5）起火点堆放的是纸卷，具备被引燃的可燃物。

（6）火灾发生前动力部监控室对电力线路运行进行监控的设备显示，电力设备曾发生突然断电，并且配电柜安全保护开关发生跳闸。

（7）据叉车工王某清（见图1-8、图1-9）："我从一期成品仓完成车间用叉车运一个611型号纸卷，送到二期成品仓堆放该型号纸卷的地方，把车停在纸卷前面，然后把叉车前端的抱臂升起来（当时下面已经放了5个纸卷），升到可以放的高度，对准放好后，把叉车往后退，退的时候叉车的升降杆刮到了上面的铁皮盒，之后一块铁皮掉下来，砸到我的头，我的头流血了。然后，铁皮盒也开始掉下来，先砸到叉车顶的一端，掉到叉车的另一端时我跳车了。这时，我看到铁皮盒一直沿着一期成品仓那边掉下来（连续响，砸地面的声音）。"之后，厂内大面积停电，在叉车工王某清撞跌的电缆桥架、电缆线及一期与二期成品仓之间的纸卷堆垛上方发生火灾。王某清开叉车撞跌整条电缆桥架和电缆线，与停电、发生火灾紧密关联。

图1-8 移动后的叉车位置

图1-9 现场指认叉车

综上所述，根据现场勘验、证人证言，认定该起火灾起火原因是东莞建晖纸业有限公司完成车间叉车工王某清在搬运纸卷过程中，不慎撞跌电缆桥架及电缆线，造成电缆线机械损伤，绝缘性被破坏，电缆线短路引燃纸卷。

四、事故教训

（1）该单位安全生产责任落实不到位，未按照《中华人民共和国消防法》相关的要求，履行相应的消防安全职责。东莞建晖纸业有限公司未落实消防安全职责，不顾消防安全，在一期与二期完成车间的建筑防火间距之间建有实体连接，且在二期与三期完成车间之间、二期完成车间与成品仓库之间、三期完成车间西面的消防通道和建筑防火间距之间擅自搭建雨棚，存在安全隐患。火灾发生时，由于该公司在雨棚及一期、二期完成车间的连接处堆放大量纸卷，严重占用、堵塞消防通道，导致火势进一步蔓延，造成消防车辆无法通行，灭火的消防人员没有作业空间，严重影响火灾扑救。

（2）电缆下方堆放可燃物，存在火灾隐患，火灾荷载大。一般初起火灾在蔓延时以热辐射和热传导为主，蔓延速度相对较慢。东莞建晖纸业有限公司在完成车间内堆放大量纸卷，特别是在电缆桥架下方违规堆放大量纸卷，而电缆桥架固定不牢、无盖板，叉车撞击后，电缆桥架大片掉落，导致电缆短路后引燃纸卷，蔓延成灾。此次火灾由于现场规模较大，通风良好，火灾发生后现场产生热对流现象，高温烟气无法散去而在空间内迅速蔓延，并将流经之处的纸卷引燃，从而导致火势迅速蔓延。

（3）安全教育培训不到位，员工安全生产意识淡薄。经调查询问，该公司多名员工反映，在上岗前并未接受过岗前培训及安全教育培训，且在实地工作时也未做好佩戴安全头盔等个人防护措施。特别是引起火灾事故的叉车工王某清，作业时不戴安全头盔，操作失误后未及时补救和报告有关情况，而是自己离开现场。发生停电后，遇难者（崔某刚）被困电梯，不懂如何逃生自救，14分钟后才打出求救电话，错过了逃生的时机。这些情况暴露出该公司对员工的安全教育不够重视，缺少必要的安全培训，安全教育流于形式，员工安全防范意识淡薄。

五、火灾警示

（1）落实企业安全生产和消防安全主体责任。企业等单位是安全生产和消防安全的责任主体，单位的法定代表人或主要负责人是单位安全生产、消防安全第一责任人，对单位安全生产和消防工作全面负责。一要认真贯彻执行国家、省（区）、市关于进一步加强企业安全生产工作的有关通知精神，确保安全生产有关法律、法规、规范、标准等在单位得到贯彻落实，保障从业人员的人身安全与健康。二要进一步加强消防安全标准化管理，落实逐级负责制和岗位责任制，切实提高消防安全管理水平。有关部门要督促所辖企业签订安全生产责任书和消防安全责任书，建立健全安全生产和消防安全管理架构，做到责任具体、分工清晰、主体明确、权责统一，确保企业安全生产和消防安全主体责任落实。

（2）进一步强化部门监管职责，增强隐患排查整治力度。该起火灾事故从发生到快速蔓延，与企业违规私自搭建遮雨棚、违规堆放易燃物有着密切的联系。有关部门要认真吸取教训，进一步强化各职能部门的依法监管作用，深入组织开展安全隐患大排查、大整治行动，切实消除乱搭乱建、乱堆乱放、违规住人、违规生产经营等隐患，深入推进安全工作网格化管理，做到定人定格、定岗定责、定期定量管理，合力共筑安全堡垒。有关安全生产监督管理部门要严格按照安全生产"属地管理""谁主管、谁负责"的原则，依法履行安全生产监督管理职责，加强安全生产监督巡查力度，督促经营单位切实落实安全生产责任制。

（3）进一步强化火灾预防和灭火救援能力。各镇（街）要认真贯彻落实《东莞市消防安全网格化管理试点工作方案》中的有关规定，结合东莞市消防安全委员会提出的以信息化为牵引，创新"五网"（火灾综合防控网、灭火救援区域网、行业依法监管网、单位自我防范网、宣传教育覆盖网）机制保障体系，建立责任明确、机制健全、运行高效的消防安全管理网络，把消防安全责任层层落实到最基层、最末端，各镇街（园区）要建立本地应对灾害事故的应急救援预案，建立健全火灾事故快速联动反应机制，定期组织开展实战演练，实时掌握辖区灾害事故风险信息，提高部门与部门之间、部门与企业之间的指挥协调和应急处置能力。

（4）进一步强化安全生产和消防安全的宣传教育工作。一要积极参与国家的安全生产教育培训，着重抓好企业法人及从业人员的安全生产培训考核工作，提升企业法人和从业人员的安全生产意识，逐步提高企业安全生产保障能力。二要提高群众消防安全意识，普及防火灭火常识以及逃生自救知识，并督促各生产经营单位落实消防安全培训工作，使从业人员熟悉本岗位的防火灭火措施。三要通过网络、电视、报刊、墙报等途径对安全生产及火灾事故进行报道，深入剖析事故原因，用鲜活的例子教育群众，使群众牢固树立安全生产和消防安全观念，营造"关注安全、关爱生命""全民消防，生命至上"的氛围，让安全生产和消防安全宣传教育深入人心。

六、调查体会

在火灾调查中，对全厂的1 000多名员工，调查人员逐一排查、询问相关员工，通过筛选，调查人员敏锐地捕捉有用信息作为突破重点，深入细致地开展调查工作。调查人员在王某清这一可疑人员的身上，不放过任何一点线索，多次对王某清进行了询问。另外，刑侦等部门的介入也起到了很大的作用。为找出与火灾原因有关的电气线路、叉车的位置，调查人员冒着建筑物随时倒塌的危险，在大火仍然燃烧的车间、库房多次深入现场查找火灾痕迹，面对高温浓烟，面对楼上的滴水，面对没膝的积水，调查人员没有退缩，没有怨言，对近千米的电气线路及上万平方米火场中10多台被烧毁的叉车，调查人员都一一认真查清位置和可疑之处，及时保全了极其关键的火灾证据。

2019年东莞市大岭山镇杨屋村107国道旁"9·4"火灾

2019年9月4日18时53分许,东莞市大岭山镇杨屋村107国道边的东莞市创嘉家具实业有限公司生产厂房发生一起较大火灾事故,火灾烧损部分建筑结构,烧损了东莞市创嘉家具实业有限公司和东莞市玩木家具有限公司的家具原材料、半成品、成品、机器设备及物品一批,造成3人死亡,3人受伤。

一、基本情况

东莞市创嘉家具实业有限公司位于东莞市大岭山镇杨屋村107国道旁,起火建筑东侧为联丰巷,南侧为居民区,西侧为宿舍及办公楼,北侧为东莞市凯盛劳保用品有限公司厂房(见图1-10)。起火建筑为一栋L型建筑,地上四层,首层至第三层为钢筋混凝土结构,第四层为钢结构,首层的四周搭建了大量铁皮棚(见图1-11)。经现场测量,该建筑占地面积约1 600平方米,首层四周搭建的铁皮棚面积共约1 230平方米,总建筑面积约7 630平方米。首层为家具生产车间和家具原材料堆放区,第二层为家具生产车间,第三层为家具仓库,第四层为家具生产车间和家具仓库。其中,东莞市创嘉家具实业有限公司出租首层局部和四层整层给东莞市玩木家具有限公司作为家具生产车间和仓库。

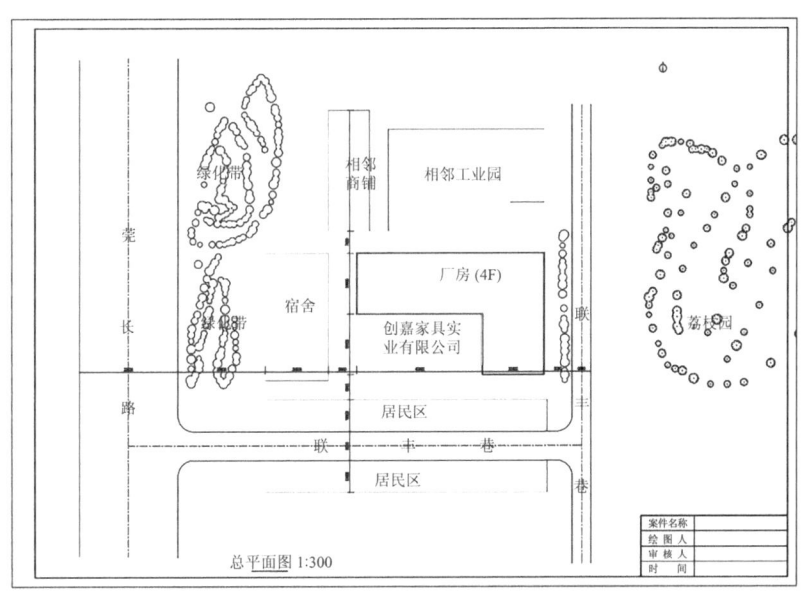

图1-10 东莞市创嘉家具实业有限公司平面图

图 1-11 搭建的铁皮棚

二、火灾发生经过和救援情况

2019年9月4日18时55分许,东莞市消防救援支队指挥中心接到报警:东莞市大岭山镇杨屋村107国道边的东莞市创嘉家具实业有限公司厂房发生火灾。指挥中心立即调派大岭山消防大队6辆消防车、22名指战员赶赴现场处置,同时调派松山湖、长安、虎门、特勤、大朗等5个消防大队共17辆消防车、56名指战员前往增援。18时58分,大岭山杨屋村消防站首先到达现场进行火灾初期扑救并了解人员被困情况,随即大岭山消防大队到场,迅速展开灭火行动并抢救被困人员,通过架设三节金属拉梯救出第四层被困人员12人,破拆厂房内部电梯救出被困人员2人。19时35分,东莞市消防支队全勤指挥部赶赴现场。20时15分,火势得到控制,随后省消防总队全勤指挥部到场指挥。22时30分,在建筑第三层东南角楼梯间搜到3名遇难者遗体。23时,明火被完全扑灭。此次火灾事故共造成3人死亡,3人受伤。

火灾发生后,广东省人民政府、省应急管理厅、省消防总队,东莞市人民政府、市应急管理局、市消防支队及大岭山镇人民政府等有关单位的领导先后到场指挥灭火救援及处理善后工作。

三、火灾原因调查

调查人员通过大量的调查询问取证工作,对火灾现场进行详细的反复勘查,收集和掌握了大量的第一手材料,查清了事故的原因。

(一)起火时间的认定

经调查,认定起火时间为 2019 年 9 月 4 日 18 时 58 分许。主要依据如下:

监控视频显示,2019 年 9 月 4 日 18 时 58 分 46 秒(北京时间为 18 时 52 分 53 秒,经校对时间,监控视频时间比北京时间快 5 分 53 秒),东莞市创嘉家具实业有限公司生产厂房首层东面外墙的电线槽出现喷溅火花,引燃电线槽下方堆放的废弃海绵等生产原材料引发火灾。

(二)起火点的认定

经调查,认定起火点位于东莞市创嘉家具实业有限公司生产厂房首层东面外墙搭建的铁皮棚下方 3 号窗与 4 号窗之间区域(由北至南依次为 1 号、2 号、3 号、4 号、5 号、6 号窗)。主要依据如下:

(1) 2019 年 9 月 4 日 18 时 58 分 46 秒,东莞市创嘉家具实业有限公司生产厂房首层东面外墙的电线槽出现喷溅火花,引燃电线槽下方堆放的海绵等生产原材料引发火灾。

(2) 证人证言。据张某某、陆某等人反映,该公司生产厂房首层东面外墙 3 号窗与 4 号窗之间的区域最先着火。

(3) 现场勘查情况。3 号、4 号窗之间外墙墙皮脱落最严重,中间重两边轻,呈"V"形痕迹。

(4) 对首层东面外墙的电线槽进行勘验发现,部分电线有明显的短路打火痕迹,电线槽有多处击穿痕迹,有多颗熔珠粘在线槽上(见图 1-12)。

图 1-12 首层东面外墙烧损情况

(三)起火原因的认定

经现场勘验、调查询问、监控视频分析、物证鉴定,认定起火原因为东莞市创嘉家具实业有限公司生产厂房首层东面外墙的电线槽内生产用电的电线短路，喷溅高温熔珠引燃下方的海绵等生产原材料引发火灾。依据如下：

（1）监控视频显示，2019年9月4日18时58分46秒，东莞市创嘉家具实业有限公司生产厂房首层东面外墙的电线槽出现喷溅火花，引燃电线槽下方堆放的废弃海绵等生产原材料（见图1-13）。

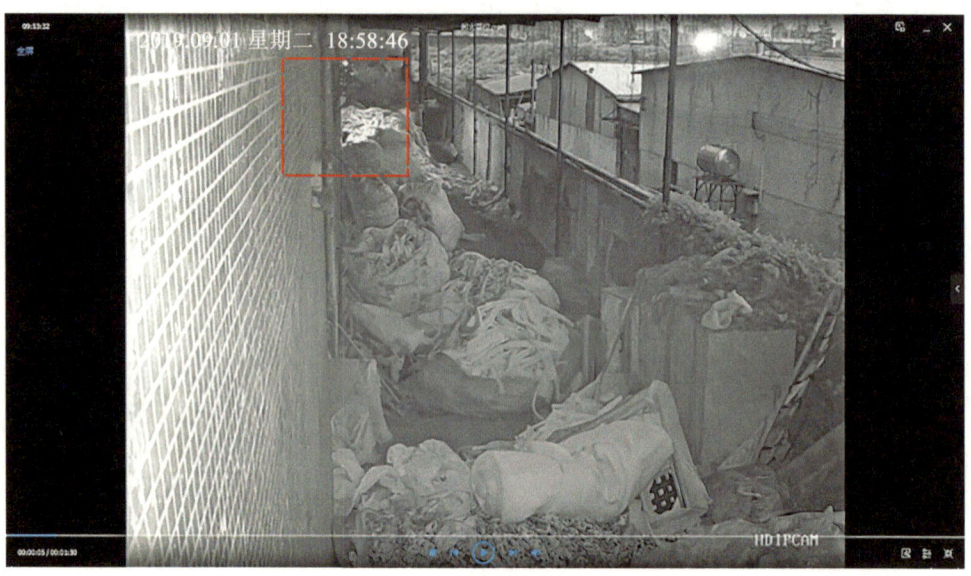

图1-13　东面外墙的电线槽出现喷溅火花

（2）经现场勘验，起火点处有电线经过，部分电线有明显的短路打火痕迹，电线槽有多处击穿痕迹，有多颗熔珠粘在线槽上，具备引起火灾的条件（见图1-14、图1-15）。

图1-14　东面3号窗与4号窗之间的外墙上线槽烧损情况

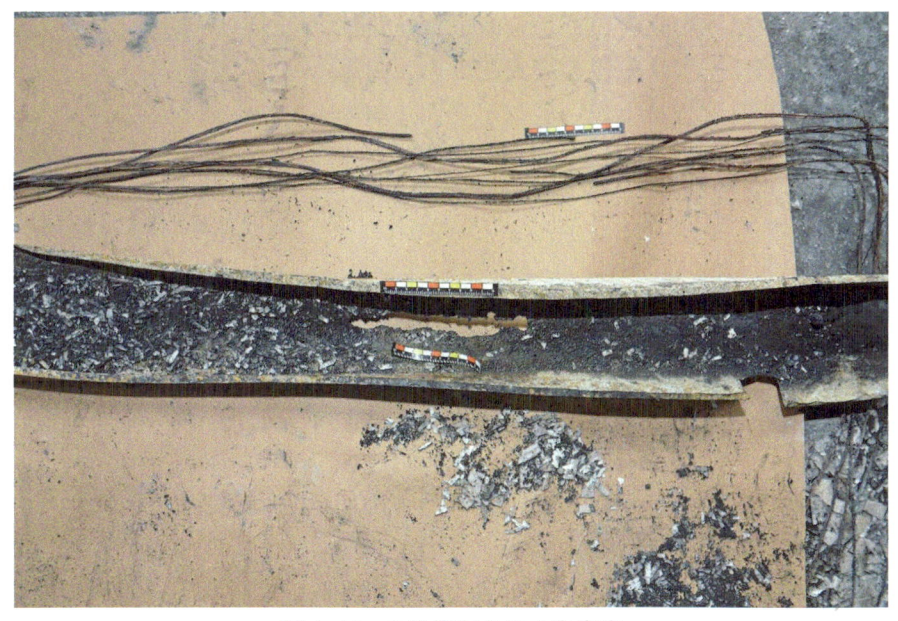

图 1-15　电线槽有多处击穿痕迹

（3）起火点处有大量易燃海绵等生产原材料，具备电线短路引发火灾的条件。

（4）提取 3 号、4 号窗底部残留物进行水洗后发现多颗熔珠，提取该熔珠，经广东震华痕迹司法鉴定所鉴定（粤震司法鉴定所〔2019〕痕鉴定第 273 号），熔珠为一次短路作用形成（见图 1-16）。

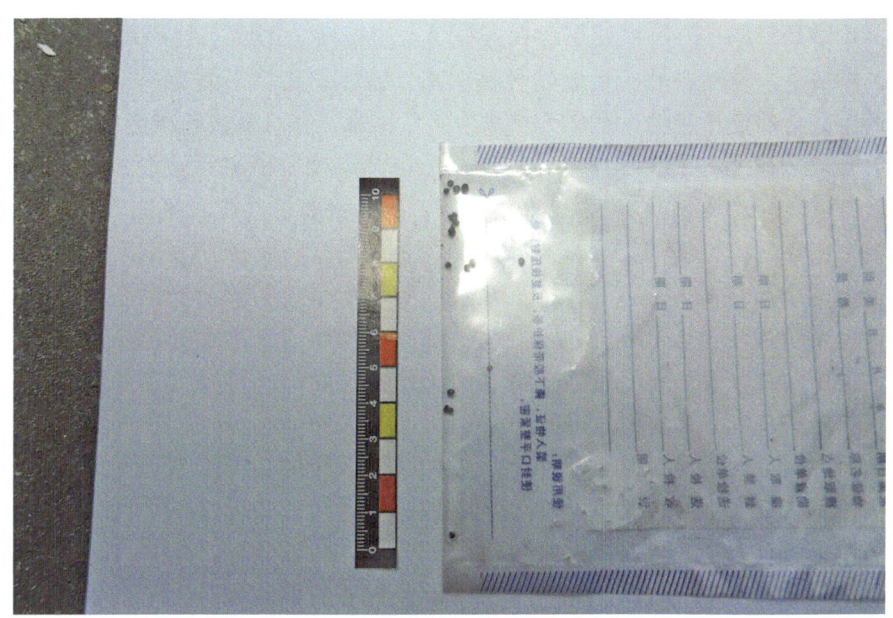

图 1-16　水洗后提取的多颗熔珠

（5）用手持数字高斯计对 3 号、4 号窗之间的电线槽进行剩磁测量，最高值是 3.4 毫特斯拉（见图 1-17）。

综上所述，根据现场勘验痕迹、证人证言、监控视频、司法鉴定等证据，认定该起火灾起火原因为东莞市创嘉家具实业有限公司生产厂房首层东面外墙的电线槽内生产用电的电线短路，喷溅高温熔珠引燃下方的海绵等生产原材料引发火灾。

四、事故教训

（1）起火建筑存在"先天不足"问题，长期"带病运行"。起火建筑未办理工程规划许可证及施工许可证，企业投入使用后，均未申请办理消防行政许可手续，建筑存在"先天不足"问题。而且，疏散楼梯未设置封闭楼梯间，违章搭建铁皮棚，占用消防通道，安全出口处设置卷帘门，生产车间与仓库分隔不符合要求，此类问题一直存在，长期"带病运行"。

（2）违规搭建严重。起火建筑首层外围及屋面均有大量违章搭建铁皮棚，且作为生产车间及货物堆放使用，占用了建筑防火间距和火场逃生路径，增加了建筑火灾负荷，加大了火灾扑救难度。外墙电线短路

图 1-17　用手持数字高斯计对电线槽进行剩磁测量

后，因存在违章搭建的铁皮棚，火灾形成的烟气无法向外扩散，导致烟气迅速向建筑内部蔓延，扩散到二层、三层、四层，火灾蔓延至整栋楼。第四层（整层天面）违章搭建铁皮棚，堆放了大量的成品、半成品等易燃物，破坏了建筑平面布局，发生事故时，人员无法逃生到天面进行避险，造成人员逃生自救困难，并对事故救援造成极大的影响。

（3）电线设置不符合要求。厂房内的部分电线未按要求进行敷设，存在电线接头现象，部分电线槽内出现强电弱电混合布置现象，部分金属线槽没有接地，部分货物、生产原材料堆放在电线下方，一旦遇到电线短路或过载等情况，极易引燃周围可燃物。

（4）日常管理混乱。起火建筑内的企业未制定本单位的消防安全制度、消防安全操作规程等，未组织开展防火巡查，未及时消除火灾隐患，未落实好消防设施的管理、维修、保养等工作。此外，起火建筑内部堆放大量聚氨酯等家具原材料及家具半成品、成品，且货物堆放凌乱，容易引发火灾。

（5）疏散通道不畅通。起火建筑设置的两条疏散楼梯均不能直通室外，且楼梯间未设置防火门。火灾发生时，大量有毒烟气封住逃生通道，并迅速扩散到二层、三层、四层，人员因吸入有毒烟气，丧失逃生自救能力。

（6）消防设施未保持完好有效。起火建筑虽配备了消防设施，但发生火灾时，消防设施未响应动作，不能及时对初期火灾进行扑救，造成了火势失控蔓延。

（7）消防宣传、培训不到位。据了解，3名遇难者均为入职不到一周的新员工，未接受生产安全和消防安全等有关的培训，严重缺乏消防安全逃生意识和技能。发现火灾后，员工在两分钟内切断了全厂电源，造成人员疏散困难。说明员工的消防安全意识薄

弱，对身边明显存在的火灾隐患辨别不清、重视不够，火灾发生后，大部分员工不懂如何采取有效的措施进行逃生。

五、火灾警示

（1）严把企业安全准入关。在引进企业项目时，要从建筑耐火等级、防火间距、消防设施、消防供水等方面对火灾危险性进行评估，评估不合格的，应当制定、落实相应的技术改造措施或者不予引进。此外，企业应依法申请办理建设工程消防设计审查、消防竣工验收或者备案抽查。

（2）严格落实消防安全主体责任。企业法人是消防安全的第一责任人，必须正确处理好安全与发展之间的关系，坚决贯彻执行消防有关的法律法规，掌握单位消防安全情况，保障单位消防安全符合规定。要明确企业各个岗位的消防安全职责，并组织全体员工进行岗前培训，使其掌握岗位安全生产有关制度和操作规程，熟悉消防安全自救逃生和扑救初期火灾常识。同时，要制定符合企业实际的防火检查巡查、消防控制室值班、动火审批等消防安全制度，并严格抓好落实。

（3）加强日常消防安全管理。定期组织开展防火巡查、检查，重点检查消防设施是否完好有效、安全疏散通道是否畅通、电气燃气线路管道是否维护到位、消防水源是否充足、防火间距及消防车通道是否被占用、用火用电用油用气是否符合规定等。

（4）提高应急处置能力。企业应组建本单位的消防应急救援力量，配备相应的人员和器材装备，并制定灭火应急疏散预案，定期对企业的工艺流程、生产装置、管道阀门、危险品特性和安全防护等方面开展贴近实战的灭火救援技能训练和综合演练，确保快速处置初期火灾。

六、调查体会

火灾发生后，火灾调查人员（火调人员）及时赶赴现场，第一时间提取监控视频资料，连夜对视频进行分析，迅速确定起火部位，为进一步的调查指明了方向。在确定起火部位后，火调人员迅速开展现场勘验工作，对电线槽进行详细勘验，最终在电线槽和电线上都找到相对应的熔痕，在证人的指证下固定物证并对其进行提取，同时将起火部位及其附近的残渣运至室外且用水进行冲洗，提取到多颗熔珠。通过鉴定，为一次短路作用形成，为认定起火原因提供了确凿的证据。

此次火灾造成 3 人死亡，3 人受伤，起火部位在建筑外面，外墙电线短路后，迅速向建筑内部蔓延，扩散到二层、三层、四层，这给起火建筑内的人员提供了宝贵的逃生时间。但火灾还是造成了 3 人死亡，且遇难者的位置在建筑的三层。而受伤的 3 人中有 2 人是通过货梯来逃生，结果被困在货梯内。从这些情形可以看出，群众的消防安全意识淡薄，平时不注重火灾防范，且火灾处置方法不当，逃生自救技能缺乏。

2021年东莞市麻涌镇豪丰工业园D01栋"4·22"火灾

2021年4月22日5时31分许,东莞市消防救援支队指挥中心接到报警:东莞市麻涌镇豪丰工业园D01栋厂房发生火灾。火灾烧损部分建筑结构、设备、办公用品、生产材料及物品一批,造成2人死亡。

一、基本情况

D01栋厂房位于麻涌镇豪丰电镀、印染工业基地内,建筑东面是园区道路,南面是污水处理厂,西面是在建工地,北面是D02栋厂房。

D01栋厂房地上四层(见图1-18),建筑高度23.95米,占地面积1 643.69平方米,建筑面积6 574.76平方米。建筑为钢混结构,耐火等级为二级。建筑设置了室内消火栓系统,2个封闭楼梯间分别设置在该建筑东、西两侧,采用自然通风系统,配置了消防应急照明、疏散指示标志和灭火器等消防器材。

东莞市豪丰环保投资有限公司于2019年5月22日将D01栋建筑的三层、四层租赁给东莞新安力升金属科技有限公司作电镀厂房使用,于2019年10月29日将D01栋建筑的一层、二层租赁给东莞市精一新材料表面处理有限公司作电镀厂房使用。

图1-18 起火建筑D01栋

二、火灾发生经过和救援情况

2021年4月22日5时31分许,东莞市消防救援支队指挥中心接到报警:东莞市麻涌镇豪丰工业园D01栋厂房发生火灾。指挥中心立即调派麻涌、特勤、南城、虎门、大岭山、万江、道滘、中堂、洪梅、望牛墩大队及应急通信与车辆勤务站共33辆消防车、112名指战员赶赴现场处置。

东莞市消防救援支队麻涌大队于5时41分到达现场,现场火势猛烈,浓烟滚滚,呈立体燃烧状态,大队指挥部立即向支队指挥中心汇报并请求支援,同时设置3组水枪阵地,成立内攻组、破拆组,深入火场进行扑救。支队全勤指挥部按照一次性调集、多点调派的方式动员灭火、供水、举高、指挥和保障等力量,现场一共调派12个大队、33辆消防车,其中大功率水罐车26辆、举高车5辆、远程供水车组1套、充气车1辆。

市消防救援支队全勤指挥部到达现场,立即对火场进行侦察,在听取现场指挥员报告后,根据现场火势情况,命令调整部署,调度多辆灭火水罐车和人员加入灭火行动,内攻小组铺设水带进入火场进行内攻,搜救小组进入火场进行搜救。根据现场评估,建筑内危化品转移前,现场以高喷消防车作为主要力量控制火势。

在相关部门反馈有两名失联人员后,市消防救援支队全勤指挥部立即命令特勤一、特勤二内攻小组铺设水带,穿着防护服分别从厂房东北侧和西北侧楼梯进入车间内部开展内攻搜救任务,在厂房第四层操作间过道位置发现两名被困人员后,将其转送到一楼。

9时42分,明火已基本被扑灭,消防队员继续对火场进行持续射水冷却降温,各灭火小组认真排查各区域有无残留余火,防止火灾复燃,经反复排查后,消防救援人员分批次返回单位备勤。

火灾发生后,广东省应急管理厅、省消防救援总队,东莞市人民政府、市应急管理局、市消防救援支队和麻涌镇人民政府等有关单位的领导先后到达现场指挥灭火救援及善后工作。

三、火灾原因调查

经现场勘验、调查询问、监控视频分析以及物证鉴定(检测),认定事故直接原因是东莞市精一新材料表面处理有限公司在二层车间南侧"实验生产线"上的"中磷化学镍槽"内电加热棒处于低液位加热状态,电加热棒高温引燃"中磷化学镍槽"槽壁(PP材料)起火蔓延成灾。东莞市精一新材料表面处理有限公司二层车间发生火灾后,高温热烟气和明火通过蒸发式冷风机以及废气收集管道快速蔓延到其他楼层,导致东莞新安力升金属科技有限公司四层车间内的2名员工吸入有毒烟气,造成人员死亡。

(一)起火时间的认定

经调查,认定起火时间为2021年4月22日5时17分许。主要依据如下:

（1）调查询问情况。根据保安汪某某询问笔录，4月22日5时03分—5时21分许，汪某某到东莞市精一新材料表面处理有限公司内二层南侧生产线打开照明灯和设备开关（见图1-19）。5时30分许，其在二层阁楼制水间听到响声后，又看到生产线冒了很多烟。

（2）监控视频分析。东莞市精一新材料表面处理有限公司内二层车间"实验生产线"上监控视频（IP51）显示，5时17分10秒许，"中磷化学镍槽"开始有烟气冒出；5时17分47秒，"中磷化学镍槽"出现第一次火光闪烁；5时18分01秒，"中磷化学镍槽"明火范围开始扩大，火焰位置在槽内靠窗户一侧；5时27分15秒，槽内火焰蔓延至周边及上方设备，烟气增多；5时29分20秒，烟气已全部遮挡监控图像（见图1-20、图1-21）。

图1-19　保安汪某某打开设备开关

图1-20　"中磷化学镍槽"开始有烟气冒出

图 1-21 "中磷化学镍槽"火焰蔓延

(二)起火部位的认定

经调查,认定起火部位为东莞市精一新材料表面处理有限公司二层车间"实验生产线"(根据《东莞市群和智能科技有限公司建设项目环境影响报告书》,该"实验生产线"名称为"自动挂镀铜镍银生产线"的"中磷化学镍槽")。主要依据如下:

(1)调查询问情况。根据保安汪某某询问笔录,4月22日5时30分许,其在二层阁楼制水间看到南侧生产线冒出大量的烟。

(2)监控视频分析。东莞市精一新材料表面处理有限公司内二层车间"实验生产线"上监控视频(IP51)记录了5时17分10秒许("中磷化学镍槽"开始有烟气冒出)至5时29分20秒(火灾发生,明火及烟气蔓延)的视频图像。

(3)现场勘查情况。东莞市精一新材料表面处理有限公司内二层车间"实验生产线"及外墙有明显过火痕迹,"实验生产线"正上方送风管道大部分脱落,"实验生产线"东侧有烟熏和高温造成损坏的痕迹,呈西重东轻(见图1-22、图1-23)。"实验生产线"上"铝直上化学镍槽""中磷化学镍槽"及"水洗槽"有明显受损,呈"V"字形坍陷,其中"中磷化学镍槽"烧损较重,槽体已完全熔化,槽体位置发现3根电加热棒(见图1-24、图1-25)。

(三)起火原因的认定

经调查,认定起火原因为东莞市精一新材料表面处理有限公司二层车间"实验生产线"上的"中磷化学镍槽"内电加热棒处于低液位加热状态,电加热棒高温引燃"中磷化学镍槽"槽壁(PP材料)起火蔓延成灾。依据如下:

(1)调查询问情况。根据员工刘某询问笔录,4月21日下午,刘某把东莞市精一新材料表面处理有限公司二层车间"实验生产线"上"铝直上化学镍槽"和"中磷化学镍槽"

图1-22 "实验生产线"烧损情况

图1-23 "实验生产线"正上方送风管道大部分脱落

图1-24 "铝直上化学镍槽""中磷化学镍槽"及"水洗槽"烧损情况

图 1-25 "中磷化学镍槽"烧损情况

内液体清空之后,根据槽内底部杂质情况,在"中磷化学镍槽"内加酸约至三分之一液位。监控视频显示,4月21日11时至15时许,刘某清理了该公司二层车间"实验生产线"上"铝直上化学镍槽"和"中磷化学镍槽"内液体。根据研发工程师程某某询问笔录,4月21日下午,程某某安排员工佟某和刘某对该公司二层车间"实验生产线"上的"铝直上化学镍槽"和"中磷化学镍槽"进行清洗。根据惠州市科伟泰自动化设备有限公司员工严某某询问笔录和监控视频,4月21日20时至4月22日1时许,严某某到该公司二层车间南面的生产线更换过滤机,4月22日0时55分至0时57分许,严某某将待更换的水管放入"实验生产线"上的"中磷化学镍槽"内,根据其肢体动作,未见槽内有液体,其手持的水管也没有液体滴落。

(2) 监控视频分析。保安汪某某于4月22日5时03分至5时21分许,到该公司二层南侧生产线打开照明灯及"实验生产线"上的设备开关,但其操作流程不符合《电镀生产安全操作规程》(AQ 5202—2008)的相关要求,没有检查加热棒、槽体和槽液的情况,也没有遵照该公司制定的《空气能加温操作指引》,在加热期间要落实镀槽内液位检查,及时发现生产线异常的要求。

4月22日5时17分许,该公司二层车间"实验生产线"上的"中磷化学镍槽"开始产生烟气,随后靠窗边一侧角落出现明火。5时29分20秒,浓烟完全遮挡监控视频。

(3) 现场勘查情况。该公司内二层车间"实验生产线"上的"铝直上化学镍槽""中磷化学镍槽"及"水洗槽"有明显受损,呈"V"字形坍陷,其中"中磷化学镍槽"烧损较重,槽体已完全熔化,槽体位置发现3根加热棒。

(4) 根据广东震华痕迹司法鉴定所的鉴定意见书,通过对事故现场火灾烧损的电加热棒和未烧损的电加热棒分别进行实验,结论如下。

①事故现场提取已烧损的电加热棒,通电后1分钟内电加热棒温度达到66.5摄氏度;持续加热至5分钟后温度达到212.7摄氏度;加热至10分钟后温度达到260.6摄氏度。

②事故现场提取未烧损的电加热棒，加热1分06秒后，电加热棒温度达到151.5摄氏度；加热至3分59秒后温度达到309.8摄氏度；加热至5分30秒后温度达到430.5摄氏度；加热至6分06秒后电加热棒表面塑料层开始脱落并有白烟产生；加热至6分49秒后温度达到493.1摄氏度；加热至8分04秒后加热棒开始变红；加热至8分28秒后温度达到552.1摄氏度，加热至9分22秒后温度达到572.6摄氏度；加热至9分58秒后有明火出现。

（5）现场监控视频显示，着火前后照明及其他生产线未发生异常，此次火灾可以排除起火部位外其他电气设备故障引发火灾的因素。

（6）经询问有关人员关于槽内液体情况，此次火灾可以排除槽内液体加热发生自燃的因素。

（7）经公安刑侦和消防部门调查，此次火灾可以排除放火引发火灾的因素。

四、事故教训

（1）建筑环保设施的废气收集管道和蒸发式冷风机（环保空调）的送风管道是火灾热烟气快速蔓延的主要途径。根据火灾现场勘验，起火建筑南面外墙受损较其他部位严重，其中，南面外墙布置有17根废气收集管道、11台蒸发式冷风机，南面楼顶设置了废气塔集中处理区域，建筑内各楼层的室内送风管道大面积烧损。

火灾发生初期，高温热烟气从建筑南面二层外墙沿多个废气收集管道到达楼顶废气塔，同时，三、四层南面运作中的蒸发式冷风机吸入了大量热烟气，热烟气先于明火在三、四层建筑内送风管道快速蔓延。从东莞新安力升金属科技有限公司内部多个监控可知，5时29分至5时30分，多个室内送风管道旁出现了烟气且快速蔓延，高温有毒烟气在车间内快速蔓延是导致此起火灾发展快、扑救难度大和人员遇难的主要原因。三、四层建筑内的工人发现烟气后，分别从两侧楼梯进行疏散，因楼梯间无环保风管，疏散时烟气未对楼梯间造成影响。

（2）环保设备的竖向管道和横向管道布置是造成火灾快速蔓延的重要因素。建筑南面的废气收集管道大部分直接设置在外墙玻璃窗外，在建筑外立面增加了大量的塑料类构件，且建筑外围的设备布置缺乏安全风险的整体评估。火灾发生时，废气收集管道、蒸发式冷风机与建筑内部管道连接处为外部烟气进入建筑内部提供了途径，塑料类材质的管道成了主要的燃烧物，火灾在二层车间产生的高温烟气和明火沿南侧外墙不断蔓延至第三、四层外窗旁的管道及设备。

（3）建筑南侧外墙布置的风管和室内大量的塑料材质设备改变了建筑的火灾荷载。建筑外墙布置的废气管道、楼顶设置的废气塔、建筑内送风管道及生产线上的槽体使用了大量的塑料材质，使建筑外墙及内部可燃物总量增加，改变了建筑火灾荷载，这些塑料材质物件在火灾发生时形成大量有毒烟气，并造成火势快速蔓延。

（4）事故发生单位未严格落实消防安全主体责任。东莞市精一新材料表面处理有限公司主要负责人对二层生产线部分增加电加热棒设备的情况疏于管理，不了解加装情况。该公司将"起火生产线"作为"实验生产线"，由程某某、佟某等人负责，而程某某增加了电热棒后，未与公司沟通，也未建立对应的工作制度，未落实对电加热棒的使用管理。

（5）生产设备安装达不到安全要求。惠州市某自动化设备有限公司在2021年4月初，按东莞市精一新材料表面处理有限公司的要求，将其提供的5根电加热棒安装在二层车间中磷化学镍槽（3根）和超声波槽（2根）内。经对二层车间未起火槽内安装的电热棒勘验，电加热棒顶端中心与槽壁距离约3厘米，电加热棒棒身大部分与槽壁接触，不符合《电镀生产装置安全技术条件》（AQ 5203—2008）的技术要求。

（6）电镀企业内对分散存放的大量危化品管理不规范。起火建筑内首层及三层均设置了数个危化品存储间，由各企业对生产用危化品按规定取用进行管理。其中，建筑内氰化物总量达到了648.5千克，酸、碱类溶液和其他化学类物品总量分别超过2 500升和10吨之多。电镀企业大量的危化品分散储存在建筑内，部分是在夹层等加建区域下设置了危化品储存间，未合理建立危化品专用仓库或中间仓库。火灾发生时，有关企业未能及时给消防员提供危化品具体名称、储存位置和储存量，给灭火救援行动的开展带来了极大的不便和风险，影响了事故处置行动的整体效率。

（7）起火企业对火灾发现不及时，导致错过了事故处置的最佳时机。"中磷化学镍槽"于当日5时17分10秒许开始冒烟起火，而保安汪某某直到5时30分许才发现火灾，因发现较晚，起火部位已猛烈燃烧，二层区域已处于浓烟密布状态，尽管汪某某拿手提灭火器赶至生产线旁，但无法靠近起火点进行灭火。

五、火灾警示

（1）全力推动企业安全生产主体责任的落实。企业要落实安全生产主体责任的督促力度，夯实安全生产基础，从源头上控制和减少生产安全事故发生。企业要履行全员安全生产责任，细化明确主要负责人到一线从业人员所有层级，细化各类岗位从业人员的安全生产责任。电镀生产企业要严格落实《电镀生产安全操作规程》（AQ 5202—2008）及《电镀生产装置安全技术条件》（AQ 5203—2008）的要求，要辨识生产工艺、设备设施、作业环境、人员行为和管理体系等方面存在的安全风险。

（2）有效压实行业领域安全生产监管职责。要坚决贯彻落实国务院安全生产委员会印发的《国务院安全生产委员会成员单位安全生产工作任务分工》（安委〔2020〕10号）的要求：负有行业领域管理职责的国务院有关部门要将安全生产工作作为行业领域管理工作的重要内容，切实承担起安全管理的职责，制定实施有利于安全生产的法规标准、政策措施，指导、检查和督促企事业单位加强安全防范；生态环境部要指导督促地方和相关企业对重点环保设施和项目组织开展安全风险评估和隐患排查治理。行业有关部门要认真贯彻落实"管行业必须管安全、管业务必须管安全、管生产经营必须管安全"的要求，杜绝末端管控未落实的问题，相关职能部门要依法落实行业领域、业务范畴的安全监管职责，尤其是对安全生产条件发生变化的企业更要严格审查把关，落实常态化的管控措施。

（3）认真落实属地安全生产监管责任。一要坚决贯彻落实习近平总书记关于安全生产一系列重要指示精神，深刻吸取事故教训，举一反三，切实把防控化解重大安全风险摆在更加突出的位置，坚持底线思维和红线意识，聚焦电镀行业领域的基础性、源头性、瓶颈性问题，对企业开展综合治理和精准治理。二要强化对环保设备涉及的废气收集和送风设施的源头把控，从设计施工上考虑设备安全风险问题，选用合理的施工方案和合适的材质。三要督促企业提高安全生产的自觉性，建立"安全自查、隐患自除、责任自负"的企业自我管理机制，完善日常风险管控、隐患排查工作。

（4）全面升级工业园区安全管理水平。有关部门要加强安全风险管控，强化企业对事故的预防。一是强化生产流程的管理，对生产设备设置专人值守，对重点岗位的员工实行制度化管理，杜绝生产设备处于运行状态而无人看管的情况出现。二是逐步优化电镀行业生产作业工艺流程，加大蒸汽能和空气能等加热措施的推广使用，降低电加热设备在生产流程中的使用频率。三是对建筑内视频监控设备的功能进行升级，监控设备要具有危化品储存点信息实时更新和火焰图像报警监控功能，便于突发情况下通过监控第一时间进行报警和采取应对措施。

（5）严格危化品使用、储存等环节的规范化管理。各镇街（园区）、有关部门要根据《危险化学品安全管理条例》（国务院令第591号）的要求，严格规范剧毒化学品等危险化学品的储存和使用。建议由负责危化品管理的相关责任部门牵头，组织专题研究部署，推动工业园区逐步建立"专门储存，统一配送"的危险化学品管理模式，对工业园区内危险化学品物质总量和安全环境容量实行总量控制，消除隐患，降低事故发生的概率。

（6）完善监管机制，全面清查安全生产非法违法行为。各镇街（园区）、有关部门要深刻吸取事故教训，针对在生产流程、环保设施、危化品管理、建设工程等环节存在的安全生产问题和消防安全风险，要举一反三，结合实际认真梳理电镀行业领域各部位、各环节安全监管存在的盲点和漏洞，厘清建设管理、危化品管理、环保设备安装使用中相关职能部门职责，进一步完善部门间协同执法，建立职责清晰、权责对等、协同有力的监管执法机制，坚决杜绝监管盲区和死角。负有安全生产监管职责的各部门要立足本部门工作职能，加大对本行业、本系统、本领域高风险区域及场所的排查整治力度。

（7）全面持续开展安全教育宣传培训。各镇街（园区）要督促各类单位，加大对员工的培训力度，使员工掌握岗位安全风险识别、组织疏散、自救逃生和初期火灾扑救等技能；组织辖区企事业单位开展安全宣传培训和应急疏散演练，提升员工安全意识和应急自救能力；对企业安全责任人、管理人员、物业人员开展培训，提升他们的安全管理水平；通过户外视频、楼宇电视等社会媒介，播放安全提示和安全公益广告，大力普及用火、用电、用油、用气等安全常识。

（8）明确突发事件现场应急处置机制。此次事故，建筑物内大量危化品的储存给灭火救援行动的开展带来了极大的风险，事故前期因无法评估建筑物内危化品的污染情况和风险程度，所以直接影响了事故处置行动的整体效率。因此，企业要依法建立事故应对预案，明确涉危化品事故处置工作制度，各镇街（园区）要及时组织专业技术人员成立应急救援小组，至事故现场进行协助，对事故现场、建筑内部和外部危险化学品做好科学处理。

六、调查体会

在火灾调查过程中,我们要时刻保持警惕,严格遵守安全操作规程,做好个人防护。此次火灾事故,现场所在建筑内,氰化物总量达到了 648.5 千克,酸、碱类溶液超过 2 500 升,其他化学类物品重量达 10 吨之多,在转移完未燃烧的危化品后,火调人员迅速开展现场勘验,现场燃烧的危化品释放大量有毒气体,火调人员克服现场环境的恶劣,身穿防护服进行勘验,提取物证,结合火灾烧损痕迹、证人证言、监控视频分析,最终形成完整的证据链,圆满地完成调查工作。

2022年东莞市寮步镇泉塘村大蚬地工业区"3·13"火灾

2022年3月13日19时25分许,东莞市寮步镇泉塘村大蚬地工业区的东莞市宏恩塑胶制品有限公司发生火灾,火灾烧损部分建筑结构,烧损了原材料、机器设备、汽车、叉车及物品一批,无人员受伤。

一、基本情况

东莞市宏恩塑胶制品有限公司的东面是居民区,西面和北面是道路,南面是东莞市远发家具有限公司,建筑主体地上一层,为钢架结构(见图1-26至图1-28)。土地所有权人是东莞市寮步镇泉塘社区股份经济合作社,权属性质为集体土地所有权,土地总面积约8 000平方米,事故地块为建设用地,该地块由东莞市宏恩塑胶制品有限公司承租并使用。

东莞市宏恩塑胶制品有限公司成立于2007年,单层钢结构厂房,高约8米。厂房北面建有办公用房、宿舍、餐厅、厨房,总面积约2 600平方米,该公司2007年取得消防行政许可。

图1-26 起火建筑情况(1)

图 1-27 起火建筑情况（2）

图 1-28 起火建筑情况（3）

二、火灾发生经过和救援情况

2022年3月13日19时25分，寮步镇全兴街304号东莞市宏恩塑料制品有限公司厂房电线短路引发火灾。东莞市消防救援支队指挥中心接到报警后，立即调派寮步、特勤、松山湖、莞城、南城等多个大队共 29 辆消防车、161 名消防救援人员赶赴现场救援，经过 4 个小时的处置，成功将大火扑灭，营救出 1 名被困人员，保护了周边建筑，无人员伤亡。

三、火灾原因调查

经现场勘验、调查询问、监控视频分析以及物证鉴定（检测），认定事故直接原因是东莞市宏恩塑胶制品有限公司西面废料棚西北角附近的电线短路，引燃周边可燃物（低密度聚乙烯）引发火灾。

（一）起火时间的认定

经调查，认定起火时间为 2022 年 3 月 13 日 19 时 25 分许。主要依据如下：监控视频显示，2022 年 3 月 13 日 19 时 25 分 58 秒（北京时间为 19 时 25 分 02 秒，经校对时间，监控视频时间比北京时间快 56 秒），监控画面有烟气；19 时 28 分 20 秒，办公室二楼玻璃着火，光线反射。

（二）起火部位的认定

经调查，认定起火点位于东莞市宏恩塑胶制品有限公司废料棚西北角附近。主要依据如下：

（1）调查询问情况。据马某某、郭某某等人反映，东莞市宏恩塑胶制品有限公司西面废料棚最先着火。

（2）现场勘查情况。西面墙体有过火和烟熏痕迹，呈中间重两边轻，有明显的"V"字形燃烧痕迹。

（3）对废料棚西北角附近的电气线路进行勘验发现，部分电线有明显的短路痕迹，有多颗熔珠喷落在地上（见图 1-29 至图 1-31）。

（三）起火原因的认定

经现场勘验、调查询问、司法鉴定意见书，认定起火原因为东莞市宏恩塑胶制品有限公司废料棚西北角附近的电气线路短路，引燃生产原材料而引发火灾。依据如下：

（1）监控视频显示，2022 年 3 月 13 日 19 时 25 分 20 秒，东莞市宏恩塑胶制品有限公司废料棚西北角附近的电线短路，引燃废料棚堆放的低密度聚乙烯等生产原材料废料引发火灾。

图 1-29　生产原材料存放处

图 1-30　坍塌变形的废料棚

图 1-31　现场指认坍塌变形的废料棚

（2）经现场勘验，起火点处有电线经过，部分电线有明显的短路痕迹，有多颗熔珠落在地上，具备引起火灾的条件。

（3）起火点处有大量易燃架桥发泡棉（低密度聚乙烯）等生产原材料，具备电线短路引发火灾的条件。

（4）对东莞市宏恩塑胶制品有限公司废料棚残留物进行水洗后发现多颗熔珠以及多条多股铜线，提取该物证，送广东震华痕迹司法鉴定所进行技术鉴定（见图1-32至图1-38）。

图1-32　提取1号多股铜线

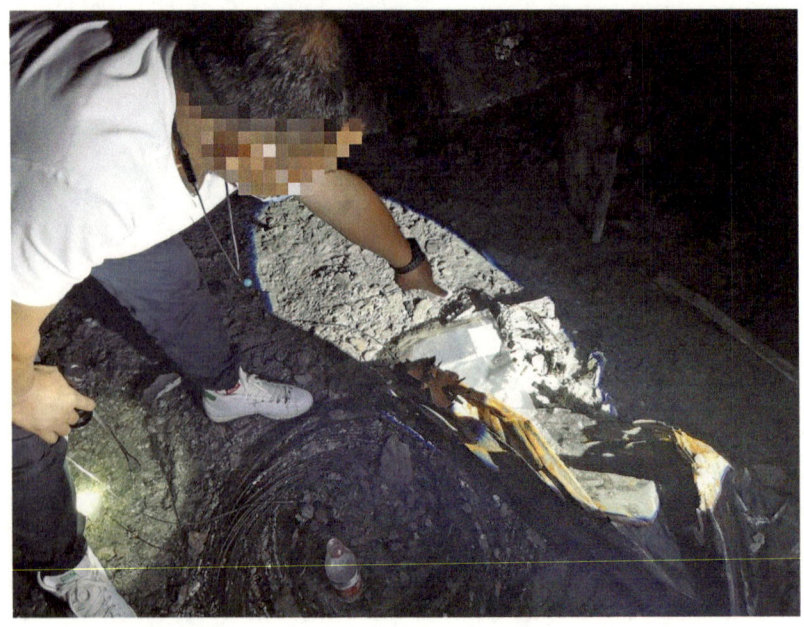

图1-33　提取2号多股铜线（现场指证）

图 1-34 提取 2 号多股铜线

图 1-35 提取 3 号多股铜线

图 1-36 提取 4 号多股铜线

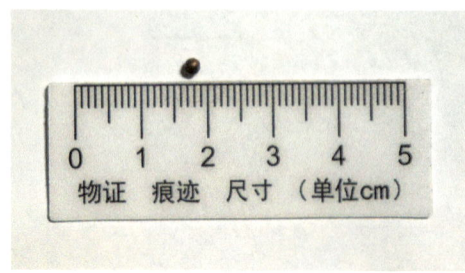 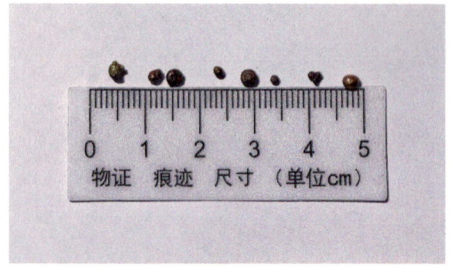

图 1-37 提取熔珠（1）　　　　　图 1-38 提取熔珠（2）

（5）根据广东震华痕迹司法鉴定所的鉴定意见书（粤震司法鉴定所〔2022〕痕鉴字第 116 号），通过对事故现场提取的多股铜线及熔珠进行鉴定，意见为样品 2-1、样品 2-2 短路痕迹为一次短路作用形成（见图 1-39）。

图 1-39 司法鉴定意见

四、事故教训

（1）东莞市宏恩塑胶制品有限公司没有设置防火间距，生产车间、仓库、废料存放处相连，导致火势的蔓延。

（2）厂房内物品摆放密集，易燃物品存量太多，火灾荷载过大，导致火势蔓延迅速、扑救难度大。

（3）企业消防安全主体责任未落实。东莞市宏恩塑胶制品有限公司存在防火间距不足、货物摆放不合理、未定期开展消防安全自查、未制定事故应急处置预案以及事故处置程序不当等问题。

五、火灾警示

（1）压实责任，建立健全消防安全监管体系。建立健全"党委政府、部门、村（社区）、企业"四级全方位监管体系，提升监管质态，按照"一岗双责"和"管行业必须管安全"的责任要求，健全部门信息互通、隐患抄告、联合执法、监督问责工作机制。通过定期提醒、通报、约谈等，加强督查问责，严格落实属地管理责任和企业主体责任，切实形成综合治理合力。将辖区单位划片包干，明确排查责任人员和排查重点事项，完善隐患处治闭环管理，确保消防安全监管全覆盖、无盲区。

（2）精准治理，形成火灾防控高压态势。落实源头管理，在全镇范围内开展重点行业领域消防安全专项整治。坚决以"零容忍"的态度整治企业违章搭建、疏散通道不畅通、防火分隔设置不合理等问题。联合监督执法力量，对逾期不改和存在重大隐患的单位场所依法查封或责令停产停业，确保辖区消防安全形势稳定。

（3）运用技防措施，积极推广智慧防火模式。建设镇级火灾预警报警平台，推动企业广泛接入社会消防安全管理平台，实现"线上+线下"融合，提高监管工作的智能化水平。继续加强政府消防工作建设力度，推动安装消火栓智能实时监测系统，通过实时监测水压的情况，保障辖区消防用水安全。

（4）加强宣传教育，形成全民参与消防格局。坚持以案促防，以此次火灾教训为典型案例，拍摄火灾警示教育片进行宣传培训。组织企业消防安全责任人、管理人、消防控制室值班人员、微型消防站消防员等人员开展消防安全培训，明确工作责任。全面推进消防宣传工作，尤其是对企业，指导其将宣传教育培训工作落实到车间、班组和每个员工。组织群众，尤其是外来务工人员到消防站、消防宣传微型体验点接受培训，切实提升群众消防安全意识和应急自救能力。

六、调查体会

此次火灾现场破坏严重，给调查人员带来了极大的压力，但调查人员并没有放弃，结合现场证人证言、监控视频，最终确定了起火部位，并在起火点开展搜证工作，找到了证据，确定了起火原因。火灾事故的原因往往复杂多变，需要调查人员具备丰富的专业知识和经验。在调查过程中，要保持客观、冷静，不能放过每一个细节。只有深入挖掘事故的根源，才能预防类似事故的发生。此外，团队合作也很关键，火灾事故原因的调查往往涉及多个领域，如消防、电气等。因此，调查团队成员之间需要密切合作，共同分析、解决问题。只有充分发挥团队的力量，才能更全面、更准确地查明事故原因。

2022年东莞市虎门镇沙角社区凤凰二路220号1栋101室"4·23"火灾

2022年4月23日11时40分许,东莞市虎门镇沙角社区凤凰二路220号1栋101室东莞市虎门辉煌包装材料经营部发生火灾,火灾蔓延至东莞市昱晟电子材料有限公司、东莞市冠保利电子材料有限公司、东莞市泓荣电子材料有限公司、东莞市速腾物业管理有限公司铁皮厂房及东莞市虎门伟能粘合制品厂,火灾烧损部分建筑结构、机器设备、办公用品、生产材料及物品一批,未造成人员伤亡。

一、基本情况

起火建筑为东莞市虎门镇沙角社区凤凰二路220号1栋101室,起火厂房地上一层,建筑面积约1 400平方米(见图1-40、图1-41),东面为东莞市虎门伟能粘合制品厂,南面为铁皮厂房,西面为东莞市冠保利电子材料有限公司、东莞市昱晟电子材料有限公司,北面为小山坡及小路,起火建筑为东莞市虎门辉煌包装材料经营部,该土地为工业用地,属东莞市虎门镇沙角江下股份经济合作社所有。该地块于2001年租给张某某,同年张某某在该地块搭建铁皮厂房用作塑胶厂经营[已取得《建筑工程消防意见书》(东公消字第Ⅱ877号)]。铁皮厂房于2013年转租给何某使用,2015年何某在使用期间将原有的铁皮厂房拆除并重建(重建建筑为现在的起火建筑),2019年租期结束后,由李某某于6月1日开始承租。2021年6月4日,李某某将该建筑租赁给东莞市虎门辉煌包装材料经营部作为蛇皮袋加工厂房使用,转租后未办理消防行政许可。

图1-40 起火建筑正门

图 1-41 起火建筑俯视拍摄图

二、火灾发生经过和救援情况

2022 年 4 月 23 日 12 时 20 分，虎门大队接到报警：沙角社区凤凰二路 220 号 1 栋 101 室东莞市虎门辉煌包装材料经营部厂房发生火灾。指挥中心立即调派虎门大队沙角分站、中心站、南面站、白沙站消防力量前往现场。12 时 40 分，虎门大队沙角分站、中心站、南面站、白沙站消防人员先后到达现场。13 时 39 分，支队全勤指挥部到达现场后，第一时间对现场进行侦查，并召集在场指挥员了解火灾现场情况。随后，针对火灾现场范围大、火势向周围蔓延的情况，迅速调整救援力量，将火场划分为东面、西面两个灭火区域。17 时 15 分，现场明火已基本被扑灭，经现场指挥部研究，决定由沙角站留 3 辆车、15 人在现场继续清理余火并留守负责监护工作，其余救援力量归队。

三、火灾原因调查

经现场勘查、调查询问、证人证言和痕迹物证鉴定，认定该起火灾起火时间为 2022 年 4 月 23 日 11 时 40 分，起火部位为东莞市虎门辉煌包装材料经营部东侧货物临时存放区（距离东墙 0.8 米，距离南侧大门 15.2 米），起火原因是东莞市虎门辉煌包装材料经营部东侧货物临时存放区电气线路故障导致火灾发生。

（一）起火时间的认定

经调查，认定起火时间为 2022 年 4 月 23 日 11 时 40 分。主要依据如下：

（1）调查询问情况。据东莞市虎门伟能粘合制品厂员工莫某某反映，2022 年 4 月 23 日 12 时 20 分许，他听到外面有人在喊着火，便走出饭堂看是什么情况，发现隔壁厂着火了。

（2）监控视频分析。2022 年 4 月 23 日 11 时 40 分 43 秒，东莞市虎门辉煌包装材料经营部移动监测监控（云端储存）视频画面显示，东莞市虎门辉煌包装材料经营部东侧临时存放区货物出现轻微白烟（见图 1-42）。2022 年 4 月 23 日 12 时 15 分 34 秒，监控视频画面显示，东侧临时存放区货物出现的轻微白烟的位置出现明火（见图 1-43）。

图 1-42　临时存放区货物出现轻微白烟（红圈标记）

图 1-43　临时存放区货物出现明火

（二）起火部位的认定

经现场勘查和调查询问，认定该起火灾起火部位为东莞市虎门辉煌包装材料经营部东侧货物临时存放区（距离东墙 0.8 米，距离南侧大门 15.2 米）。依据如下：

（1）东莞市虎门辉煌包装材料经营部中间部位留有通道，未完全燃烧的蛇皮袋（编织袋）挡住了通道的中部位置，且通道的东侧（该经营部厂房的东侧）有多条弯折的铁柱残骸（见图1-44）。

图1-44 弯折的铁柱残骸

（2）东莞市虎门辉煌包装材料经营部存放区东侧由南向北方向的第二条铁柱残骸处发现一块较大的胶质黑色硬物（见图1-45）。

图1-45 胶质黑色硬物（1）

（3）该胶质黑色硬物与铁柱残骸黏合在一起，在铁柱残骸北侧又发现另一块胶质黑色硬物，呈"V"字形状（见图1-46、图1-47）。

图 1-46 胶质黑色硬物（2）

图 1-47 胶质黑色硬物呈"V"字形状（红色标记）

（4）在"V"字形状上方的铁架残骸处发现悬挂有电缆线残骸，电缆线残骸断裂处有熔珠痕迹（见图 1-48 至图 1-50）。

图 1-48 电缆线残骸上的熔珠痕迹（1）

图 1-49 电缆线残骸上的熔珠痕迹（2）

图 1-50 电缆线残骸上的熔珠痕迹（3）

上述监控视频和痕迹物证相互印证，认定该起火灾起火部位为东莞市虎门辉煌包装材料经营部东侧货物临时存放区（距离东墙 0.8 米，距离南侧大门 15.2 米）。

（三）起火原因的认定

经现场勘查、调查询问和技术鉴定，认定火灾原因是东莞市虎门辉煌包装材料经营部东侧货物临时存放区电气线路故障导致火灾发生。依据如下：

（1）排除人为放火嫌疑。经虎门公安分局调查，通过对移动监测监控（云端储存）视频进行分析，未发现起火部位附近有人员长时间逗留以及点火行为，因此可以排除放火致灾的可能性。

（2）排除自燃的可能。经现场勘查，未发现起火部位存放有可自燃物品。

（3）排除遗留火种的可能。2022年4月23日11时40分43秒，移动监测监控视频画面显示，东莞市虎门辉煌包装材料经营部东侧临时存放区货物出现轻微白烟，此时隔离通道有员工经过，其左手夹着白色条状物，但未发现该员工有向外抛物的动作，随后该员工离开监控画面。经现场核查，未发现烟盒、打火机、蚊香等物品，燃烧物品为蛇皮袋产品，不符合遗留火种阴燃起火等火灾燃烧规律，可以排除遗留火种的可能。

（4）认定火灾原因是东莞市虎门辉煌包装材料经营部东侧货物临时存放区电气线路故障导致火灾发生。

①在"V"字形状上方的铁架残骸处发现悬挂有电缆线残骸，电缆线残骸断裂处有熔珠痕迹，提取电缆线残骸，分别为物证1和物证2（见图1-51、图1-52）。

图1-51 物证1电线残骸

图1-52 物证2电线残骸

②物证 1 电缆线残骸线条较细（见图 1-53），表面无胶质绝缘体残留物，完全裸露悬挂在铁架残骸上方，有锈化痕迹，残骸断裂处有熔珠痕迹。

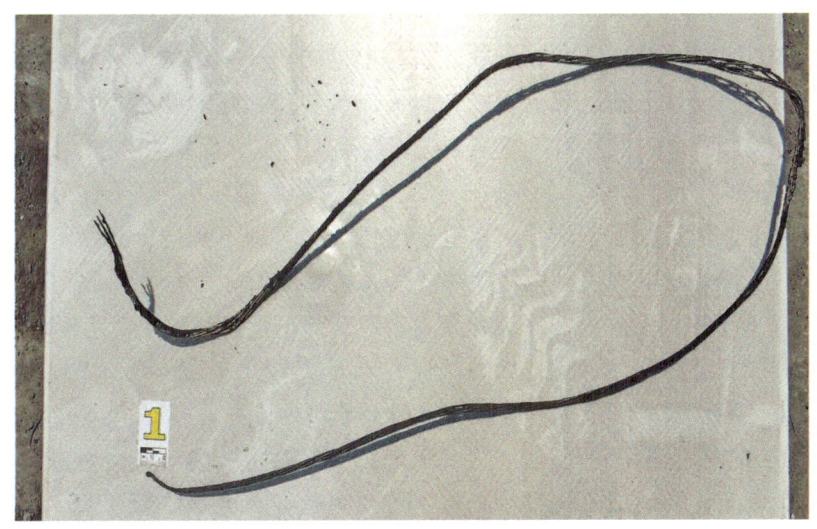

图 1-53　物证 1 电线残骸情况

③物证 2 电缆线残骸由多条细线残骸成型（见图 1-54），表面无胶质绝缘体残留物，完全裸露垂直悬挂在铁架残骸上方，有锈化痕迹，残骸最下端断裂处有熔珠痕迹。

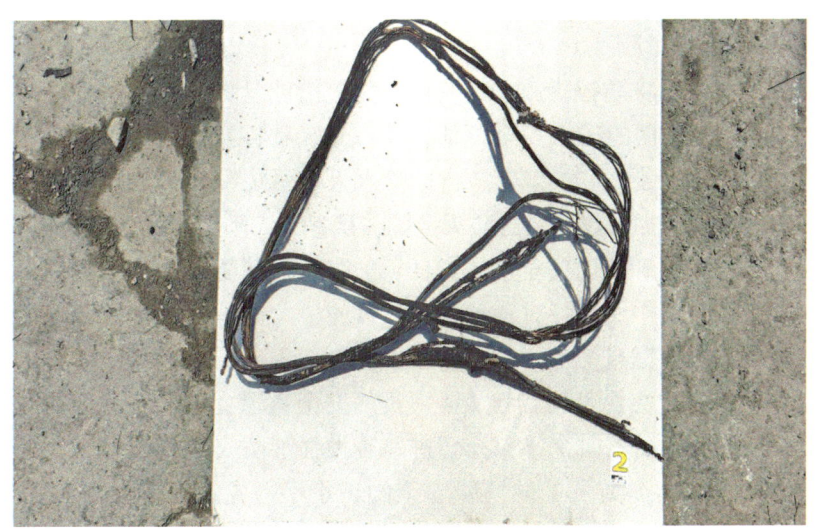

图 1-54　物证 2 电线残骸情况

④根据广东震华痕迹司法鉴定所鉴定意见书（粤震司法鉴定所〔2022〕痕鉴字第 190 号），鉴定意见：经过宏观观察和金相组织分析，判定样品 1-1 为一次短路作用形成，样品 2-1、样品 2-2 为短路作用形成。

四、事故教训

（1）建筑防火能力先天不足。起火建筑为单层砖墙铁皮结构，转租后未办理消防行政许可，建筑消防设计不满足规范要求，起火建筑与相邻建筑间距不足，且缺乏有效的防火分隔措施，以致火灾发生后迅速蔓延至邻近建筑，过火面积大，加大了扑救难度。

（2）企业主体责任未落实。企业自身"重经营轻管理"，消防安全意识淡薄、消防安全管理不规范、消防设施缺乏维护保养、电气线路管理不到位、日常巡查检查未落实等问题严重，特别是发生火灾时，自动喷淋灭火系统、室内消火栓系统损坏无法使用。

（3）消防安全培训不到位。辉煌包装材料经营部不重视对员工消防安全培训的工作，未组织员工开展安全用电及消防方面的培训，未开展消防应急演练，以致员工缺乏初期火灾扑救能力，甚至起火后第一时间没有报警，导致火势失去控制。

（4）属地和行业监管仍有漏洞。近些年来，虎门镇积极健全安全生产和消防安全管理机制，出台常态化管理机制和制作工作手册，明确各类场所监管职责，但在实施过程中还不够完善，行业主管部门和社区工作人员的监管、巡查工作未落实，导致日常消防监管存在漏洞和盲区，未能及时消除火灾隐患。

五、火灾警示

（1）要加强建筑火灾防控措施。建筑火灾防控措施是提升建筑防火能力的基础，首先，应对建筑物进行全面的防火安全评估，及时修复和替换老化的电线、电器设备，确保电线安全。其次，安装火灾报警器、自动喷水灭火系统和紧急疏散装置，提高响应速度和疏散效率。此外，加强建筑物的防火分隔，确保火灾不会蔓延到整栋建筑物。

（2）要严格落实企业消防安全主体责任。加强企业消防安全隐患自查自改能力，提高企业消防安全检查工作成效，对各类设备、设施，尤其是用电设备和电气线路，要定期做好检查检测和维护保养。

（3）要进一步强化企业管理者和从业人员的安全意识，使他们掌握消防安全法律法规和管理知识。同时，要面向企业和社会进一步加强消防安全宣传力度，通过有针对性的消防安全培训，切实提高员工的消防安全知识水平、应急处置能力和初期火灾扑救能力。

（4）要认真落实"管行业必须管安全、管业务必须管安全、管生产经营必须管安全"的要求。进一步明晰消防安全管理职责，健全消防安全组织，形成"党政同责、一岗双责、齐抓共管"的安全生产责任体系。特别是要做好电气火灾综合管理，全面排查电器产品生产质量，建设工程电气设计施工，电器产品及其线路使用、管理、维护等方面存在的隐患，有效遏制电气火灾高发态势。

六、调查体会

　　细致入微的调查是必要的，在调查过程中，我们必须仔细调查每一个细节。从火灾发生前现场的环境和设备的操作流程，到火灾发生时的人员情况、火灾蔓延路径，再到火灾扑灭后的残留物等，都需要仔细梳理并记录下来。只有对每一个细节进行深入调查，才能找出事故发生的根本原因。此次火灾现场破坏严重，给调查人员带来了极大的挑战，调查人员根据现场证人证言和现场残留物不同的烧焦程度，找到了证据，最终确定了起火部位和起火原因。工厂火灾事故往往不是单一原因造成的，而是多个因素的综合作用。因此，我们需要考虑工厂的设计与规划是否存在缺陷，是否存在安全管理的疏漏，设备是否正常运行，员工是否接受过足够的安全培训等。通过综合分析这些因素，才能找出事故的真正原因。

2022年东莞市塘厦镇凤凰岗凤南街38号"5·30"火灾

2022年5月30日2时54分,塘厦镇凤凰岗凤南街38号东莞市悦而实业有限公司厂房发生火灾,火灾波及东莞市耐摩特贸易有限公司,火灾烧损部分建筑结构、机器设备、塑胶原料、树脂以及水性面涂材料,未造成人员伤亡。

一、基本情况

起火建筑为东莞市塘厦镇凤凰岗凤南街38号东莞市悦而实业有限公司,起火单位所在建筑为一栋一层,钢筋混凝土结构(见图1-55、图1-56),建筑面积为3 400平方米,该厂房内共有两家企业,厂房东侧区域为东莞市耐摩特贸易有限公司使用,使用面积为1 800平方米,主要用于存放环氧树脂、水性环氧及水性面涂材料;厂房西侧区域为东莞市悦而实业有限公司使用,使用面积为1 600平方米,主要用于加工塑料制品。涉事厂房于2007年由凤凰岗社区居民小组出资兴建,竣工时间为2008年,为红砖钢架混合结构,因历史遗留问题,该厂房无相关报建手续。2012年3月,租赁给东莞市悦而实业有限公司,该公司又把部分厂房分租给桑某某,桑某某再转租给东莞市耐摩特贸易有限公司。

图1-55 起火后建筑俯视图

图 1-56　起火建筑概貌

二、火灾发生经过和救援情况

2022年5月30日2时54分许,东莞市119消防指挥中心接到报警:东莞市塘厦镇凤凰岗凤南街38号悦而实业有限公司发生火灾。支队指挥中心立即调派塘厦消防救援大队及周边消防救援力量共11辆消防车、39名消防救援人员前往现场参与处置,支队全勤指挥部遂行出动。2时59分,第一批出动力量到达现场。4时30分,火势得到控制。4时50分,明火被扑灭,现场物品烧损情况较严重(见图1-57至图1-59)。

图 1-57　耐摩特公司烧损情况

图1-58 悦而公司烧损情况（1）

图1-59 悦而公司烧损情况（2）

三、火灾原因调查

调查人员通过大量的调查询问取证工作，对火灾现场进行详细的反复勘查，收集和掌握了大量的第一手材料，认定起火原因是东莞市悦而实业有限公司车间内距北墙约3米、距西墙约1.6米处电气线路短路引燃周边可燃物引发火灾。

（一）起火时间和起火部位的认定

经调查，认定起火时间为2022年5月30日02时49分许，起火部位为东莞市悦而实业有限公司车间内距北墙约 3 米、距西墙约 1.6 米处。主要依据如下：

（1）塘厦大队消防指挥控制中心接到报警的时间。

（2）调查询问情况。

①据东莞市悦而实业有限公司生产主管仇某某询问笔录：凌晨 2 时 50 分隔壁建日厂的厂长打电话给我，告诉我工厂着火了，得知工厂着火后，我第一时间打电话给工厂的技术负责人余某某，让他立即赶往现场，然后我又马上拨打 119 报警，随即从家里往工厂赶过去。

②据东莞市耐摩特贸易有限公司法人蒋某某询问笔录：凌晨 3 时左右，我在家里睡觉，听到楼下有说话声和消防车的声音，我便趴在窗户上看，发现东莞市悦而实业有限公司厂房的不锈钢大门附近有火光，我就跑下楼，看到我公司里面烟很大，有一点火苗，我马上喊消防员过来灭火，随后又跑到东莞市悦而实业有限公司，看到火势已经很大了。

（3）监控视频分析情况。通过查看东莞市悦而实业有限公司东北侧居民楼的治安监控发现，2022 年 5 月 30 日 02 时 49 分许，东莞市悦而实业有限公司大门有烟飘出（见图 1-60），随后在 02 时 53 分许产生明火，而东莞市耐摩特贸易有限公司厂区未发现异样。

图 1-60　监控视频显示悦而公司厂房内出现火光

（4）现场勘验情况。靠近厂房西侧的墙体装修材料因过火脱落，靠墙的铁皮支架因过火向下弯曲，铁皮支架下方为照明线路，该线路表皮完全烧损且自南向北排列在过火的地板上，在东莞市悦而实业有限公司车间内距北墙约 3 米、距西墙约 1.6 米处发现带熔痕的照明线路（见图 1-61）。

图 1-61 悦而公司线路烧损严重

（二）起火物和起火原因的认定

经调查，起火物为电线，认定起火原因为东莞市悦而实业有限公司车间内距北墙约 3 米、距西墙约 1.6 米处电气线路短路引燃周边可燃物引发火灾。主要依据如下：

（1）现场勘验情况。靠近厂房西侧的墙体装修材料因过火脱落，靠墙的铁皮支架因过火向下弯曲，铁皮支架下方为照明线路，该线路表皮完全烧损且自南向北排列在过火的地板上，在东莞市悦而实业有限公司车间内距北墙约 3 米、距西墙约 1.6 米处发现带熔痕的照明线路。

（2）调查询问情况。据东莞市悦而实业有限公司生产主管仇某某询问笔录：凌晨 12 时左右，我从小门进公司，在车间里转了一圈，还开了室外的照明灯，没有发现异样就回家了。下班后公司总电源一般都不会关，车间有三盏灯会开着，这三盏灯是车间的照明灯。凌晨 2 时 57 分，楼下小商铺老板打电话给我，但是我没接到。之后听到外面有爆炸声，然后我从房间窗户看到斜对面的工厂在冒烟，当时没有看到明火，跑下来才看到明火。看到明火后，我第一时间跑到公司前台拿灭火器，但火势太大，我进不了车间，又跑到车间中间的大门，火势越来越大，我无法靠近，然后我就撤离了。

（3）司法鉴定情况。根据司法鉴定意见书（粤震司法鉴定所〔2022〕痕鉴字第 242 号），在东莞市悦而实业有限公司截取送检的电线残骸样品为铜导线线端部熔痕（见图 1-62），表面光滑，多股线熔化粘结形成，熔痕与线材分界明显，光泽较强，其金相组织为等轴晶及胞状晶，孔洞气孔较少而小，缩孔圆润。经过宏观观察和金相组织分析，判定样品为一次短路作用形成。

图 1-62　悦而公司现场提取带熔痕线路

四、事故教训

（1）涉事企业未落实消防安全主体责任。东莞市悦而实业有限公司未严格落实消防安全隐患排查治理制度，开展消防安全隐患排查工作不全面、不彻底，未能及时发现并消除厂房内电气线路存在的安全隐患。东莞市悦而实业有限公司和东莞市耐摩特贸易有限公司以及厂房出租方对分租式厂房未明确消防安全管理职责，未制定消防应急预案，未开展消防应急演练。

（2）凤凰岗社区在属地管理方面存在薄弱环节。据了解，近年来凤凰岗社区在开展辖区内的消防安全检查、隐患排查、消防安全宣传、建筑工地巡查和整治城市"六乱"等工作付出了一定的努力，也取得了不错的成效。但是，本起火灾事故也反映出凤凰岗社区在属地管理方面存在薄弱环节。一是对涉事厂房的分租情况掌握不明，二是对涉事场地历史遗留的违规搭建的铁皮棚，未及时反馈给城管部门。

五、火灾警示

（1）提高政治站位，加强消防安全责任体系建设。有关部门和属地社区要落实部门监管和属地管理责任，特别是经营者主体责任，形成"党政同责、一岗双责、齐抓共管"的安全生产责任体系，层层压实责任，建立健全与经济发展相适应的消防安全责任体系。大力解决制约安全发展的突出问题，努力提高消防安全工作的整体水平，切实维护人民群众生命财产安全。

（2）完善监管机制，开展消防安全专项整治行动。坚持以习近平新时代中国特色社会主义思想为指导，深入贯彻落实习近平总书记关于防范化解重大风险的重要指示精神。按照"部门联动、单位主责、网格管理"的整治模式，开展"连片式、全覆盖"联合检查，切实加强分租式厂房的消防安全监管，进一步建立健全长效管理机制，督促落实消防安全责任,增强主体责任人的消防安全意识,预防和减少火灾事故。

(3)严格监督管理,全面落实企业消防安全主体责任。要加强对消防安全管理工作的组织领导,属地社区要有针对性地对企业落实消防安全日常检查巡查,及时掌握消防安全管理动态。企业要在生产中确保用电安全,定期开展安全隐患排查工作,发现设备老化破损、线路接触不良等问题要及时整改。同时,企业要加强对电线、电缆的检查和保护力度,防止因为电线老化、短路等原因引发火灾事故。

(4)强化消防宣传,提升社会公众防范自救能力。将本起火灾事故作为典型案例,充分利用广播、电视、互联网、新闻媒体等途径,加大消防宣传力度,提高全民消防意识和事故防范应对能力。督促社会各单位建立健全消防宣传培训制度,明确消防安全责任,定期开展消防安全宣传和技能培训,对从业人员深入开展消防安全教育,尤其要强化单位消防管理人员实操技能培训,使其在关键时刻切实发挥作用。

六、调查体会

本案例充分将监控视频、证人证言、现场勘验痕迹等证据结合起来,认定了起火部位和起火原因。火灾调查过程中,要综合考虑可燃物、阻燃物、火源等多方面因素,以及是否存在人为放火的可能性,需全面细致地分析事故原因。通过火灾调查,可以发现企业在安全管理、应急处置、消防设施等方面存在的不足之处,并采取有效措施加以改进,预防类似事故再次发生。

2023年东莞市厚街镇厚街社区西环路302号"2·15"火灾

2023年2月15日21时19分许，厚街镇厚街社区西环路302号东莞市鑫国鞋业有限公司发生一起火灾，起火部位为厂房的彩色车间，火灾烧损建筑结构、橡胶物料及橡胶加工机器一批，未造成人员伤亡。

一、基本情况

（一）事故单位基本情况

东莞市鑫国鞋业有限公司成立日期为2012年11月27日，经营范围包括加工、产销鞋类、鞋材、橡胶制品。

（二）建筑基本情况

起火建筑为单层钢结构，建筑面积约3500平方米，主要生产鞋类制品，建筑内存放有大量的橡胶颗粒、EVA泡棉、基础油、白炭黑等易燃可燃原材料。建筑东面为自建房，西面为福鑫再生资源回收站，南面为西环路，北面为空地；建筑内部靠西墙一侧自南往北依次为办公室、实验室、电控室、彩色车间、造粒车间、黑色车间，靠东墙一侧自南往北依次为成品仓库、配料室、原料仓库（见图1-63至图1-65）。

图1-63　事故现场航拍图（1）

图 1-64 事故现场航拍图（2）

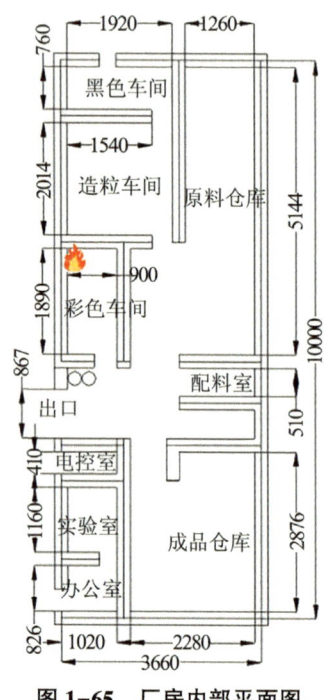

图 1-65 厂房内部平面图

二、火灾发生经过和救援情况

2023年2月15日21时19分，东莞市消防救援支队指挥中心接到报警：东莞市厚街镇厚街社区西环路302号鑫国鞋业有限公司发生火灾。支队立即调派厚街大队及周边镇街消防救援力量前往处置。东莞市消防救援支队厚街大队立即出动中心站及会展分站、永泰路分站、工业城分站、沙溪分站共15辆消防车、75人赶赴现场处置。21时25分，首批救援力量到达现场，第一时间组织出水灭火和搜救。处置过程中，东莞市消防救援支队厚街大队指挥中心调集 19 个社区兼职消防队的力量协助，21 时 40 分，火势得到控制。2 月 16 日 2 时 30 分，明火被扑灭，4 时，火场清理完毕。

三、火灾原因调查

经现场勘验、调查询问以及物证鉴定，认定事故直接原因是东莞市鑫国鞋业有限公司彩色车间西墙从北往南约 1.2 米、距地面约 1.6 米的配电箱处电气线路故障引燃周边可燃物引发火灾。

（一）起火时间的认定

经调查，认定起火时间为 2023 年 2 月 15 日 21 时 17 分许。主要依据如下：

据现场生产工人宋某某、罗某某反映，2 月 15 日 21 时许，他们在厂房彩色车间密炼机器旁进行备料时，听到背后有"嘭"的一声，随后发现厂房起火了。

（二）起火部位的认定

经调查，认定起火部位为东莞市鑫国鞋业有限公司彩色车间西墙从北往南约 1.2 米、距地面约 1.6 米的配电箱处。主要依据如下：

（1）调查询问情况。据生产工人宋某某、罗某某询问笔录，2 月 15 日 21 时许，东莞市鑫国鞋业有限公司彩色车间配电箱上方有一道红黄色火光蹿上房顶，引燃顶棚的泡沫棉，车间顶棚迅速起火了，当时厂房内其他车间还未起火。

（2）现场勘验情况。起火建筑屋顶钢结构燃烧痕迹北面重于南面，彩色车间区域过火痕迹呈北重南轻，密炼机的西北角燃烧痕迹明显重于其他部位（见图 1-66 至图 1-68），该区域西墙从北往南约 1.2 米、距地面约 1.6 米处设有一彩色车间配电箱，配电箱烧损严重，线路绝缘皮烧尽，进线（铜线）烧断，内部出现线路熔断（见图 1-69、图 1-70）。

图 1-66 彩色车间顶棚烧损情况（1）

图1-67 彩色车间顶棚烧损情况（2）

图1-68 钢结构烧损情况

图1-69 彩色车间配电箱烧损情况（1）

图 1-70　彩色车间配电箱烧损情况（2）

（三）起火原因的认定

经调查，认定起火原因为东莞市鑫国鞋业有限公司彩色车间西墙从北往南约 1.2 米、距地面约 1.6 米的配电箱处电气线路故障引燃周边可燃物引发火灾。主要依据如下：

（1）现场勘验情况。对彩色车间电气设备进行专项勘验，彩色车间设置了一个总电箱和一个分电箱，总电箱进线从厂房电控室的总配电箱引出，设在西墙从北往南约 1.2 米、距地面约 1.6 米处，车间总配电箱分线至分电箱，分电箱设在西墙从北往南约 8.2 米、距地面约 1.6 米处，分电箱分线至生产设备供电，通过对生产设备和总电箱进行勘查，发现总配电箱线路有多处熔痕，提取了 1 号物证（总电箱内部提取）（见图 1-71）、2 号物证（总电箱下方提取）（见图 1-72）、3 号物证（总电箱内部提取）、4 号物证（总电箱上方提取）进行分析。

图 1-71　提取 1 号物证

图 1-72　提取 2 号物证

（2）物证检验情况。根据广东震华痕迹司法鉴定所的鉴定意见书，通过对事故现场提取的4个线路物证进行鉴定，鉴定意见为样品1-1和样品1-2为一次短路作用形成。

四、事故教训

（1）电气线路敷设不规范。东莞市鑫国鞋业有限公司厂房内电气线路及用电设备没有专业电工维修保养，大功率用电设施长期运转且未得到有效监管，用电负荷大，设备周边随意堆放可燃物，电箱检查不到位，导致电气线路起火。

（2）企业安全管理缺失。安全生产主体责任未落实，安全培训不到位，导致员工缺乏初期火灾扑救能力，企业未有效执行安全生产规章制度。

（3）属地管理存在不足。厚街社区作为属地管理单位，未能充分发挥管理作用，排查责任落实不到位，对辖区内存在安全风险较大的场所巡查监督不到位，监管工作力度不足。

五、火灾警示

（1）强化企业消防安全的红线意识和底线思维。火灾事故发生时正值天气干燥、气温变冷、企业用电增多时期，特别是企业的生产设备，存在超负荷运转现象，加之电气线路老化，极易发生短路，从而引发火灾。企业要坚持消防安全的红线意识、底线思维，时刻绷紧消防安全这根弦，扎实把消防安全各个环节落实到位。

（2）进一步压实属地消防安全责任。村、社区要落实消防安全工作，组织鞋材厂、塑胶塑料类生产企业等容易诱发火灾的企业开展"回头看"行动。针对重点场所防火分隔不到位、违章操作、电气线路私拉乱接、消防通道堵塞、消防设施损坏、违规存储易燃易爆物品等问题，要逐个实施挂表推进，跟踪整改，确保取得成效。同时，强化对村集体物业、工业园区的管理，杜绝消防安全管理"灯下黑"的情况。

（3）持续推进消防安全重大风险隐患排查综合治理。对容易发生火灾事故的场所进行研判，推进消防安全重大风险排查治理。要落实罚款、查封、停业整顿、强制拆除等刚性手段，确保火灾隐患的彻底整改，形成足够的威慑力。对存在重大火灾隐患的，提醒政府挂牌督办，并采取临时管控措施。要切实督促企业从管理制度、生产工艺、设备设施、现场作业管理等方面彻底排查，消除消防安全隐患。

（4）进一步强化针对性的消防宣传培训。要督促企业加强对从业人员的消防安全培训教育，提高企业负责人、安全管理人员、特种作业人员消防安全意识和技能。要集中开展违规电气焊（割）作业综合治理，完善事前、事中、事后监管机制。

（5）进一步强化企业日常消防安全监管。各行业主管部门要按照职责分工切实加强对企业消防安全的监管，监管重心要放在生产作业现场上，严查企业是否制定了切实有效的安全防范措施，督促企业施工前认真做好人员培训工作，确保施工作业人员了解现场作业风险，熟练掌握安全技术措施。要严查生产作业现场负责人、安全负责人、技术负责人、安全监护人等人员的履职情况，严厉查处只挂名不履职的违规行为。

六、调查体会

火灾发生后，调查人员迅速赶往现场，而起火前起火区域有 2 名员工正在工作，火调人员第一时间对其开展调查询问，得知员工目击起火过程并参与了扑救，于是第一时间固定笔录，火被扑灭后又及时进入现场勘验取证，为认定火灾原因提供了有力的证据。在火灾发生后，调查人员要第一时间到达现场，询问有关人员，为后续调查提供明确的方向。只有以事实为依据，才能够准确地查明火灾原因，为责任认定提供有力支持。

2023年东莞市樟木头镇樟洋圣淘沙工业区圣陶路77号"3·10"火灾

2023年3月10日0时27分许,樟木头镇樟洋社区圣淘沙工业区圣陶路77号的东莞市宇升橡塑材料有限公司发生火灾事故,火灾烧损部分建筑结构、塑胶原料、生产设备等物品一批,无人员伤亡。

一、基本情况

起火建筑位于东莞市樟木头镇樟洋社区圣淘沙工业区圣陶路77号,建筑共两栋,一栋单层钢结构的厂房,建筑面积约1 400平方米,一栋三层钢筋混凝土结构的宿舍楼,建筑面积约330平方米(见图1-73、图1-74)。该厂房地块权利人为东莞市樟木头外经发展公司,2007年8月由东莞市博大塑胶实业有限公司租用地块建设厂房,2008年7月该公司将厂房转让给王某(东莞市宇升橡塑材料有限公司法定代表人项某某的母亲)名下使用,使用年限30年。

图1-73 起火建筑正面

图 1-74 起火建筑烧损情况

二、火灾发生经过和救援情况

2023 年 3 月 10 日 0 时 28 分，樟木头大队接到支队 119 指挥中心警情：樟木头镇东莞市宇升橡塑材料有限公司发生火灾。樟木头大队立即出动 9 辆消防车、36 人赶赴现场处置。0 时 34 分，首批救援力量到达现场，第一时间组织开展灭火救援。0 时 45 分，大队值班领导到达现场，同时请求启动应急联动处置预案，调集公安、应急、环保、医疗等部门有关人员到场协助。0 时 52 分，支队全勤指挥部出动，前往现场。01 时 05 分起，各增援队陆续到场。05 时 57 分，明火被扑灭，开始清理火场。

火灾发生后，镇党委、镇政府高度重视，有关领导到达现场指导救援工作。

三、火灾原因调查

经现场勘查、调查询问、证人证言、监控视频分析和痕迹物证鉴定，认定该起火灾起火部位为东莞市宇升橡塑材料有限公司厂房内的无尘车间脱水机，认定火灾原因是东莞市宇升橡塑材料有限公司无尘车间内距东北墙约 0.5 米、距西北墙约 9.7 米的脱水机电机内部线圈短路故障引燃周边可燃物。

（一）起火部位的认定

经现场勘查和调查询问，认定该起火灾起火部位为东莞市宇升橡塑材料有限公司厂房内的无尘车间脱水机。依据如下：

（1）无尘车间脱水机配电箱残骸、脱水机电机内部均发现多处熔痕且残留有熔珠痕迹（见图 1-75、图 1-76）。

图 1-75　脱水机内残留的熔珠

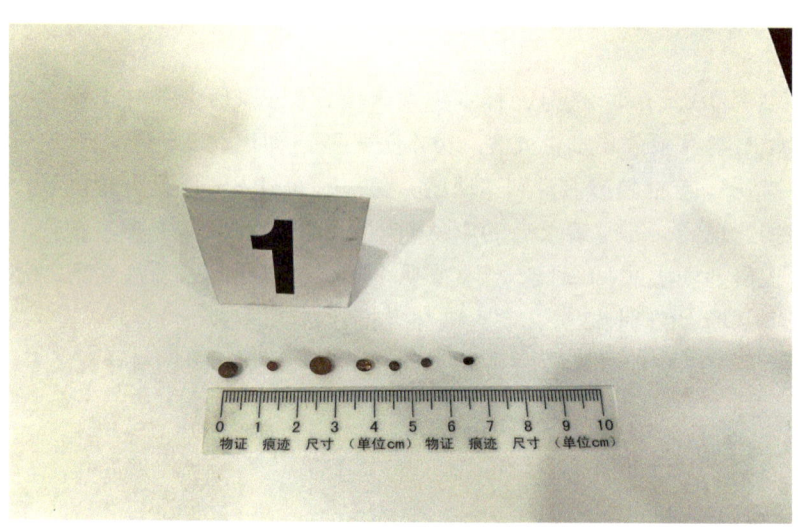

图 1-76　从脱水机内提取的熔珠

（2）脱水机电机、振动筛上方天花板均灼烧严重，导致钢筋裸露在外（见图 1-77、图 1-78）。

（3）振动筛上方架设的风扇掉落在振动筛槽，用于架设风扇的铁架经过燃烧已变形，呈半圆形（见图 1-79、图 1-80）。

图 1-77 脱水机电机上方的天花板（1）

图 1-78 脱水机电机上方的天花板（2）

图 1-79 振动筛上方架设的风扇燃烧后变形掉落

图 1-80　振动筛上方架设的风扇烧损情况

（4）与振动筛连接处的金属管朝地下的一面已被烧穿（见图 1-81、图 1-82）。

图 1-81　与振动筛连接处的金属管

图 1-82　金属管朝地下的一面

（5）脱水机振动筛与金属管下方地面出现不规则的凹陷，疑似液体燃烧的流淌痕迹（见图1-83、图1-84）。

图1-83　地面清理前

图1-84　地面清理后液体燃烧的流淌痕迹

据最早发现起火的朱某某、廖某某等人反映，他们是在一楼无尘车间内发现火势。

以上证人证言和痕迹物证相互印证，认定该起火灾起火部位为东莞市宇升橡塑材料有限公司厂房内的无尘车间脱水机。

（二）起火原因的认定

经现场勘查、调查询问和技术鉴定，认定火灾原因是东莞市宇升橡塑材料有限公司无尘车间内距东北墙约0.5米、距西北墙约9.7米的脱水机电机内部线圈短路故障引燃周边可燃物。依据如下：

（1）排除放火嫌疑。经调查询问及查看监控视频，未发现内、外部人员进入现场放火的证据和疑点。经现场勘验，未发现有窗户玻璃被机械力破坏的痕迹及可疑物品，窗户玻璃破裂均为火灾热炸裂痕迹,因此可以排除放火致灾的可能性。

(2)排除自燃的可能。经现场清理,未发现起火部位存放有可自燃物品。

(3)排除遗留火种的可能。室内未发现烟盒、打火机、蚊香等物品,且该起火灾起火、发展迅速,不符合遗留火种阴燃起火、缓慢燃烧等火灾燃烧规律,可以排除遗留火种的可能。

(4)认定火灾原因是东莞市宇升橡塑材料有限公司无尘车间内距东北墙约0.5米、距西北墙约9.7米的脱水机电机内部线圈短路故障引燃周边可燃物。

①位于该车间东北墙从西北往东南方向约11米处的地面发现一配电箱残骸,配电箱烧损严重,发生变形,线路绝缘皮烧尽,出现线路熔断。在距东北墙约0.5米、距西北墙约9.7米处的脱水机电机内部发现大量熔痕,脱水机的不锈钢外壳出现一道约40厘米的熔穿痕迹(见图1-85至图1-88)。

图1-85 引起火灾的脱水机

图1-86 脱水机电机

图 1-87　脱水机电机内残留熔痕情况

图 1-88　脱水机外壳熔穿痕迹

②根据司法鉴定意见书（粤震司法鉴定所〔2023〕痕鉴字第 182 号）：经过宏观观察和金相组织分析，在脱水机配电箱提取的熔痕为短路作用形成，从脱水机电机提取的熔痕为短路喷溅熔珠（见图 1-89）。

广东震华痕迹司法鉴定所
GUANGDONG ZHENHUA FORENSIC INSTITUTE OF TRACE IDENTIFICATION

五、鉴定意见

经过宏观观察和金相组织分析，判定样品 1-1、样品 1-2、样品 1-3、样品 1-4 为短路喷溅形成，样品 2-1、样品 2-2 为短路作用形成。

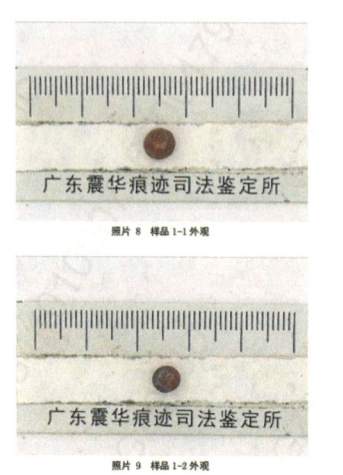
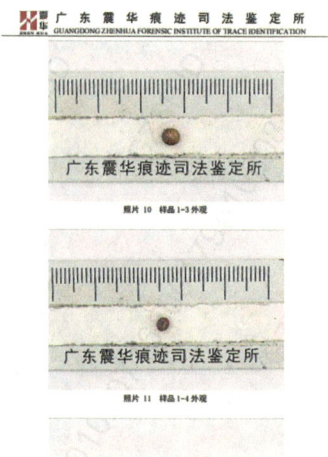

图 1-89　司法鉴定意见

四、事故教训

（1）东莞市宇升橡塑材料有限公司消防安全主体责任落实不足，没有落实"管行业必须管安全"的要求，消防安全管理薄弱，货物堆积严重，火灾单位荷载大。企业员工安全意识淡薄，缺少消防演练及培训，初期火灾扑救及逃生自救能力差。

（2）火灾事故企业的管理单位未按照广东省安委办"园八条"的要求，未明确安全管理职责，未依法对园区的安全生产工作履行统一协调的管理职责，未严格执行"一线三排"工作机制，未对园区企业定期开展安全生产检查，未做到"一园一档、一企一册"。该园区既没有建立消防档案（企业组织架构、消防应急处置预案、消防演练方案等），也没有定期对电器设备的线路进行安全检查，未及时发现隐患并采取相应的措施（如更换老化的电线，以免出现过负荷、短路等问题；尽量避免长时间使用机器设备，防止电器设备过热起火；加装过电压保护装置等）。

（3）火灾发生初期，现有的消防设施没有发挥明显作用，现场缺少探测、扑救初期火灾的消防设施。圣淘沙工业园区以塑胶原料生产企业为主，发生火灾的风险较大，但园区未建设市政消火栓，缺乏消防水源，不利于灭火救援工作的开展。

五、火灾警示

（1）树牢安全发展理念。企业要提高政治站位，加强思想认识，牢固树立安全发展理念，深入贯彻落实习近平总书记关于安全生产的重要论述，强化底线思维和红线意识。建立健全"党政同责、一岗双责、齐抓共管、失职追责"的安全生产责任体系，加强督导，精准问责。

（2）抓好源头管控。各社区要充分发挥基层末端的触手作用，结合当前开展的"两违动态清零""消防安全扫雷""消防安全大检查"等专项行动，统筹抓好辖区火灾防控重点场所的排查整治工作。同时，要组织联合专职安全员、巡查员和公安派出所等力量，对塑胶企业开展一次全面排查，逐街逐栋逐户排查，逐一建档，做到排查不清不放过、排查不到位不放过，持续加大消防安全日常巡查和错时夜查工作力度及频次。

（3）常态化开展安全宣传。结合身边典型安全事故案例，大力开展安全警示教育。利用户外视频、楼宇电视、"村村响"、面对面宣传和敲门行动等多种途径，播放安全提示和安全公益广告，尤其要发动群众自查自纠，参与消防安全隐患排查整治，形成全社会关注、支持和参与的良好氛围。

六、调查体会

此次火灾现场破坏严重，调查人员根据现场的证人证言和残留物不同的烧损程度，确定了起火部位，并对地面用水进行清洗，让痕迹更加明显，做到让"痕迹说话"，这种谨慎的做法，值得我们借鉴和学习。火灾事故调查的过程中，需要对现场进行细致的勘查，收集各种证据和信息，这需要具备一定的专业知识和技能，以便准确地判断火势的发展和蔓延情况。同时，还需要对现场人员进行询问，了解事故发生时的具体情况。在这个过程中，我们要保持客观、公正的态度，以便获得更加准确的信息。除了对现场进行勘查和收集证据外，还要对事故原因进行分析和评估，这需要借助专业的技术和设备，对各种因素进行综合考虑和分析，以找出事故发生的真正原因。

2023年东莞市万江街道莞穗路万江段184号"7·23"火灾

2023年7月23日10时15分许,东莞市万江街道莞穗路万江段184号的东莞市巨力粘合剂科技有限公司发生火灾,火灾蔓延到广州漫屋文化传播有限公司,火灾烧损部分建筑、设备、粘合剂及化工原料一批,未造成人员伤亡。

一、基本情况

（一）涉事建筑基本情况

涉事厂区位于东莞市莞穗路万江段184号,北至小享社区厂房,东至、南至莞穗路万江段182号综合楼,西至小享工业园。厂区内有厂房一栋三层,高13.2米,占地面积为764平方米,建筑面积为1 910平方米,框架结构,用于生产、储存粘合剂的原材料和成品（见图1-90）。该厂区土地属于东莞市谷涌管理区集体建设用地,建筑产权属于东莞市万江区谷涌股份经济联合社所有。

图1-90 起火建筑航拍图

（二）涉事建筑租赁情况

涉事建筑于1993年6月建成,后出租作为电子厂厂房,持续了四年时间,电子厂关停后，厂房空置。2001年11月至2009年8月，租给东莞市俊越纸品印刷厂，到期后空置至2010年1月。2010年2月1日至2015年1月31日，租给庾某坤（东莞市汇邦粘胶剂有限公司），到期后庾某坤又续租至2019年12月31日。其间，2017年7月17日至2019年12月31日，庾某坤将该厂房转租给庾某良（东莞市巨力粘合剂科技有限公司）。2020年1月1日至2024年12月31日，由庾某良续租。2021年9月，庾某良将厂房局部租给广州新隆化工科技有限公司使用。火灾发生时，该厂房由东莞市巨力粘合剂科技有限公司、广州新隆化工科技有限公司两家公司共同使用。

东莞市巨力粘合剂科技有限公司将首层中部和南面的空间作为原材料仓库、生产设备间和办公室使用，面积约688平方米；将第二层中部、南面和北面局部的空间作为粘合剂成品仓库和生产设备间使用，面积约744平方米；将第三层北面的空间作为闲置生产设备间和仓库使用，面积约360平方米；将厂房北面的钢架棚建筑作为生产设备间和原材料堆场使用，面积约96平方米；将钢架棚建筑北面的二层砖混建筑作为空桶储存间使用，面积约192平方米；在厂房外西面的过道靠近室外电梯处堆放危化品原材料，面积约20平方米。

广州新隆化工科技有限公司将首层北面的空间作为生产设备间和成品皂洗剂仓库使用，面积约340平方米；将首层南面两个房间作为办公室使用，面积约44平方米；将第二层东北角的局部空间作为生产设备间使用，面积约50平方米；将第三层南面的空间作为宿舍和饭堂使用，面积约360平方米；在第三层北面仓库的局部空间存放水性硅油，面积约30平方米。

（三）建设审批情况

（1）用地审批情况。涉事地块于1991年办理集体建设用地手续，取得《关于万江谷涌管理区集体建设用地的批复》（东集用〔1991〕066号），该地块现状地类为建设用地，土地利用总体规划为建设用地。涉事地块在《东莞市城市总体规划（2016—2035年）》中为二类居住用地，在《万江街道北部片区控制性详细规划》中为新兴产业用地，该地块未办理相关规划报建手续。

（2）加建、扩建情况。涉事建筑于1993年6月建成，未办理任何报建手续。据谷涌社区提供的资料，租用单位在使用期间加建了部分搭建物，电子厂租用期间（1995年），在厂房北面自行加建了一座宿舍楼，二层建筑物占地约130平方米；另在厂房东面加建了一层约250平方米的简易铁皮仓库。2002年，承租方东莞市俊越纸品印刷厂在厂房东南角加建了一层砖混结构建筑，面积约64平方米，在厂房北面与电子厂加建的宿舍楼之间又搭建了钢架遮雨棚，面积约96平方米。

二、火灾发生经过和救援情况

（一）事故发生经过

2023年7月23日5时57分许，东莞市巨力粘合剂科技有限公司法人庾某清到达厂区。6时许,庚某清接收广东宏川新材料股份有限公司(车牌为粤SC**59)运来的3吨化工原料,用了30个200升的铁桶盛装,放置于厂房一楼生产区域。9时许,庚某清将28桶粘合剂成品(每桶18升)装运入一辆货拉拉货车(车牌为粤 ABD1**03)运往厚街。10时05分35秒,庚某清离开厂区并关上大门。

东莞市巨力粘合剂科技有限公司监控视频显示,10时15分34秒,该公司厂区西北侧窗口出现白色烟雾,同时有物体掉落到地面。10时20分11秒,厂房内不断有爆炸声和大量白色烟雾涌现。10时22分35秒,明火顺着建筑内部的孔洞(厂房三层与北面搭建处缝隙)掉落至1楼,火势蔓延。

(二)人员逃生自救情况

据广州新隆化工科技有限公司员工成某天反映,起火当天他与谭某连、谭某国、赵某菊、赵某成、赵某兰、尹某青在厂区内,起火时他在一楼办公室休息,其余人员均在三楼生活区。10时16分许,成某天听到"砰砰"的响声后,室内光线开始变暗,于是出门查看,发现有东西从厂房西北侧掉落,厂房三楼上方有黑色浓烟,此时尹某青已从三楼跑出厂房。随后,赵某菊、赵某兰、谭某连、谭某国、赵某成陆续从三楼逃至首层厂房外。10时20分,厂房内部人员均安全疏散。

(三)应急响应情况

事故发生后,万江街道办事处立即启动应急联动预案,东莞市消防救援支队队长、政委、万江街道党工委副书记、办事处主任等有关领导第一时间赶赴现场指导应急救援工作。消防、公安、应急、卫健、住建、生态环境、谷涌社区等相关部门开展应急救援和处置工作,对事故现场和周边地区进行警戒,及时发布事故信息,做好舆情监控。14时20分,火势得到有效控制。15时,明火被扑灭。

(四)善后处置情况

事故发生后,万江街道综合治理办组织应急、消防、司法、公安等部门以及谷涌、小享社区相关人员,联合警长、律师以及涉事企业负责人进行协调化解,协助企业最大限度降低损失,尽快恢复生产。

(五)应急救援评估

事故发生后,东莞市人民政府立即启动应急联动预案,各级领导第一时间赶赴现场指导应急救援工作。消防救援部门出警迅速,处置科学有效;公安部门第一时间做好现场秩序维护,实施交通管控,落实对相关证据固定、责任人控制、有关人员稳控等工作;应急管理部门积极协调相关部门做好现场处置工作,协助做好信息报送工作;卫健部门准确预判,在接报后立即派出两批次救护车前往现场救助,并要求相关医院全力做好救治工作。经评估,本次事故相关部门和救援队伍反应迅速、响应及时、处置工作合理、有效。

三、火灾原因调查

（一）起火时间的认定

经调查，认定起火时间为2023年7月23日10时15分许。主要依据如下：

（1）监控视频分析情况。通过对艾米多电子科技（东莞）有限公司监控视频进行分析，2023年7月23日9时50分58秒（北京时间10时15分29秒）有员工发现火情，于是把窗户关上了，随即叫其他员工关闭窗户（见图1-91）。

图1-91 监控视频情况（1）

通过对东莞市巨力粘合剂科技有限公司监控视频进行分析（监控时间比北京时间快38分08秒），2023年7月23日10时53分42秒（北京时间10时15分34秒），东莞市巨力粘合剂科技有限公司靠近货梯处三楼西侧最先出现白色烟雾、明火，火光逐渐变亮并向周边蔓延（见图1-92）。

图1-92 监控视频情况（2）

（2）调查询问情况。据证人谭某连反映，2023年7月23日10时多，他听到隔壁房间的人大声喊着火了，随后出门便看到三楼生产区域着火，于是赶紧回房间拿手机报警。报警时间为2023年7月23日10时17分（最早报警人），其发现厂房着火时间晚于监控视频显示的冒烟、着火时间。据证人成某天反映，2023年7月23日10时16分许，他听到"砰砰"的响声后，室内的光线暗了下来，于是走到厂房北面（实际是西北侧）门口查看情况，发现有东西从楼上掉下来，他就往上看，看到有很多烟雾，烟雾是黑色的，他也看到有人从厂房三楼冲下来，跑到外面马路边。之后，他又看到厂房三楼靠近货梯处有烟雾冒出来，但没看到明火，于是他马上通过手机报警，报警时间是2023年7月23日10时19分。

（二）起火部位的认定

（1）监控视频分析情况。2023年7月23日10时15分34秒，东莞市巨力粘合剂科技有限公司三楼西侧最先出现烟雾、明火，火光逐渐变亮并向周边蔓延。通过监控视频对比，以及光的折射原理，判断最先起火区域为厂房三楼西侧靠近货梯的窗户内。公安铁骑人员在一楼拍摄的相片显示，最先起火的部位位于东莞市巨力粘合剂科技有限公司三楼（见图1-93）。

图1-93　公安铁骑第一时间拍摄到的情况

（2）调查询问情况。据证人成某天反映，2023年7月23日10时16分许，他听到"砰砰"的响声后，室内的光线暗了下来，走到厂房西北侧门口，看到厂房三楼靠近货梯处有黑色烟雾冒出来。据证人谭某连反映，2023年7月23日10时多，他听到隔壁房间的人大声喊着火了，随后出门便看到三楼生产区域着火。

（3）现场勘验情况。对三楼物料存放区进行勘验，南侧圆柱铁皮桶的烧损程度呈现由北向南的坡状增高痕迹，由西向东铁皮桶"鼓包"变形痕迹逐渐减轻（见图1-94）；北侧方形铁皮桶的烧损程度呈现由南向北金属变色逐渐减轻（见图1-95）；东侧物料搅拌装置的外围三角铁固定架的烧损程度呈现西侧和西南侧扭曲变形的痕迹（见图1-96）；西侧靠近窗口的方形铁皮桶地面残留由东向西的坡状增高痕迹；天花板及横梁的烧损程度呈现由西向东逐渐减轻的痕迹。三楼西侧靠货梯的第二窗口位置，地面的蓝色橡胶桶烧损残留痕迹呈现由横梁向窗口（由西向东）的坡状增高痕迹。

图 1-94　三楼烧损情况（1）

图 1-95　三楼烧损情况（2）

图 1-96　三楼烧损情况（3）

调查人员对烧损程度最严重的横梁下方进行勘验，发现横梁下方有照明电气线路故障痕迹（见图1-97）。该处放置的可燃物完全被烧毁，旁边遗留部分盛装粘合剂原材料的空桶残骸（顶部遇高温变形），四周过火痕迹明显，烧损程度以此为中心，向四周递减。

图1-97　横梁下方烧损情况

综上分析，认定起火部位为东莞市巨力粘合剂科技有限公司三楼西侧。

（三）起火原因的认定

（1）在起火部位提取了部分火灾物证，包括电气线路若干，送广东震华痕迹司法鉴定所进行技术鉴定。根据广东震华痕迹司法鉴定所鉴定意见书（粤震司法鉴定所〔2023〕痕迹字第416号），结论是送检照明线路电源线存在一次短路，证实在火灾前该条电气线路发生了短路故障。

（2）经调查，起火部位周边存放的物品情况如下：铁桶包装的粘合剂成品30桶，每桶18升；铁桶包装的水性硅油20桶，每桶200升；塑胶桶包装的水性硅油15桶，每桶120升；以及300个用于盛装粘合剂的空桶，规格为18升。易燃易爆气体遇到火源时会迅速燃烧，现场具备遇火源引发火灾的条件。

（3）根据东莞市气象局提供的证明，2023年7月23日08时至22时，东莞市万江街道莞穗路万江段184号的气温为31~35摄氏度，湿度41%~48%，西北风2~3级，瞬时最大风速为2.7~4.6米/秒，无雷击。火灾发生前，东莞市巨力粘合剂科技有限公司区域未出现阴雨、雷击现象，可以排除雷击造成火灾的可能性。

（4）经公安刑侦和消防部门调查，此次火灾可以排除放火引发火灾的因素。

（5）东莞市巨力粘合剂科技有限公司法人庾某清虽然在厂区工作期间有吸烟行为，但是无法证实其在起火点处有遗留火种的痕迹，经对其多次询问，他均否认在起火点处吸烟和遗留烟头等情况，起火点处也未发现遗留火种痕迹。

综上所述，认定起火原因为东莞市巨力粘合剂科技有限公司三楼西侧电气线路故障引燃下方可燃物，导致附近危险化学品发生爆燃并蔓延成灾。

四、事故教训

（1）涉事建筑未办理任何规划报建手续，违规建设、违规经营和超量储存危险化学品是导致火灾蔓延和扩大的主要原因。东莞市巨力粘合剂科技有限公司是集生产、储存、经营危险化学品为一体的甲类火灾危险性质的企业，其所在建筑属于东莞市万江街道办事处谷涌社区居民委员会集体物业，该建筑未报即建，且长期存在在多层厂房内从事甲类危险性物品的生产和储存的违法违规行为，经营期间还存在非法转租的情形。该公司经营者庾某清在楼层内违规生产和储存粘合剂的原材料、成品，以及长时间在反应釜内存放大量的成品，且未采取任何防护措施及防火分隔措施，这是导致火灾发生后火势迅速蔓延成灾的重要原因。

（2）违章搭建挤占防火间距。涉事建筑于1993年6月建成，未办理任何报建手续，租用单位在使用期间加建了部分搭建物：1995年，在厂房北面加建了砖混结构的二层宿舍楼；2002年，在厂房北面与电子厂加建的宿舍楼之间搭建钢架遮雨棚。该起火灾蔓延到广州漫屋文化传播有限公司，蔓延通道就是违章搭建的部分。

（3）场所经营者消防安全意识淡薄，安全管理不到位。东莞市巨力粘合剂科技有限公司及广州新隆化工科技有限公司场所经营者消防安全意识、法律意识淡薄，存在违规搭建、违规住人、违规储存经营危化品等行为。经营者在起火建筑违规住人的情况下，又过量存储甲苯、三氯乙烯等多种桶装易燃易爆、有毒化学品原料、成品胶水。经核查，事故发生时，反应釜内还存放着1吨多的粘合剂成品未及时处置，且未采取任何安全措施，导致了火灾的发生并扩大。

（4）行业监管部门责任落实不到位。谷涌社区在没有履行任何报建手续的情况下，仍将该厂房建设完成，在厂房续存的30多年里，无相关行业主管部门提出非法建设的问题。该厂区多次违章搭建，消防设施应设未设，也无相关部门提出整改建议。东莞市巨力粘合剂科技有限公司于2017年租赁该厂房，用作甲类危险化学品的生产和储存，6年的时间里，相关行业主管部门摸查底数不清、情况不明，对检查发现的安全隐患未进行有效的追踪落实整改。

（5）生产安全综合监管存在盲区。相关部门的安全员在检查中，发现东莞市巨力粘合剂科技有限公司存在未安装防爆柜、电线裸露、危险化学品存量多、灭火器被遮挡等问题后，下发限期责令改正通知书，到期后进行复查，但对于未安装防爆柜的问题，听信当事人口头承诺，没有彻底跟踪落实整改。对于危险化学品存量多的问题，没有弄清楚该公司到底能存放多少危化品和实际存放了多少危化品，生产安全综合监管存在盲区。

（6）涉事单位对存在的安全隐患应改未改。在调取监管部门的检查记录后发现，东莞市巨力粘合剂科技有限公司负责人庾某清对行业监管部门工作人员前后两次的检查中指出的问题，应改未改。

五、火灾警示

（1）吸取事故教训，摸清隐患场所底数。各镇街（园区）要扎实开展危化品生产企业安全专项整治工作，迅速对辖区的所有危化品生产企业、危化品储存点进行排查登记，逐街逐户对其开展地毯式排查，摸清场所底数，做到不漏一家、动态监管到位。同时，对镇街（园区）危化品生产企业业主集中开展一次警示约谈，对辖区村级工业园基础信息进行全面摸查，重点收集集体资产、园内企业门类、违法违建等情况，并建立台账，纳入信息化管理平台。

（2）压实各方责任，铁腕整治安全隐患。落实"管行业必须管安全、管业务必须管安全、管生产经营必须管安全"的要求，强化各镇街（园区）、各部门落实行业部门监管责任和属地责任，坚决以"零容忍"的态度彻底消除隐患，坚决整治证照不齐、责任缺位、隐患突出等问题。一是实施"包保制"。按照镇、村、网格分级包干落实监管责任，特别是各村（社区）应将村级工业园安全监管责任落实到村干部，确保每个村级工业园都有安全责任人。二是完成"三个一批"。清除一批违章搭建、存在严重安全隐患的厂房仓库，改造一批安全设施、器材设置、器材配置不符合标准的厂房仓库，升级一批安全审批手续不完善、专（兼）职消防队伍建设不符合要求的单位。

（3）做好源头管控，健全违建查处机制。各镇街（园区）、各村（社区）要认真吸取教训，充分认识属地管理工作的重要性，积极开展"两违"建筑的查处工作。同时，落实网格化巡查工作，构建"全面监管、无缝衔接、不留死角"的网格化巡查格局，发现违法用地、违法建设行为的，要及时汇报，依法进行处理。

（4）普及消防宣传，提升群众安全意识。各镇街（园区）、各村（社区）要组织辖区重点单位、加工厂、危化品生产企业等开展一次消防安全宣传培训和应急疏散演练，全面提升员工安全意识和应急自救能力。同时，结合身边典型安全事故案例，大力开展安全警示教育。对企业安全责任人、管理人员、物业人员开展培训，提升安全管理水平。通过户外视频、楼宇电视等社会媒介，播放安全提示和安全公益广告。大力普及用火、用电、用油、用气安全常识，做好安全隐患自查自改，从而形成"人人关注消防、人人参与消防、人人学习消防、人人支持消防"的良好氛围，切实提升群众消防安全意识。

六、调查体会

火灾发生后，调查人员迅速赶往现场，对工厂发现火灾的人员进行询问，了解到起火部位无目击证人，也无监控视频，现场还存放着大量危化品。火被扑灭后，现场转运危化品，火调人员迅速进入现场勘验，现场环境非常恶劣，起火部位在三楼，三楼的两条楼梯均炸出两个"大洞"，整层楼板多处发生变形，整体结构不稳定。火调人员通过无人机拍摄照片等进行分析，经检测评定整体建筑稳定后，深入现场提取物证，最终在两个"大洞"找到火灾事故的"真凶"——电线短路。另外，火灾事故调查还需要关注安全问题，火灾现场往往存在安全隐患，调查人员需要采取必要的安全措施，确保自身和现场人员的安全。

2023年东莞市道滘镇粤晖路"11·3"火灾

2023年11月3日19时07分许,东莞市道滘镇粤晖路的东莞市鑫盛鞋材有限公司发生火灾。火灾烧损生产设备、鞋材等物品一批,部分建筑受损,造成1人死亡,1人受伤。

一、基本情况

(一)起火建筑基本情况

起火建筑所在厂区(见图1-98)主要有两栋建筑:厂房一栋,二层,高8.3米,占地面积652.8平方米,建筑面积1 305.6平方米;宿舍一栋,四层,高14.3米,占地面积303.8平方米,建筑面积1 592.4平方米。该厂区厂房西南侧有一栋单层钢筋混凝土结构仓库,建筑面积约240平方米。厂房屋面加建一层钢构建筑,厂房东侧与宿舍之间搭建铁皮棚,厂房西侧与围墙之间搭建铁皮棚,厂房北侧搭建铁皮棚,厂房二楼西南侧楼梯间与单层仓库之间搭建连廊,厂房南面靠西侧楼梯处改建一户外升降电梯。以上建筑均为2007年12月后违规改扩建。

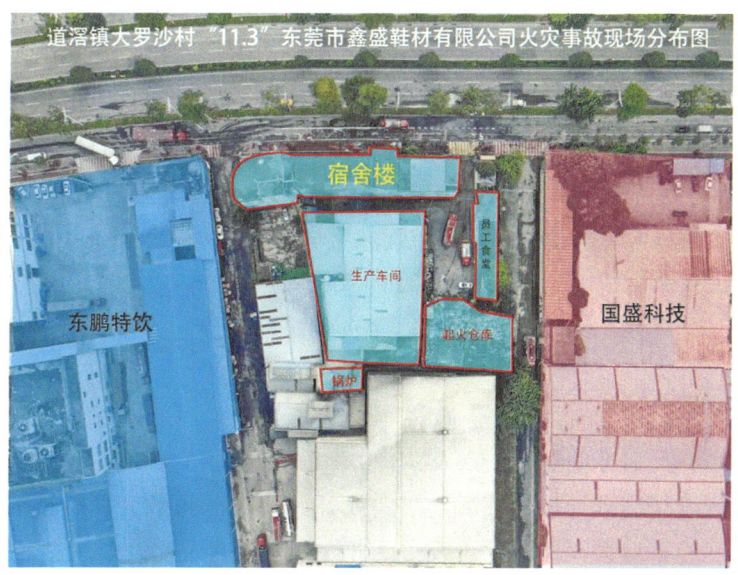

图1-98 厂区平面布局图

（二）相关加热工艺情况

"热压"工艺中用于加温的介质是导热油。导热油系统包括锅炉、管道、储油罐和循环泵等（见图1-99）。其主要的运作原理：锅炉将导热油加热至220摄氏度左右，然后通过主管道输送到车间，并通过支管道输送到每组油压机台，在支管送到机台前，还要经过储油罐和循环泵。其中，储油罐起到导热油的缓冲和测温的作用。

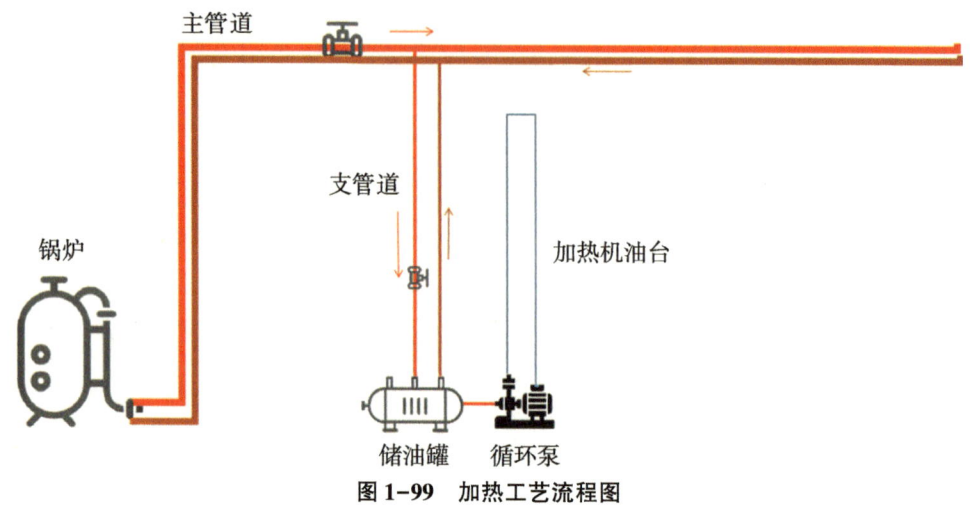

图1-99 加热工艺流程图

二、火灾发生经过和救援情况

（一）事故发生经过

2023年11月3日18时43分，员工刘某斌发现一楼油压车间B组油压机生产线上的循环泵发生故障，于是立即将油压机台的电源关闭，并通知陈某明来处理。监控视频显示，18时48分许，陈某明开始维修油压机台，19时03分油泵中的导热油发生喷溅，并形成灰白色雾状烟气在天花板处悬浮飘散，员工开始疏散。陈某明在此期间有先后进出该车间并进行一些抢救操作动作，19时06分车间发生爆燃，在天花板处形成明火并迅速蔓延成灾。

（二）员工逃生自救情况

事故发生前，厂房车间里有130人，其中一楼60人，2楼50人，3楼20人。事故发生后，一楼有人现场看到导热油喷溅之后，就开始疏散，疏散的同时喊上周围的人一起走，伤者陈某明在采取灭火措施无效后，也自行逃生，后入院治疗。二楼毕某海、刘某、林某等人看到有烟从货梯口和西侧的楼梯间冒出，也喊周围的员工赶快疏散，并向东侧的楼梯间方向疏散。火灾发生后，二楼有人关闭了电闸，三楼的员工以为停电，便自行下去，到楼梯位置时才发现有烟雾，知晓是火灾后，就下楼疏散到厂外。另有6名在打磨车间的员工未能及时下楼，他们是因为被楼梯间的烟雾阻挡而不敢下楼，后被二楼车间的林某带到露天阳台等待救援。

（三）员工遇难前的逃生情况

根据相关证人的询问笔录，19时10分许，二楼的刘某等人看到从货梯和西侧楼梯间蔓延过来的浓烟后，迅速呼喊周围的员工向东侧的楼梯疏散。刘某往东侧楼梯间疏散的同时，途经油压机台工位时，遇到肖某喜，并告知肖某喜起火了，让他快点走，随后刘某跑到厂房东北侧楼梯间入口旁，关闭控制二楼、三楼电源的电闸，在关闭电闸后刘某打算在电闸周围寻找灭火器，此时又碰到肖某喜，肖某喜也跑到货架旁帮忙寻找灭火器。刘某没有找到灭火器，就下到一楼查看员工的疏散情况，没有留意到肖某喜是否已经下楼。负责人在清点人员时，王某明、陈某勇先后打通肖某喜电话，并告知其快点下楼，但始终未见其下楼，后来电话也未能打通，随后向消防救援人员告知厂房内还有被困人员。

（四）消防救援情况

东莞市消防救援支队指挥中心接到报警后，迅速调派了道滘、特勤、厚街、洪梅、麻涌、高埗、万江共22辆消防车、125名指战员赶赴现场进行火灾扑救。道滘消防大队同时报告镇政府值班室，请求启动火灾事故应急救援联动响应机制。19时17分许，道滘大队首战消防力量到达现场，现场已处于猛烈燃烧状态，了解到三楼天台和二楼车间还有人员被困，大队组织力量从东南侧到二楼进行搜救，一边在北侧空地架设云梯车转移三楼天台的被困人员，一边设置水枪阵地开展灭火工作。19时30分许，三楼天台的7名被困人员相继经云梯车转移到安全地带，二楼仍在继续搜救，其间有员工反映二楼被困人员已逃生。19时45分，支队全勤指挥部和周边增援力量相继到场，全力开展火灾扑救工作和架设远程供水装置。20时10分许，企业负责人在清点人数后再次反映二楼还有1名被困人员，救援人员于20时40分将其救出并送医院抢救。23时30分，现场明火基本被扑灭。

三、火灾原因调查

（1）现场勘验情况。

仓库已完全被烧毁，厂房一楼、二楼有过火痕迹，厂区内的宿舍楼、饭堂等其他建筑无过火痕迹（见图1-100）。厂房南面烧损严重，北面较轻。厂房西面烧损严重，东面较轻。厂房南面外墙的西侧烧损程度最为严重，自西向东逐渐减轻，并且从货梯底部呈现斜向上的过火和烟熏痕迹（见图1-101）。厂房一楼车间西侧烧损最为严重，向东北逐渐减轻。

二楼车间全部过火，三楼因起火时防火门和货梯门处于关闭状态，车间内基本未过火，楼梯间有轻微烟熏痕迹。厂房一楼车间内部的南面烧损严重，向东北逐渐减轻。一楼车间西南侧上方的楼板烧损严重，向东北逐渐减轻。此段导热油主管道外部包裹的隔热棉烧损程度也较为严重，向东西两侧逐渐减轻（见图1-102）。发生喷溅的储油罐的测温口，仍然处于敞开的状态（见图1-103）。

图 1-100　厂房烧损情况

图 1-101　厂房南面外墙烧损情况

图 1-102　导热油主管道烧损情况

图 1-103 测温口烧损情况

（2）调查询问情况。

据刘某斌反映，18 时 40 分许，他在一楼车间发现油压机 B 组生产线储油罐的油泵冒烟，于是立即关掉了该组油压机电源，并通知陈某明维修。

据陈某明反映，得知 B 组油压机的循环泵发生故障后，他开始对循环泵进行维修。维修循环泵，需先将储油罐内残油导出，再拆除循环泵。他先关闭 B 组生产线循环泵的电源，其他组的生产线仍然保持正常作业。随后打开储油罐下的出油口，用铁桶接装储油罐里的残油，为加快储油罐残油的流出速度，拆除了储油罐上面的测温针。过了一会儿，测温针位置的螺丝口处突然喷出油来，他踩到地上泄漏的导热油，摔了一跤，起来后，赶紧跑去厂房后面的锅炉房把锅炉的循环泵和天然气的电源关了。19 时许，他回到车间，车间突然爆燃起火，他赶紧往外跑，发现身上被烧烫伤，于是叫厂里的司机开车送去就医。

（3）监控视频分析情况。

对监控视频进行分析，2023 年 11 月 3 日 19 时 03 分 08 秒，视频显示，储油罐顶端螺丝口处开始发生喷溅，但维修工未察觉，还在维修（见图 1-104）。

图 1-104 储油罐顶端螺丝口处开始发生喷溅

19时03分10秒，储油罐顶端螺丝口的油喷溅猛烈（见图1-105）。

图1-105　油喷溅猛烈

19时06分10秒，储油罐持续喷溅，在车间内部形成油蒸气（见图1-106）。

图1-106　车间内部形成油蒸气

19时06分13秒，导热油蒸气在接近楼板位置出现火光（见图1-107）。

图1-107　楼板位置出现火光

19时06分14秒，火焰迅速点燃充斥在车间内的油蒸气，油蒸气发生剧烈爆燃和蔓延（见图1-108）。

图1-108　油蒸气发生剧烈爆燃和蔓延

（4）物品鉴定情况。

对该管道内的导热油进行鉴定，该导热油名称为加氢合成有机热载体，由山东英可利新材料技术有限公司供应，根据供应产品的检测报告，该导热油的开口闪点为211摄氏度，属丙类可燃物。常温状态下黏度为30，在100摄氏度时黏度迅速降为5.7，大大提高了其蒸发和雾化程度，更容易燃烧。

（5）引火源分析。

综合现场勘验、调查询问及监控视频分析，起火点位于测温口上方的导热油主管道附近。主管道内温度达220摄氏度，管道外层分段用隔热材料包裹，且段与段之间存在约5厘米的空隙，形成了裸露的热源，监控视频显示，最先起爆点与裸露管道位置重合，故此热源为此次火灾的引火源。

（6）原因排除情况。

根据现场监控视频和调查询问，可以排除雷击、遗留火种、阴燃、放火等因素引发火灾的可能。

综上所述，认定起火时间为2023年11月3日19时06分许，起火部位位于厂房一楼循环泵上方的导热油管道周围，起火原因是工厂维修员工在检修循环泵过程中，储油罐中导热油发生喷溅，形成的雾状油蒸气遇热源（导热油管道）引发的爆燃事故。

四、事故教训

（1）违规搭建，增加火灾蔓延途径。该公司因擅自加装升降电梯和搭建连廊，导致火势产生烟囱效应，迅速向二楼、车间及仓库蔓延。

（2）蒸汽燃烧物质增加蔓延速度。此次火灾的燃烧物质为导热油，泄漏喷溅后所形成的高温蒸汽，在燃烧后以气态爆燃形式传播，火灾传播速度远超过普通固体物质的传播速度，最终导致现场在短时间内形成猛烈燃烧状态。

（3）火灾荷载大，造成扑救困难。该公司生产车间存放有大量的物料及成品，如橡胶、白乳胶、树脂、白油、塑胶制品，火灾荷载大，橡胶燃烧后形成粘连油脂状态的燃烧物，并产生大量有毒浓烟，消防员扑救非常困难。

（4）行业监管部门责任落实不到位。该起火灾，是制鞋的工厂由于储油罐中导热油发生喷溅引发的爆燃事故，说明有关行业主管部门落实"三管三必须"不到位，在源头监管上仍然存在失控漏管、履职不力的情形。

（5）属地责任未落实。村（社区）属地监管责任意识不强，对辖区的厂房、仓库情况掌握不清，对辖区内违章搭建、擅自改建等行为既不制止，也不监管，导致遗患成灾。

（6）企业安全主体责任未落实。该公司对安全生产和消防安全不重视，企业安全生产、安全操作、安全管理、消防应急处置、消防安全培训等工作做得不到位。日常动火作业不规范、设备维修保养制度未落实、审批未落实。且该单位主要负责人未督促检查本单位安全生产情况、未保证安全生产投入的有效实施，安全生产管理职责履行不到位。

（7）员工安全意识淡薄。企业没有建立健全的设备安全管理机制，包括巡检、检修记录等。当生产设备出现故障时，维修工没有遵守相关维修操作规程，未实行报告、审批等制度，在没有停产停工的情况下，擅自开展维修工作，对可能发生的安全风险预判不足，最终导致事故发生。

五、火灾警示

（1）落实企业安全生产主体责任。各行业主管部门、各村（社区）要加强落实安全生产主体责任制度，夯实安全生产基础，从源头上控制和减少生产安全事故发生。同时，企业要规范自我管理，履行安全生产责任，要辨识生产工艺、设备设施、作业环境等方面存在的安全风险，严格管控生产工艺、操作流程，以及各类岗位从业人员职责的建立。

（2）严格落实安全隐患排查和整改工作。各行业主管部门、各村（社区）要组织安全监管执法队伍、专职安全员、网格员、村（社区）巡查员等，深入企业一线，全面推行"一线三排"工作机制，督促各类相关企业落实"四令三制"、动火作业"三个一律"等措施，督促企业"真查、真改、真落实"。同时，要督促风险点所属单位切实加强安全管理，制定有效风险管控措施，避免风险发展成事故。

（3）全面开展消防应急演练教育培训。各行业主管部门、各村（社区）要督促各类用工单位，加大对特有工种人员的培训力度，确保全部员工持证上岗。要组织辖区企事业单位开展安全宣传培训和应急疏散演练，确保员工掌握岗位安全风险、组织疏散、自救逃生和初期火灾扑救的应急自救能力。

六、调查体会

火灾发生后,火灾调查人员第一时间迅速介入,与消防人员灭火救援同步开展现场初步调查,牢牢抓住"抢视频"的黄金时间,及时将监控视频证据固定,为火灾原因的初步认定提供了明确的方向。同时,通过询问企业的知情人员,迅速锁定起火部位、被困人员的位置和行为状态等基本情况,为事故初步定性提供有力依据。

第二章
锂电池类火灾事故典型案例

2014 年东莞市凤岗镇黄洞村科技路 46 号 "11·19" 火灾

2014 年 11 月 19 日 19 时 01 分许，东莞市凤岗镇黄洞村科技路 46 号 B 栋五楼的东莞市今明阳电池科技有限公司发生较大火灾，火灾烧损厂内设备及物品一批，造成 5 人死亡。

一、基本情况

起火建筑位于东莞市凤岗镇黄洞村科技路 46 号，为一栋五层的钢筋混凝土结构工业厂房（见图 2-1），建筑占地面积 2 996.21 平方米，建筑面积 15 167.72 平方米，2012 年建成投入使用后，由业主东莞市安科实业有限公司将厂房分租。起火单位为租用该建筑五楼局部场地的东莞市今明阳电池科技有限公司，该公司租用的面积为 1 500 平方米，法定代表人是陈某波，经营范围为研发、产销锂离子电池。公司设有配料、涂布、制片、装配、注液、二封、包装、仓库等部门。

图 2-1 今明阳电池科技有限公司厂房概貌

二、火灾发生经过和救援情况

2014年11月19日19时04分许,东莞市公安消防局指挥中心接到报警:凤岗镇黄洞村科技路46号B栋五楼发生火灾,有人员被困。接到报警后,指挥中心立即调派凤岗专职消防队5辆水罐车、1辆高喷车、1辆云梯车,共60名指战员到场扑救。根据现场指挥员反馈情况,指挥中心先后增调塘厦、清溪、常平及谢岗等大队共8辆消防车、35名指战员前往增援,东莞市公安消防局全勤指挥部遂行出动。20时15分,明火基本被扑灭。火灾发生时,共有74名工人正在上班,消防员到场后,解救出6名被困员工。后搜救出5名被困员工,送医院抢救无效死亡。

火灾发生后,广东省公安厅、广东省公安厅消防局、东莞市人民政府、东莞市公安局、东莞市公安消防局及凤岗镇人民政府等有关单位的领导先后到场指挥灭火救援及处理善后工作。

三、火灾原因调查

火灾发生后,东莞市公安消防局与公安刑侦部门积极开展了调查工作。调查人员通过大量的调查询问取证工作,对火灾现场进行详细的内外围反复勘查,收集和掌握了大量的第一手材料。

(一)起火部位的认定

经调查,认定起火部位为东莞市今明阳电池科技有限公司的二封车间内门口南侧。主要依据如下:

(1)调查询问情况。据二封车间组长黄某某、涂布配料车间领班邓某、包装组组长曾某某等人反映,最先着火的部位位于东莞市今明阳电池科技有限公司的二封车间门口南侧。

(2)监控录像情况。最先发现冒烟的地方位于东莞市今明阳电池科技有限公司的二封车间门口处。

(3)现场烧损情况。东莞市今明阳电池科技有限公司中间有条通道,通道东面的车间烧损严重,西面的车间和办公室烧损较轻,呈东重西轻(见图2-2)。通道上方楼板混凝土部分脱落,附着浓密烟熏痕迹,通道中间脱落严重,向南北两侧递减(见图2-3)。二封车间天花板为轻钢龙骨石膏板,石膏板烧损严重,大部分掉落,轻钢龙骨连着楼板,北面轻钢龙骨烧损严重且变形变色严重,东面轻钢龙骨烧损较轻,变形变色不明显,以二封车间门口上方为中心,烧损程度向四周减轻。

图 2-2 车间烧损情况

图 2-3 通道上方楼板烧损情况

(二) 起火点的认定

经调查,认定起火点位于东莞市今明阳电池科技有限公司二封车间内门口南侧处小推车上的半成品锂离子电池。主要依据如下:

(1) 调查询问情况。据包装组组长曾某某、小电池车间组长欧某某、二封车间组长黄某某、工序二封和化成组的组长陈某某、涂布配料车间的领班邓某反映,最先起火点位于东莞市今明阳电池科技有限公司二封车间门口南侧处小推车上的半成品锂离子电池。

(2) 现场烧损情况。二封车间的物品烧损最严重,向东面和北面两侧减轻。二封车间中部的检测台及机器烧损变形变色,靠近门口处烧损严重,东侧烧损轻,物品烧损向西侧倾斜(见图 2-4、图 2-5)。二封车间内门口南侧处小推车上方轻钢龙骨石膏板烧损严重,部分轻钢龙骨掉在地上,部分连着楼板;轻钢龙骨变形变色严重,以此为中心,向四周递减(见图 2-6、图 2-7)。二封车间内门口南侧处堆放的锂离子电池塑料分隔板烧损熔化,上重下轻,北重南轻,距防火门 1.2 米、距办公室东墙 1.5 米处熔融痕迹最重，形成南高北低的斜面烧损痕迹（见图 2-8）。

图 2-4　二封车间烧损情况（从北向南拍摄）

图 2-5　二封车间烧损情况（从东向西拍摄）

图 2-6　二封车间内门口南侧处小推车烧损情况

图 2-7　轻钢龙骨石膏板烧损情况

图 2-8　锂离子电池塑料分隔板烧损情况

（三）起火原因的认定

（1）经现场勘验，起火点处堆放有大量带电的半成品锂离子电池，具备引起火灾的条件。

（2）起火点处堆放的半成品锂离子电池周围堆放有大量的可燃物，具备被引燃的可燃物。

（3）据车间的员工反映，最先起火点位于公司二封车间门口南侧处小推车上的半成品锂离子电池。据副总经理左某某、包装组组长曾某某、厂长左某某、二封车间组长黄某某、焊接部郑某某、注液部员工潘某某、涂布配料车间领班邓某、员工孙某某、员工朱某某、员工魏某某等人反映，二封车间里的锂离子电池经常会出现冒烟着火现象。

（4）对起火单位现场存放的锂离子电池进行模拟实验。在模拟错误放置锂离子电池致电池正负极接触的实验中，接触的电池正负极迅速产生了火花。在模拟锂离子电池被挤压或用金属撞击的实验中,锂离子电池能迅速产生大量浓烟并燃烧。

综上所述,根据现场勘验、证人证言、模拟实验,认定该起火灾起火原因是东莞市今明阳电池科技有限公司在生产锂离子电池过程中,二封车间门口南侧处小推车上的半成品锂离子电池短路起火。

四、事故教训

(1) 生产工艺流程存在安全隐患。东莞市今明阳电池科技有限公司使用简易设备加工、制造锂离子电池,工艺流程缺乏基本的质量控制措施,产品存在瑕疵,且充电后经常出现冒烟着火现象。锂是活性金属材料,锂离子电池物化性能不稳定、安全性差,容易发生燃烧、爆炸,能迅速产生高温,引燃周围可燃物,并与电解液作用释放二氧化硫、二氧化锰、汞蒸气等有毒气体。该公司没有采取有效安全防范措施,导致成堆放置的锂离子电池起火后迅速蔓延。

(2) 部分员工安全意识淡薄。东莞市今明阳电池科技有限公司在生产过程中,经常出现单个或多个锂离子电池冒烟着火现象,但都是简单处理后又继续进行生产,安全意识淡薄,没有采取工艺预防措施。火灾发生时,大部分员工对冒烟着火的现象已习以为常,没有意识到火灾的危险性,不仅没有迅速逃生,反而在现场围观,个别员工还返回工作岗位继续工作。而火势迅速蔓延后,无法通过安全出口疏散逃生,错过了最佳的逃生时机,造成人员伤亡。

(3) 企业安全管理混乱。该公司分租五楼局部场地使用后,将内部随意分隔,把疏散通道、车间的疏散门锁闭,又擅自将疏散楼梯的防火门更换为玻璃门,破坏了安全疏散通道。此外,在疏散通道内堆放货物,严重阻塞了通道,影响人员疏散,增加火灾荷载,加速火势蔓延。

五、火灾警示

(1) 行业监管责任落实不力。凤岗镇"11·19"火灾事故造成了5人遇难,涉事单位属于锂离子电池企业,企业发展正处于中期阶段,企业所在建筑被分隔分租,暴露了行业有关部门未落实"党政同责、一岗双责、齐抓共管""管行业必须管安全、管业务必须管安全、管生产经营必须管安全"的要求,对安全风险未能有效辨识,对行业安全隐患未能及时发现和处理。

(2) 基层隐患巡查责任有待强化。事故发生前,镇有关部门对事故电池厂进行了检查,发出了消防隐患整改通知书,但没有跟进是否落实整改,网格管理部门存在网格员职责不明确、排查整治作用发挥不明显等问题。因此,要进一步强化基层的消防网格化管理,健全网格部门对巡查事项的上报、处置、通报等工作机制,强化信息化管理。

(3) 企业主体重经营轻安全。事故单位负责人消防安全意识淡薄,企业消防安全责任制未落实。2014年1月,陈某波(法定代表人)、左某祥(总经理、厂长)共同出资成立该公司，生产聚合物电池（锂电池）。在日常的生产过程中，受限于当时电池安全技术，经常发生电池自燃现象，陈某波等作为管理者，对上述消防安全隐患未予以重视，未制定各种安全事故的处理预案，未组织工厂员工参加系统规范的安全生产和消防培训，且擅自改变消防通道用途，物业管理方多次发函要求整改但仍未整改，以致造成火灾和5名员工遇难。消防安全管理不到位是导致此次火灾发生的根本原因。

（4）消防安全宣传教育培训不到位。火灾事故发生后，企业消防安全责任人未及时组织人员疏散和扑救火灾，员工缺乏逃生技能。事故发生前，企业没有严格的制度去处置电池自燃风险，也没有制定火灾的疏散预案，反映出企业管理人员消防安全生产意识极其淡薄，对可能存在的严重后果没有预见和防范。企业应从此次事故中吸取教训，要重视开展消防安全培训，对消防安全责任人、管理人员和重点岗位人员强化消防安全意识，掌握发现火灾隐患、初期火灾扑救与处理等基本技能。

六、调查体会

调查人员迅速找准目击证人，收集内部监控视频、分析火场燃烧痕迹，做好相互佐证工作，是确定起火部位和起火原因的关键。此次火灾是锂电池行业早期发展时期发生的，电池标准尚未完善，因此，新兴业态锂电池行业的标准规范还需要不断完善。

2022 年东莞市清溪镇罗马村罗马路汉通工业园"6·24"火灾

2022 年 6 月 24 日 14 时 35 分许，东莞市清溪镇罗马村罗马路汉通工业园 A9 栋厂房的东莞市众盈新能源科技有限公司发生火灾，造成 1 人死亡。

一、基本情况

起火建筑为东莞市清溪镇罗马村罗马路汉通工业园 A9 栋厂房，地上一栋四层，为钢筋混凝土结构（见图 2-9、图 2-10）。建筑产权者为东莞市汉通贸易有限公司（一手房东），东莞市汉通贸易有限公司于 2014 年 12 月 24 日将汉通工业园出租给东莞庭国轩物业管理有限公司（二手房东）后，2016 年 11 月 28 日东莞庭国轩物业管理有限公司将汉通工业园内的 A9 栋厂房转租给东莞市众盈新能源科技有限公司。该建筑占地面积 1 000 平方米，一至四层总建筑面积 4 120.08 平方米。建筑坐东北朝西南，东南方向是福基工业园，西南方向是罗马路，西北方向是河道，东北方向是福源路（见图 2-11、图 2-12）。建筑东南和西北两侧各有 1 条疏散楼梯直通至四楼。

图 2-9　起火建筑概貌

图 2-10 起火建筑航拍图

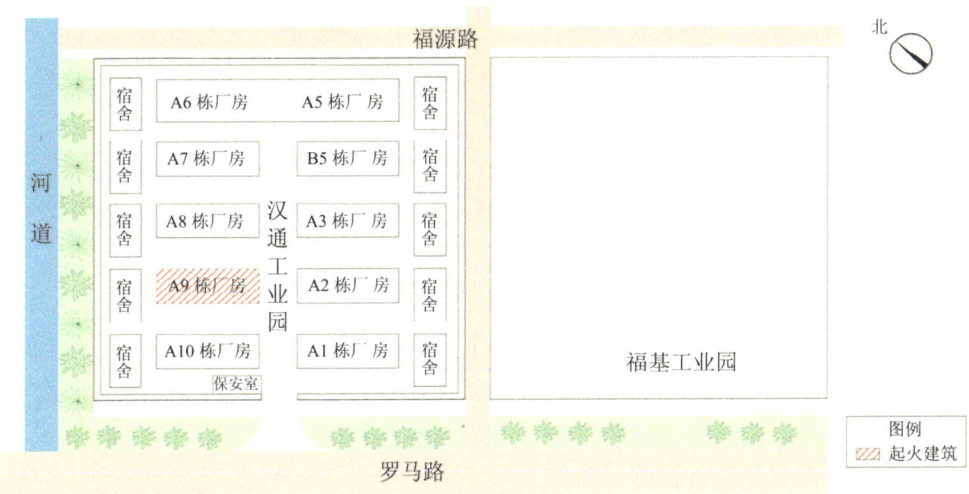

图 2-11 起火建筑所在位置

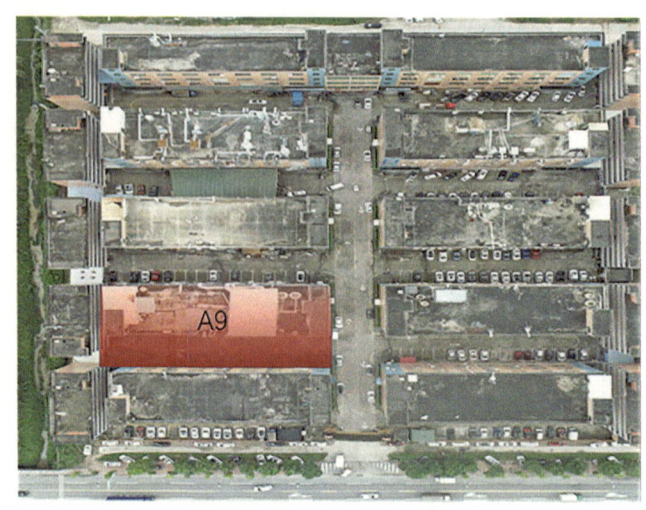

图 2-12 起火建筑方位图

二、火灾发生经过和救援情况

2022 年 6 月 24 日 14 时 46 分许，东莞市消防救援支队接到报警：清溪镇罗马路汉通工业园 A9 栋东莞市众盈新能源科技有限公司发生火灾。东莞市消防救援支队指挥中心立即调派清溪大队及周边消防救援力量（常平、凤岗、桥头、塘厦、樟木头）共 14 辆消防车、60 名消防救援人员赶赴现场救援。

15 时许，首批力量清溪消防救援大队到达火灾现场。16 时 50 分，明火被扑灭，清溪大队在现场搜救出 1 名人员，并转送给现场的 120 救护车进行抢救（送医抢救后死亡）。18 时 30 分，火场清理完毕，现场交由清溪消防救援大队负责监护，其余增援力量收整器材归队。

三、火灾原因调查

经现场勘查、调查询问、证人证言和监控视频，认定该起火灾起火部位为东莞市众盈新能源科技有限公司厂房第三层化成车间装夹区东侧锂电池货架处（距离东北墙约 1 米，距离东南墙约 6.8 米），认定火灾原因是东莞市众盈新能源科技有限公司厂房第三层化成车间装夹区东侧锂电池货架处的锂电池热失控（原因包括内部短路、机械滥用、电滥用、热滥用）起火蔓延成灾。

（一）起火部位的认定

经现场勘查和调查询问，认定该起火灾起火部位为东莞市众盈新能源科技有限公司厂房第三层化成车间装夹区东侧锂电池货架处（距离东北墙约 1 米，距离东南墙约 6.8 米）。依据如下：

(1)除东莞市众盈新能源科技有限公司厂房第三层以外,其他楼层均无过火、烟熏痕迹(见图2-13至图2-16)。

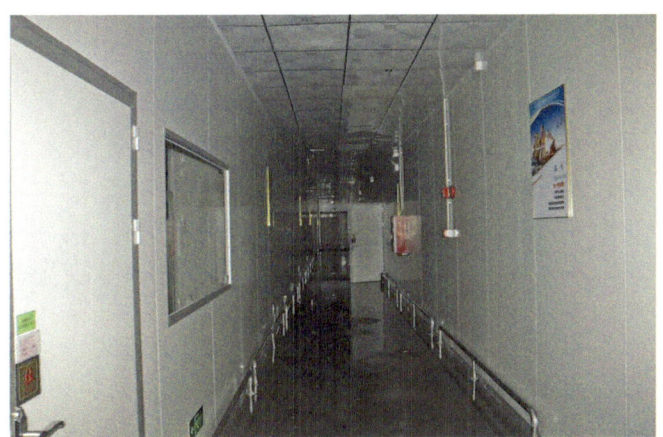

图2-13　厂房首层情况

图2-14　厂房第二层情况

图2-15　厂房第三层情况

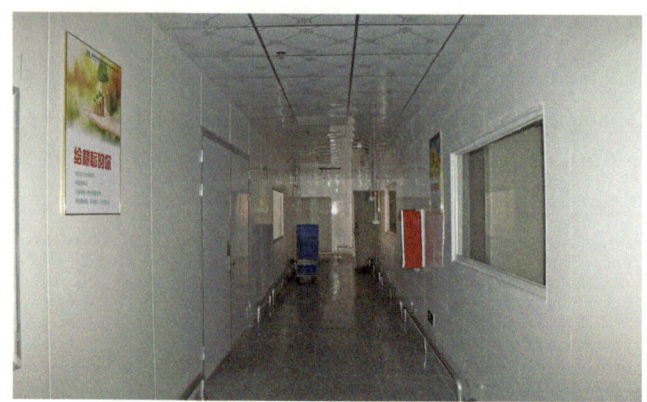

图 2-16　厂房第四层情况

（2）东莞市众盈新能源科技有限公司厂房第三层化成车间装夹区烧损最为严重，呈现向四周蔓延的迹象。

①厂房第三层化成车间物品烧损严重，其东北侧二封车间和东侧包装车间有轻微烟熏痕迹（见图 2-17 至图 2-20）。

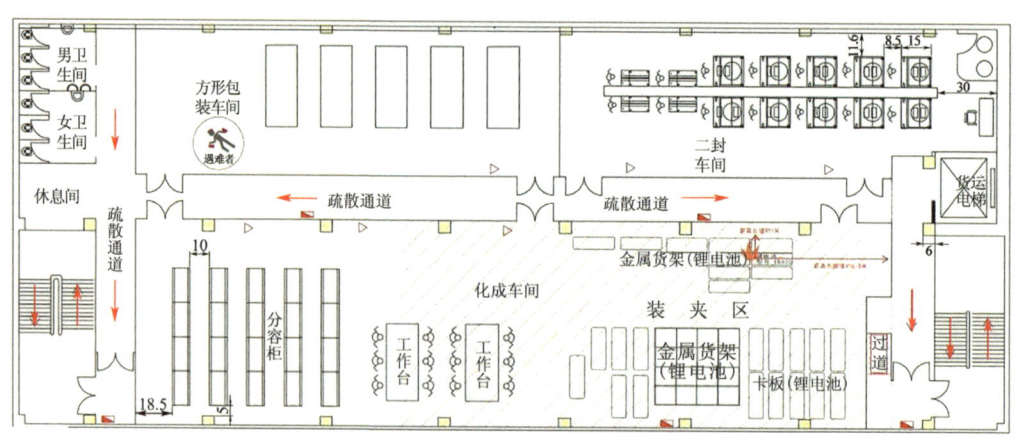

图 2-17　厂房第三层平面图

图 2-18　厂房第三层化成车间烧损情况

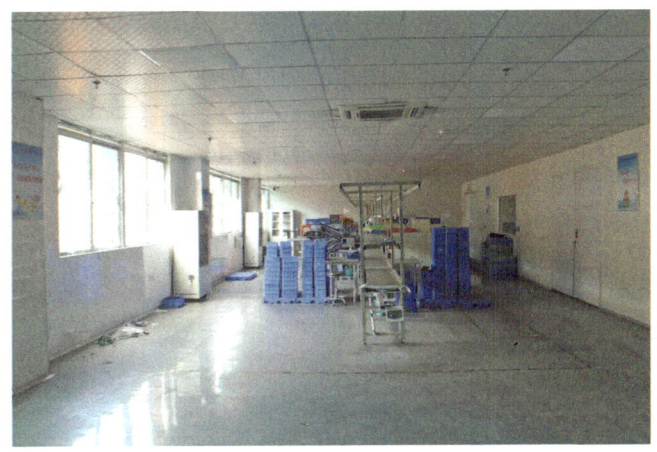

图 2-19　厂房第三层二封车间情况

图 2-20　厂房第三层包装车间情况

②厂房第三层化成车间装夹区物品烧损严重，天花吊顶烧损脱落且向分容柜区域蔓延（见图 2-21），说明火势由化成车间装夹区向西北方向蔓延。

图 2-21　天花吊顶烧损情况

③装夹区内的锂电池过火，东北侧的蓝色胶框高温熔化，货架氧化变色明显，过火痕迹呈西南轻东北重（见图2-22），说明火势由装夹区东北侧附近向周边蔓延。

图2-22 装夹区烧损情况

④化成车间装夹区距离东南墙约6.8米处的锂电池货架上方设有排风管道，管道受热变形垮塌压至货架处，并出现断裂痕迹。货架处锂电池因过火开裂炭化，燃烧痕迹自排风管道断裂口处呈辐射状向周边蔓延；排风管道断裂口处的东北侧墙体表面混凝土脱落，墙面呈"V"形烧损痕迹（见图2-23、图2-24），说明火势由装夹区东侧锂电池货架向东南、西北两侧蔓延。

图2-23 货架烧损情况

⑤装夹区东侧排风管道断裂口处（距离东北墙约1米，距离东南墙约6.8米）的锂电池货架共有三组（见图2-25），其中2号货架锂电池炭化程度最为严重。

⑥货架共四层金属层板（见图2-26），从下往上依次为1号、2号、3号、4号层板。其中，3号层板受高温作用出现明显变形扭曲，层板朝东南侧倾斜压倒至2号层板处，3号层板呈西北高东南低。移除3号层板后，对2号层板进行勘验，2号层板被压处的锂电池过火痕迹相较于1号、3号、4号层板严重，锂电池外壳完全烧损炭化。1号（底层）、3号、4号层板锂电池均过火，电池外壳氧化痕迹明显，电池形状保持相对完整（见图2-27），说明火势由装夹区东侧（距离东北墙约1米，距离东南墙约6.8米）的锂电池货架区域向周边蔓延。

图 2-24　墙面烧损情况

图 2-25　货架东南面烧损情况

图 2-26　货架西南面烧损情况

图 2-27　锂电池烧损情况

(二) 起火原因的认定

经现场勘查、调查询问和监控视频分析，认定火灾原因是东莞市众盈新能源科技有限公司厂房第三层化成车间装夹区东侧锂电池货架处的锂电池热失控（原因包括内部短路、机械滥用、电滥用、热滥用）起火蔓延成灾。依据如下：

（1）排除雷击起火的可能。根据东莞市气象局，2022 年 6 月 24 日，东莞市清溪镇天气晴朗，当天最高气温为 38.5 摄氏度，未出现雷击天气。

（2）排除遗留火种的可能。室内未发现烟盒、打火机、蚊香等物品，且该起火灾起火、发展迅速，不符合遗留火种阴燃起火、缓慢燃烧等火灾燃烧规律，可以排除遗留火种的可能。

（3）排除电气线路起火的可能。起火部位为化成车间装夹区，主要存放锂电池，无生产设备。清理货架及其周边残留的炭化物，未发现电气线路及用电设备。

（4）排除放火的可能。现场无来源不明的引火源、起火物，无用于放火的器具、容器等物品。清理货架下方的瓦砾及炭化物，地板无起鼓、开裂痕迹，无流淌形成的过火痕迹。

（5）认定火灾原因是东莞市众盈新能源科技有限公司厂房第三层化成车间装夹区东侧锂电池货架处的锂电池热失控（原因包括内部短路、机械滥用、电滥用、热滥用）起火蔓延成灾。

①2 号货架（距离东北墙约 1 米，距离东南墙约 6.8 米）锂电池炭化最为严重（见图 2-28）。

②勘验人员清理 2 号货架及其下方的炭化物，发现有锂电池残骸粘在货架底部（见图 2-29、图 2-30）。

③厂房第三层化成车间装夹区的监控画面（视频角度从东南向西北方向拍摄）显示，2022 年 6 月 24 日 14 时 35 分 14 秒，东莞市众盈新能源科技有限公司厂房第三层化成车间东侧锂电池货架底部迸射火花，随即火势减弱（见图 2-31）。14 时 38 分 07 秒，锂电池货架底部开始燃烧，随后火势变大并发生连续闪燃（见图 2-32、图 2-33）。

图 2-28　2 号货架锂电池烧损情况

图 2-29　2 号货架底部情况（1）

图 2-30　2 号货架底部情况（2）

图 2-31　监控画面显示情况

图 2-32　锂电池货架底部开始燃烧

图 2-33　火势变大

四、事故教训

（1）东莞市众盈新能源科技有限公司作为生产经营单位，未建立安全管理制度和未采取应急处置措施，未将锂离子电池厂房断电后的具体应急处置措施写进单位的应急处置方案；未落实好单位的主体责任，安全管理不到位，应急演练、安全教育培训和考核流于形式。且工作人员对风险状况认识不足，在未做好安全防护的情况下进入事故现场，导致人员遇难。

（2）东莞市清溪镇罗马村委会作为东莞市众盈新能源科技有限公司的管理单位，主要存在以下问题：一是未认真贯彻落实党和国家有关安全生产、消防安全工作的方针政策和法律法规。二是未能有效统筹辖区消防检查、宣传、培训等工作，未认真落实对罗马村消防安全的监管职责。三是应急响应不及时，罗马村兼职消防队与起火单位均在罗马路，距离仅2.5千米（路途无红绿灯），但是到场时间却花了12分钟，且到场人员对现场情况未及时发挥有效处置作用。

（3）消防基础设施建设水平不高。清溪镇辖区面积约140平方千米，距离罗马村"6·24"火灾事故现场最近的消防救援站为中心消防救援站，距离约8.6千米（东面消防分站距离为15千米，南面消防分站距离为13.9千米），未能在消防救援站的有效覆盖范围内，消防站布点不足，不符合《城市消防站建设标准》等文件要求，现有的消防分站缺少破拆、救生等装备器材以及泡沫灭火剂等救援物资。

五、火灾警示

（1）锂电池生产企业要建立安全管理制度，并严格遵守操作规程。锂电池生产企业要将消防安全工作落实到具体的负责人，并加强对员工的安全培训，如定期组织员工开展消防演练活动，以提高员工的消防安全意识和应急处理能力。同时，要严格按照相关制度的要求进行生产，杜绝违章操作和违规用火等行为。此外，还需要对消防设施进行检查，确保消防设施能够正常运行。锂电池生产企业还要设置专门的消防控制室，并配备专职的消防人员，这样才能有效防范火灾事故的发生。

（2）定期检查电气设备，确保设备的正常运行。

①锂电池生产企业要定期检查电气设备，发现不安全因素要及时采取措施，确保电气设备的正常运行，防止电气设备出现故障而引发火灾。此外，还要对设备进行定期检修，如对电气设备的电缆和接地线进行检查等，确保电缆不出现短路现象。

②锂电池生产企业要定期对锂电池进行检查，对可能存在安全隐患的地方进行维修和维护，防止因设备问题而引发火灾。同时，要及时采取处理措施，避免因安全隐患而引发火灾。

（3）完善消防设施。

①合理布局生产车间。根据企业的生产特点和规模，合理设置仓库、车间和实验室等场所，做到分区明确。在生产车间内，要有良好的通风系统，以便及时排出烟雾和有毒气体。同时，要加强对厂房的管理，避免堆放过多的易燃物品。

②安装火灾自动报警系统。锂电池生产企业要对现有的火灾报警系统进行完善和升级，确保能够实现自动报警，并将自动报警系统与消防联动控制系统结合起来，以确保发生火灾时能够及时报警。

③设置火灾自动灭火设施。锂电池生产企业要根据实际情况设置自动灭火设施，并将其与消防联动控制系统结合起来。设置的灭火设施应具有较强的抗高温能力和抗腐蚀能力，能够对周围环境的温度和湿度进行有效控制。

④做好安全防护措施。锂电池生产企业要定期检查和维护消防控制室、灭火器、消防水泵、火灾报警系统等消防设施，确保能够正常运行。消防器材要定期更换，防止由于老化而降低其灭火性能。

（4）厂房设计要满足建筑耐火等级要求。要按照国家规定的厂房耐火等级进行设计，同时还要考虑锂电池生产厂房的特殊情况，比如火灾危险性、生产车间的性质等。在建设厂房时，要保证生产车间是独立的，避免相邻建筑之间形成共用疏散通道，因为共用疏散通道极有可能导致火灾在相邻建筑之间蔓延。同时，要保证厂房内的生产设备和电气线路能够满足消防安全要求，如果是可燃材料建成的厂房，就要用不燃或难燃的材料进行分隔。

（5）加强消防培训和演练。锂电池生产企业如果不能有效地提高员工的消防意识，就会容易出现安全隐患，从而导致火灾事故的发生。因此，企业必须重视员工的消防安全培训工作，提高他们的安全意识。另外，还要定期进行消防演练，让员工熟练地掌握灭火器材的使用方法。

（6）加强消防安全巡查。企业要加强消防安全巡查，消防巡查人员要有一定的消防安全知识，能够及时发现火灾隐患。针对锂电池生产企业的特点，要制定详细的消防安全巡查计划，并按计划开展消防安全巡查工作。在进行消防安全巡查时，要对企业内部的各个区域进行检查，查看是否有火灾隐患，还要对消防设施进行检查，确保设施能够正常运行。同时，要对灭火器材进行检查，确保灭火器能够正常使用。对一些重要部位、重要场所和重点岗位，要增加巡查频次，以及安排专人负责定期检查。

（7）完善应急预案。锂电池生产企业要制定完善的应急预案，将发生火灾事故的情况详细记录并存档。同时，要组织人员进行演练，使员工熟悉应急预案中的各种情况。在发生火灾时，员工要按照应急预案中的流程进行疏散和自救，企业相关部门也要及时将员工组织起来，成立临时指挥部。此外，要准备好充足的灭火器材和逃生装备，确保火灾发生时能够迅速、有序地疏散群众，并及时将被困人员转移到安全地带。

六、调查体会

火灾发生后，火灾调查人员第一时间迅速介入，与消防人员灭火救援同步开展现场初步调查工作，牢牢抓住"抢视频"的黄金时间，及时将监控视频证据固定，为火灾原因的初步认定提供明确的方向。本次火灾调查中，调查人员发现涉事企业存在应急响应不及时等问题，且企业在停工停产后，对重点部位巡查不够仔细，未安排专人负责看管，导致起火后迅速蔓延。对锂电池火灾的防范和应对，我们需要从多个方面入手，包括加强电池生产的质量控制、员工的培训以及提高火灾预警和应急处置能力等，只有深入了解发生锂电池火灾的原因，我们才能找到有效的预防和应对策略。

2023年东莞市石排镇向西沿河路北21号"5·11"火灾

2023年5月11日22时08分许,东莞市石排镇向西沿河路北21号广东嘉拓新能源科技有限公司发生火灾。火灾烧损部分建筑结构、机器设备、成品、半成品及原材料一批,火灾疏散人员238人,营救被困人员2人,无人员伤亡。

一、基本情况

(一) 涉事厂区基本情况

广东嘉拓新能源科技有限公司园区位于东莞市石排镇向西沿河路北21号,北至恒辉镜业厂,南至崇辉路,东至向西沿河路,西至恒辉镜业厂。园区内有一栋厂房、一栋废料房和一栋宿舍。园区总建筑面积约20 422.63平方米(含厂房首层加建和六层加建及宿舍加建部分等面积)。厂房为六层建筑,建筑总高约29.35米,占地面积约2 884平方米,建筑面积约12 973.43平方米。宿舍为八层建筑(含夹层一层),建筑总高约27.5米,占地面积约847平方米,建筑面积约7 295.76平方米。废料房为一层建筑,建筑总高约3.25米,建筑面积约153.44平方米。经现场勘查及最新提供的实测还原图与早期甲方提供的参考图纸对比发现,厂房应为五层建筑,高23.95米,为多层厂房;宿舍应为七层建筑(含夹层一层),高23.85米,为多层民用建筑。因此,厂房和宿舍楼均存在搭建、加建的情况。该厂区土地属于东莞市石排镇向西村村民委员会所有,建筑产权属于东莞市恒辉镜业有限公司所有。

(二) 涉事建筑物现状

起火建筑的厂房为六层建筑,每层均设有两部封闭疏散楼梯。厂房一至五层为钢筋混凝土结构,六层为加建的钢结构部分(见图2-34、图2-35)。第一层为涂布制片车间;第二层为装配车间;第三层为注液车间,主要存放有约15吨电解液;第四层为化成车间;第五层为包装车间,存放有约50万个聚合物锂离子电池;第六层为仓库,主要存放电池正负极主材以及约27吨电解液,第五层、第六层均已过火。

(三) 园区建设审批情况

(1) 建筑审批情况。经调查,广东嘉拓新能源科技有限公司项目未在石排镇住建局办理过任何建设审批手续。2020年7月9日,东莞市华辉玻璃制品有限公司(东莞市恒辉镜业有限公司的另一牌照)向东莞市住建局申报广东嘉拓新能源科技有限公司东莞分

图 2-34 起火建筑航拍图

图 2-35 起火建筑烧损情况

公司的建设工程竣工验收消防备案，申报的建筑为厂房、宿舍（厂房地上五层，建筑面积 10 136 平方米；宿舍地上七层，建筑面积 6 452 平方米），该工程未被确定为抽查对象，东莞市住建局同意备案（备案号为 202007090 ***）。

（2）加建、扩建情况。经现场勘查，厂房首层加建面积约 840 平方米，第六层为加建楼层，加建面积约 2 000 平方米。宿舍楼顶加建了一层，加建面积约 844 平方米。以上建筑的加建时间为 2017 年 9 月。

二、火灾发生经过和救援情况

5 月 11 日 22 时 08 分许，东莞市消防救援支队指挥中心接到报警：东莞市石排镇向西沿河路北 21 号广东嘉拓新能源科技有限公司发生火灾。接到报警后，支队立即调派石排消防救援大队及周边救援力量赶赴现场处置。22 时 16 分许，首批救援力量石排大队到达现场，据反馈，厂房有人员被困，大队立即组织救援力量开展人员搜救和内攻灭火。22时38分许，松山湖、横沥、石龙、企石各大队相继到场，大队指挥部根据火场情况作出救援部署。因起火建筑部分墙体开裂，存在安全隐患，大队指挥部结合现场应急专家技术人员研判意见，科学调整灭火方案。23时许，支队全勤指挥部和茶山、特勤、桥头、东坑、寮步等大队的第二批增援队伍相继到达现场，支队队长、政委到场指导现场处置工作。5月12日02时许，现场多次发生爆炸，全体指战员坚守岗位，阻止火势向四周蔓延。5月12日03时许，火势基本控制，经过5个多小时的奋力扑救，经历15次爆炸风险，03时30分许，明火基本被扑灭。此次灭火救援行动共营救被困人员2人，疏散人员238人，阻止了火势蔓延，成功保护了起火厂房一至四层物资财产安全和厂区的3个危化品储罐。

火灾发生后，东莞市人民政府、东莞市应急管理局、东莞市消防救援支队、石排镇人民政府等有关单位的领导第一时间赶赴现场指导应急救援工作。

三、火灾原因调查

经调查，认定起火时间为2023年5月11日22时06分许，认定起火部位为广东嘉拓新能源科技有限公司厂房五楼活化房西侧，起火原因为广东嘉拓新能源科技有限公司厂房五楼活化房西侧堆放的聚合物锂离子电池热失控起火蔓延成灾。

（一）起火时间的认定

经调查，认定起火时间为2023年5月11日22时06分许。主要依据如下：

广东嘉拓新能源科技有限公司监控视频显示，2023年5月11日21时45分44秒（北京时间为22时06分06秒），该公司五楼活化房有浓烟冒出。21时46分26秒（北京时间为22时06分48秒），该公司五楼活化房出现火光，并出现爆燃现象（见图2-36）。

图2-36　五楼活化房出现火光，并出现爆燃现象

（二）起火部位和起火原因的认定

经调查，认定起火部位为广东嘉拓新能源科技有限公司厂房五楼活化房西侧，起火原因为广东嘉拓新能源科技有限公司厂房五楼活化房西侧堆放的聚合物锂离子电池热失控起火蔓延成灾。主要依据如下：

（1）调查询问情况。据王某、习某某、陶某某等人反映，活化房内入门左边第二排第2个卡板和第3个卡板附近的锂电池有冒烟现象，电池堆外围用塑胶薄膜包裹，在火灾扑救过程中，锂电池突然发生了爆燃（见图2-37、图2-38）。

图 2-37 发现人（王某）指认起火部位

图 2-38 发现人（王某）工作机位与起火位置

（2）监控视频分析情况。广东嘉拓新能源科技有限公司监控视频显示，2023年5月11日21时45分44秒，该公司五楼活化房有浓烟冒出。21时46分26秒，该公司五楼活化房出现火光，并出现爆燃现象。

（3）现场勘查情况。广东嘉拓新能源科技有限公司五楼全部过火（见图2-39），烧损痕迹整体呈西北重东南轻，活化房西北侧砖墙整体倒塌（见图2-40），东南侧岩棉夹芯板隔墙受热变形倒塌，西侧地面残留大量电池残片，天花吊顶全部脱落（见图2-41），顶棚部分抹灰层脱落，钢筋裸露，此处烧损程度最严重，以此为中心，向四周递减。

图 2-39　五楼全部过火

图 2-40　活化房西北侧砖墙整体倒塌

图 2-41　天花吊顶烧损情况

（4）检测报告。根据清华大学深圳国际研究生院的材料与器件检测技术中心检测报告，对广东嘉拓新能源科技有限公司生产的锂电池厂家提供的锂离子电池产品锰酸锂电池（容量8Ah，标称电压3.7V），进行了专业分析，分析方法包括：无损测试方法，如容量测试、X射线测试、CT扫描；有损测试方法，如解剖分析、光学显微镜、电子扫描显微镜（SEM）、元素成分分析（EDS）。分析结果确定活化房内聚合物锂电池产品质量问题是引起事故的直接原因，聚合物锂电池内部短路导致电池外壳破裂引起自燃。

四、事故教训

（1）存放大量生产原材料，火灾荷载大。五楼活化房储存有约20万个聚合物锂离子电池，六楼存放有约27吨电解液和大量的聚合物锂离子电池成品、原材料，火灾荷载大。五楼活化房起火后，火势迅速蔓延，造成大量聚合物锂电池燃烧和爆炸，并引燃六楼的电解液而引发剧烈爆炸。

（2）生产布局不合理，存在安全隐患。一是活化房工艺落后，采用高温静置活化工艺测试不合格聚合物锂电池的性能，这部分电池本身较合格电池更容易发生燃烧和爆炸，且活化房内未按照锂离子电池安全标准安装火灾感烟探测器和安全监控摄像头，导致未能及时发现初起火灾。二是活化房未采用防火墙与其他功能区进行分隔，而是用窗户、岩棉夹芯板替代，防火分隔不到位，导致发生爆燃后迅速向同层的分容车间、包装车间及六层的仓库蔓延。

（3）企业应急处置不科学，措施不到位。一是在活化房内发现冒烟、起火的聚合物锂电池时，仍采用使用器具夹出锂电池并丢弃到水桶的原始处置方式。同时，缺少人工值守，也没有自动识别预警和报警设施。二是事故发生后，工厂迅速切断了电源，也切断了消防电源，导致消防设施无法正常启动进行灭火，造成火势进一步扩大。

（4）企业安全主体责任未落实。广东嘉拓新能源科技有限公司有500多名员工，但未按照相关要求，设置独立的安全组织和专业安全人员，未对企业安全风险进行评估，导致安全隐患长期存在。

五、火灾警示

（1）落实属地责任，强化消防安全监管力度。相关部门要进一步完善"党政同责、一岗双责、齐抓共管、失职追责"的安全生产责任体系，层层压紧压实党政领导责任、部门监管责任和企业主体责任，按照"政府统一领导、部门依法监管、单位全面负责、公民积极参与"的原则，强化消防安全监管。住建局和消防部门要联合完善消防设计审查验收备案机制，堵塞备案机制漏洞，严厉打击企业伪造消防文件逃避验收的行为。相关部门要进一步加强工作衔接，建立消防救援机构与应急管理、住建、城管、自然资源等部门联动机制，加强数据共享、联合惩戒、协同执法、研判会商、案件移送等工作，强化事前、事中、事后监管，形成监管工作合力。

（2）压实行业领域安全生产监管职责。各有关部门要认真贯彻落实"管行业必须管安全、管业务必须管安全、管生产经营必须管安全"的要求，依法落实行业领域、业务范畴的安全监管职责，坚决杜绝末端管控未落实的问题。各有关部门要结合锂离子电池生产和储存的工艺特点，认真梳理锂电池行业各环节安全监管存在的盲点和漏洞，进一步完善部门协同执法制度，建立职责清晰、权责对等、协同有力的监管执法机制。

（3）抓好违章建筑清理整治。相关部门要以对城市长远发展高度负责的态度，坚持严查严控，真抓实干，在严控增量、消化存量上一抓到底。各有关部门、各镇街（园区）要落实行业监管责任、属地责任，严厉打击各类建筑施工的非法违法行为，严禁各类私自搭建、擅自加建等违法违规行为，把好建筑物的耐火等级、火灾危险性、防火间距、消防水源和消防通道等方面的审核关。要落实查违共同责任，加强对违法建设行为的全链条监管，严厉查处为违章建筑提供施工、设计、监理、供水、供电、供混凝土、资金支持等违法行为。

（4）严格履行消防安全主体责任。企业要严格遵守法律法规要求和各项规章制度，所属相关建筑在投入使用前，要取得相关行政审批。要设立安全管理机构，配备专职安全生产管理人员；制订应急预案，定期组织开展应急演练；建立救援组织，配备应急物资；加强日常管理，定期开展隐患排查和治理，组织安全生产教育和培训，建立并实施24小时巡查制度。

（5）广泛开展消防安全宣传教育。要突出抓好消防安全、生产安全宣传教育工作，并将其纳入有关部门安全生产和消防工作责任考核体系，扎实开展消防安全、生产安全"进企业、进农村、进社区、进学校、进家庭"活动，全面提高社会参与度，提高社会整体安全水平。要组织开展事故现场警示教育，以案说法、现身说法，用身边事教育身边人，进一步强化属地党委政府、部门以及有关企业法律意识、责任意识和安全意识。要督促各类人员切实加强安全生产教育培训，以消防控制室操作人员、电焊电气作业人员以及企事业单位一线员工为重点，常态化开展应急救援演练，强化从业人员安全意识、岗位技能和自救互救能力。

六、调查体会

火灾发生后，消防救援人员牢牢抓住"抢视频"的黄金时间，与灭火救援同步进行，第一时间将监控视频从火灾现场中"抢"出来，及时将监控视频证据固定，为火灾原因的认定提供有力证据。在科技飞速发展的现代，锂电池已经成为人们生活中不可或缺的重要物品。然而，随着这种新型能源的使用，火灾事故也逐渐增多。锂电池在制造过程中，材料的选择、生产工艺的控制以及质量检测的严格程度都可能影响其安全性。此次火灾，调查人员发现企业在生产材料选用、生产工艺流程、建筑布局等方面均存在不同程度的问题，生产材料、生产工艺方面的问题直接引发了火灾，不合理的建筑布局导致火灾蔓延。

2023年东莞市塘厦镇石潭埔创兴路13号5栋"5·17"火灾

2023年5月17日14时13分许,东莞市塘厦镇石潭埔创兴路13号5栋三楼江某某所经营的电池仓库发生火灾,烧损了建筑结构及装修材料、设备、三元锂电池以及电子配件一批,火灾波及赖某某的厂房建筑、东莞市聚乐科技有限公司租用的厂房建筑、东莞市可得实业投资有限公司租用的厂房建筑、东莞市易立鑫五金科技有限公司租用的厂房建筑以及周边厂房内生产及办公设备、建筑装修材料、建筑构件,造成1人死亡。

一、基本情况

(一)租赁情况

江某某所租用的临时周转电池仓库位于东莞市塘厦镇石潭埔创兴路13号5栋三楼(整层),是江某某向东莞市可得实业投资有限公司租赁的,但实际签订租赁合同的是东莞市易立鑫五金科技有限公司。该物业的产权所有者赖某某(一手房东)于2022年8月1日将塘厦镇石潭埔创兴路13号园区出租给东莞市聚乐科技有限公司(二手房东)。后来东莞市聚乐科技有限公司将园区分租给东莞市可得实业投资有限公司(三手房东),东莞市可得实业投资有限公司授权东莞市易立鑫五金科技有限公司于2023年3月20日再将5栋三楼转租给江某某作临时周转电池仓储使用。(见图2-42)

图2-42 园区卫星图

(二)起火建筑基本情况

起火建筑由东莞市明贤实业投资有限公司于2003年9月兴建,2004年4月竣工,为框架一栋五层结构(见图2-43、图2-44),占地面积约290平方米,总建筑面积约1 500

平方米，使用性质为宿舍楼（事发时该建筑作生产、仓储使用）。经核查，房东及物业方均无法提供事发建筑相关设计、施工图纸文件及竣工验收等资料。

图 2-43　起火园区概貌

图 2-44　起火建筑概貌

根据石潭埔社区提供的证明材料和赖某某厂房管理人黄某某的表述，东莞市明贤实业投资有限公司于 2021 年 9 月 1 日将上述所建物业全部转让给赖某某（一手房东）。

事发建筑编号为 5 栋（共五层），据厂房管理人黄某某的表述，该建筑在 2022 年 8 月 1 日由东莞市聚乐科技有限公司出租给东莞市可得实业投资有限公司之前，处于空置状态。2022 年 8 月 1 日后，起火建筑在东莞市可得实业投资有限公司授权后，由东莞市易立鑫五金科技有限公司将 5 栋宿舍楼改作生产经营，该栋建筑不再用作宿舍。

二、火灾发生经过和救援情况

2023 年 5 月 17 日 14 时 13 分许，东莞市塘厦镇石潭埔创兴路 13 号 5 栋三楼江某某所租用的临时周转电池仓库发生火灾。指挥中心立即调派塘厦消防大队共 13 辆消防车、51 名消防员赶赴现场处置。14 时 24 分，塘厦大队第一批力量到达现场处置，现场火势于 14 时 45 分得到控制，15 时许，明火被扑灭。起火厂房为钢筋砼结构，主要燃烧物为锂电池，此次火灾造成 1 人死亡。

三、火灾原因调查

调查人员通过大量的调查询问取证工作，对火灾现场进行详细的反复勘查，收集和掌握了大量的第一手材料，认定起火部位为江某某所经营的电池仓库内距西墙约 9 米、距北墙约 2.4 米处（见图 2-45），起火物为三元锂电池，起火原因为江某某所经营的电池仓库内三元锂电池发生自燃引发火灾。主要依据如下：

（1）现场勘验情况。对现场所有生产设备、电气线路进行勘查，线路未发现熔断痕迹。电箱表面有烘烤痕迹，表面按键过火烤融。现场发现靠近北墙的三元锂电池过火较重，电池因过火露出内部元件（见图 2-46）。电池堆底部原为木架，其中靠近南侧一段的木架底部过火烧毁，锂电池因过火散落在木架下方，该区域下方的瓷砖过火破碎，上方的横梁迎火面朝向北侧、东侧，该处横梁墙体过火脱落（见图 2-47、图 2-48）。

图 2-45　起火部位

图 2-46　靠近北墙的三元锂电池过火较重，电池因过火露出内部元件

图 2-47 现场烧损情况

图 2-48 仓库烧损情况

(2) 调查询问情况。

①据许某某（5栋五楼工厂老板）笔录：14时许，我打开窗户，看到三楼靠近4栋的窗户有烟，而靠近另一侧出口的窗户没有烟。我就把五楼车间的门、窗户关闭之后再下楼，当时我妻子先下去，我在后面跟着走，我顺着靠近4栋的楼梯下楼，走到三楼时，看到三楼大门（门处于锁闭状态）门缝上方有少量烟冒出。（现场燃烧迹象符合锂电池自燃）

②据周某某（园区水电维修工）笔录：我从1栋下来，走到一楼角落旁，看到5栋的三楼靠近4栋方向第二、第三个窗户冒着黑烟且另一侧出口旁的窗户也冒着黑烟，当时未发现明火，又看到有人从楼上下来，我就从5栋顺着靠近4栋的楼梯上楼，上到三楼，发现三楼大门锁着，我就尝试踹这个大门，但是门踹不开，门有缝隙，有浓烟从门缝冒出，但未发现明火。

③据李某某（园区物业主任）笔录：我看到仓库西南角处的第二个窗户有浓烟冒出，当时这个窗户是处于打开的状态，但我只能看到有浓烟从里面冒出，未发现有明火。

(现场燃烧迹象符合锂电池自燃)

④据江某某(电池仓库负责人)笔录：仓库主要用来存放三元锂电池，我离开仓库前，有2个冰箱、3个工业风扇等用电设备处于通电状态。

四、事故教训

(1) 经营场所不符合消防技术标准。涉事仓库由员工宿舍楼改建，违反了《中华人民共和国消防法》第十九条第二款之规定，其他场所与居住场所设置在同一建筑物内不符合消防技术标准。改变建筑使用性质，未取得相关行政许可，且起火仓库所在建筑结构和配套消防设施达不到涉锂行业经营要求。

(2) 涉事园区物业公司未落实消防安全主体责任。园区在塘厦镇大力整治涉锂行业期间，物业公司私自改变建筑使用性质，漠视推行的"锂九条"相关法规和塘厦镇涉锂整治方案要求，公然允许涉锂企业进园经营，导致火灾发生。

(3) 涉事企业未落实消防安全主体责任。经营场所未严格落实消防安全隐患排查治理制度，开展消防安全隐患排查工作不全面、不彻底。起火单位所在建筑达不到锂电池仓储要求，未制定消防应急预案，未开展消防应急演练。且仓库内员工消防意识薄弱，导致发生火情时，人员未能及时逃生。

(4) 部门监管存在不足。专职安全员在日常巡查时，未及时发现该场所存在的安全隐患，在属地管理方面也存在薄弱环节。一是对该园区分租场所使用性质摸排不到位，底数不清。二是对该园区擅自改变建筑使用性质，未能及时发现。三是对该园区占用防火间距、违章搭建、加建货梯等行为，未能及时发现。

五、火灾警示

(1) 提高政治站位，加强消防安全责任体系建设。有关部门和属地社区要落实部门监管和属地管理责任，形成"党政同责、一岗双责、齐抓共管"的安全生产责任体系，层层压实责任，特别是经营者主体责任，建立健全与经济发展相适应的消防安全责任体系。

(2) 严格监督管理，全面落实企业消防安全主体责任。要加强对消防安全管理工作的组织领导，属地社区要有针对性地对企业落实消防安全日常检查巡查，及时掌握消防安全管理动态。

(3) 完善监管机制，开展消防安全专项整治行动。相关单位要深刻吸取事故教训，针对本起火灾事故暴露出的突出问题，举一反三，结合实际，认真梳理各部位、各环节消防安全监管存在的盲点和漏洞。进一步加大对涉锂企业和分租式厂房的安全监管，切实加强源头治理，严禁擅自改变建筑使用用途，畅通安全出口和疏散通道，开展消防设施设备检查、涉锂离子电池消防安全的专项排查整治行动。

六、调查体会

此次火灾现场破坏严重,现场又没有监控视频,调查难度大。调查人员根据现场证人证言和现场残留物不同的烧损程度,确定了起火部位,又针对锂电池的生产和起火现场各种锂电池的堆放情况进行了详细调查和分析,最终确定了起火原因。锂电池作为一种高能量密度的储能器件,在给我们的生活带来便利的同时,也带来了潜在的安全隐患。发生火灾时,其快速蔓延和高热量的特征,使灭火工作变得困难。在火灾调查中,需要团队合作以及多方面的专业知识和技能,从现场勘查到数据分析,从原因分析到预防措施的制定,每一步都离不开团队成员之间的密切协作,只有充分发挥调查团队里每个人的专业优势,才能更好地查清火灾原因。

第三章
在建工地类火灾事故典型案例

2020年东莞市松山湖高新技术产业开发区"9·25"火灾

2020年9月25日15时14分许,东莞市松山湖高新技术产业开发区阿里山路的某技术有限公司一在建工地(G2厂房建筑)发生火灾。火灾烧损部分建筑结构、微波吸收材料(聚氨酯材料)、设备、办公用品、汽车及物品一批,造成3人死亡。

一、基本情况

(一) G2厂房基本情况

G2厂房位于东莞市松山湖高新技术产业开发区阿里山路,建筑东面是G6厂房,南面是G3厂房,西面是阿里山路,北面是G1厂房(见图3-1)。G2厂房未正式启用。

G2厂房地上一层,局部四层(见图3-2),建筑高度为53.2米,占地面积为5 583.05平方米,地上建筑总面积为11 087.92平方米,建筑为框架结构,耐火等级为一级。地上一层为通信测试的暗室实验室,钢架结构。局部四层为附属楼,作为设备房、办公室。厂房设有室内外消火栓系统、火灾自动报警系统、自动喷水灭火系统、机械防排烟系统、气体灭火系统、大空间智能型主动喷水灭火系统等。

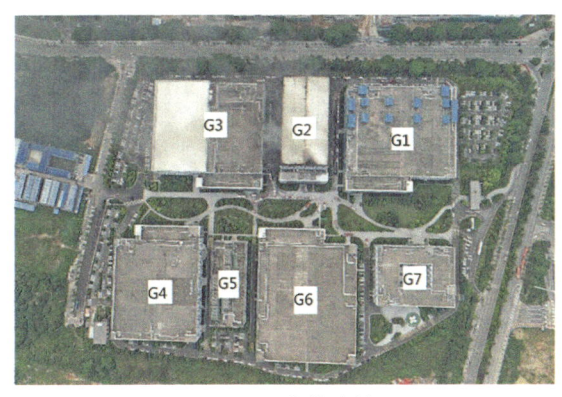

图3-1 厂房基本情况

图3-2 G2厂房建筑情况

(二) G2厂房建设情况

G2厂房的建设单位为某投资控股有限公司,设计单位为某建筑工程设计有限公司,监理单位为深圳市某建设工程顾问有限公司,承建单位为中国建筑某局(集团)有限公司,使用单位为某技术有限公司。

该项目为松山湖园区一级监督项目,2017年3月20日办理了施工报建手续,2019

年 11 月报建内容完工，工程总承包、监理单位撤场，并封闭管理。2020 年 4 月 17 日，某投资控股有限公司向东莞市住房和城乡建设局申请该项目消防竣工验收。2020 年 4 月 27 日，东莞市住建局组织进行现场消防验收，2020 年 5 月 8 日出具该项目的《消防验收意见书》（东建消验字〔2020〕第 02＊＊号）。但该工程因为某投资控股有限公司与承建单位中国建筑某局（集团）有限公司存在经济纠纷，导致未能竣工验收。

（三）起火建筑设备安装情况

2017 年 10 月，某技术有限公司与中国某科技集团公司某研究所签订采购设备合同，采购 5G 远场天线暗室。暗室部分，中国某科技集团公司某研究所未进场施工。

2019 年 1 月，中国某科技集团公司某研究所与某工程设计研究院有限公司签订购销合同，采购"远场天线暗室设备"一套。某工程设计研究院有限公司于 2019 年 11 月入场开始对暗室的屏蔽钢结构部分施工，2020 年 3 月完成并退场。

2019 年 9 月，某工程设计研究院有限公司与大连某化工有限公司签订采购合同，采购吸波材料，合同约定暗室吸收材料的设计、制作、安装等由大连某化工有限公司负责。大连某化工有限公司于 2020 年 3 月底入场开始安装暗室吸波材料。

二、火灾发生经过和救援情况

2020 年 9 月 25 日 15 时 14 分许，东莞市消防救援支队接到报警：东莞市松山湖高新技术产业开发区阿里山路的某技术有限公司一在建工地（G2 厂房建筑）发生火灾。东莞市消防救援支队指挥中心立即调派松山湖、特勤、常平、寮步等多个大队共 35 辆消防车、150 名指战员赶赴现场救援，首批力量松山湖大队于 15 时 18 分许到达火灾现场，到场后立即成立灭火搜救组进行火情侦查、搜救和灭火处置，此时现场已处于猛烈燃烧阶段，浓烟非常大、温度非常高，火场一度出现轰燃和回燃极端火灾现象，建筑内部部分钢结构发生坍塌，坍塌物不断掉落，外墙钢构件飞溅坠落在建筑周边，现场指挥员及时调整力量部署，利用举高车进行高喷灭火。16 时 15 分许，东莞市消防救援支队领导率领全勤指挥部到场指挥，现场采取"高点灌注、内攻搜救"等方式进行处置，在着火建筑东南西北 4 个方向利用举高车从建筑外墙破损处持续出水压制火势，同时派出灭火搜救组深入火场内部进行救援。全体指战员面对现场浓烟、高温、有毒、坍塌等恶劣环境，毫不退缩，16 时 50 分许，明火被扑灭。17 时 10 分许，东莞市消防救援支队第二批增援力量到达现场。18 时许，现场指挥部突然收到厂方报告有 3 名人员失联，疑似被困火场，东莞市消防救援支队立即组织 6 个内攻灭火组和 3 个搜救组，在厂方工程技术人员的协助下，深入火场内部搜救。19 时许，内攻搜救指战员不顾个人安危，冒险搜救，最终在 4 楼北面检修走廊发现 3 名失联人员，随即陆续将 3 名人员移至 120 救护车送往医院。19 时 20 分许，指挥部根据火势发展变化调整力量部署，采取"内外结合、上下夹击"措施，外围举高车持续向火场进行"高点灌注"，并在 18 米高处（4 楼）环形检修走廊部署 4 支水枪，在 37 米高处（5 楼）环形检修走廊部署 2 支水枪，在一楼部署 4 支水枪进行灭火冷却。21时30分许，现场指挥部采取"分割围歼"的方法，将一楼火场分为东南西北4个区域，进行分割灭火，同时，指挥破拆组深入18米高处（4楼）环形检修走廊破拆钢构件百叶窗进行排烟降毒，指挥排烟组增设排烟机进行火场排烟。22时，广东省消防救援总队专家组到达现场，到场后立即开展实地侦查，对火灾处置、火灾调查、作战安全等情况进行了详细了解，并对排烟降温、舆情管控、火灾调查、后勤保障、作战安全等方面进行部署。9月26日5时许，火场已无阴燃和冒烟现象。6时许，火场清理完毕，现场交由松山湖消防大队负责监护，其余增援力量收整器材归队。

火灾发生后，广东省人民政府、省应急管理厅、省消防救援总队，东莞市人民政府、市公安局、市应急管理局、市消防救援支队等有关单位的领导先后到场指挥灭火救援及处理善后工作。

三、火灾原因调查

经调查，认定起火时间为2020年9月25日14时40分许，认定起火部位为G2厂房内暗室顶棚东北角（距暗室北墙约1米，距暗室东墙约25米），认定起火原因为李某某在暗室顶棚东北角电焊作业，高温焊渣引燃暗室内顶棚的环保型装饰胶、微波吸收材料（聚氨酯材料）等物质引发火灾。

（一）起火时间的认定

经调查，认定起火时间为2020年9月25日14时40分许。主要依据如下：

（1）调查询问情况。据大连某化工有限公司的施工现场负责人葛某某反映，14时40分许，他在一楼进行巡查，闻到一股很刺鼻的味道，但味道不是很大，跟现场施工的微波吸收材料燃烧的味道相似，然后他开始寻找火源，并通过对讲机让员工一起找火源。据某工程设计研究院有限公司的施工现场经理助理李某某反映，14时45分许，他进入暗室，看到有轻微烟雾，之后去办公区4楼检查除湿机，发现并无故障，于是切断了总闸。据大连某化工有限公司王某某反映，14时50分许，公司的葛某某打电话给他，告知他施工现场着火了。

（2）监控视频分析。14时42分09秒，大连某化工有限公司的3名施工人员发现暗室有异常，于是从暗室走出通道，两个往西，一个往东离开。14时43分37秒，G2厂房大堂入口处，施工现场负责人葛某某从G2厂房南侧跑进G2厂房大堂寻找火源。

（二）起火部位的认定

经调查，认定起火部位为G2厂房内暗室顶棚东北角（距暗室北墙约1米，距暗室东墙约25米）。主要依据如下：

（1）调查询问情况。据葛某某、李某某、孙某某、韩某某等人反映，G2厂房内暗室顶棚东北角区域最先冒烟并起火。

（2）视频分析。某工程设计研究院有限公司的李某某现场看到暗室顶棚起火，并用手机于 15 时 1 分许进行拍照。李某某现场看到暗室顶棚起火部位火势变大，并用手机于 15 时 10 分许进行拍照。

（3）消防控制室记录。15 时 5 分 05 秒，消防控制室的火灾自动报警系统发出火灾警报信号，线型光束探测器报警，编号为 G2-高空层面层红外 3-137，显示地址位于暗室顶棚东北角区域，随后此区域的多个探测器均发出了报警信号。

（4）现场勘查情况。检修环廊东侧有明显过火痕迹，吊顶大部分脱落；检修环廊北侧有明显烟熏痕迹；检修环廊南侧、西侧有轻微烟熏痕迹，呈东北重西南轻；暗室顶棚东北角区域发现焊机机头的残留物和电风扇的残留物（见图 3-3 至图 3-8）。

图 3-3　建筑内部烧损情况

图 3-4　暗室顶棚完全塌陷

图 3-5　检修环廊东侧有明显过火痕迹，吊顶大部分脱落

图 3-6　检修环廊北侧有明显烟熏痕迹

图 3-7　检修环廊南侧有轻微烟熏痕迹

图 3-8 检修环廊西侧有轻微烟熏痕迹

（三）起火原因的认定

经调查，认定起火原因为李某某在暗室顶棚东北角电焊作业，高温焊渣引燃暗室内顶棚的环保型装饰胶、微波吸收材料（聚氨酯材料）等物质引发火灾。依据如下：

（1）调查询问情况。据葛某某、李某某、孙某某、韩某某等人反映，G2厂房内暗室顶棚东北角区域最先冒烟并起火。

（2）视频分析。某工程设计研究院有限公司的李某某现场看到暗室顶棚起火，并用手机于15时1分许进行拍照（见图3-9）。李某某现场看到暗室顶棚起火部位火势变大，并用手机于15时10分许进行拍照。

（3）消防控制室记录。15时5分5秒，消防控制室的火灾自动报警系统发出火灾警报信号，线型光束探测器报警，编号为G2-高空层面层红外3-137，显示地址位于暗室顶棚东北角区域，随后此区域的多个探测器均发出了报警信号。

图 3-9 李某某手机拍摄初期火灾情况

（4）起火当天下午电焊工（李某某）作业区域位于起火部位，且进行了焊接吊装口的工作。在电焊作业时，焊渣会出现四处飞溅的现象。经现场勘验，在起火部位附近发现了焊机机头的残留物和电风扇的残留物（见图3-10、图3-11）。

图 3-10 起火部位附近发现了电焊机

图 3-11 焊机机头的残留物和电风扇的残留物

（5）微波吸收材料（聚氨酯材料）与铁板的固定工艺需要用到大量的 500 强力胶和 899 环保型装饰胶（易燃）进行粘贴固定，暗室内顶棚处有大量的环保型装饰胶、微波吸收材料（聚氨酯材料），具备遇火源引发火灾的条件。

（6）据现场施工人员李某某、刘某、朱某某等多人反映，平时在暗室顶棚电焊时，常常能看到有火花从暗室顶棚掉落，现场会安排专人负责留意掉落的火花。电焊时有火花掉落，具备环保型装饰胶、微波吸收材料（聚氨酯材料）遇火源引发火灾的条件。

（7）葛某某、李某某、孙某某等人在起火部位用灭火器扑救过火灾。

（8）根据广东震华痕迹司法鉴定所的《微波吸收材料模拟点燃实验报告》，环保型装饰胶为易燃液体，涂敷于微波吸收材料表面后，使微波吸收材料阻燃性能降低。明火和高温焊渣可引燃涂敷了胶水的微波吸收材料，但明火只能引燃微波吸收材料表面，高温焊渣可以破坏微波吸收材料表面，形成一定深度的凹坑，使火焰向微波吸收材料内部蔓延，转为阴燃，释放白色烟雾。

（9）根据华南理工大学的《微波吸收材料燃烧性能检测与分析报告》（F&ETRSCUT2020 ****），燃烧性能测试：在水平法下，厂家寄样不易燃烧，现场取样阻燃特性较差；在垂直法下,得出相同的结论,同时,发现样品在垂直方向上,火焰相对于水平方向更易传播。氧指数测定:依据《塑料用氧指数法测定燃烧行为第 2 部分:室温试验》(GB/T 2406.2—2009)标准,测得厂家寄样的氧指数为 27.1%,现场取样的氧指数为 21.9%。在相同助燃气体条件下,氧指数低的物质先燃烧。这一结果与水平法、垂直法燃烧性能测定,烟密度测定的结果相吻合。

(10) 根据广东省建设工程质量安全检测总站有限公司的《建筑材料及制品燃烧性能检验报告》(报告编号为 E2020(31)24028944190 ****),现场提取 4 块吸波棉样品进行检验,氧指数的检测结果为 21.1%,单项评定为不合格。

(11) 经现场勘验,起火部位虽然有电线经过,但电线用金属套管,电线与微波吸收材料(聚氨酯材料)不接触,且发现冒烟起火时,暗室内的灯还亮着。可以排除电线故障引燃微波吸收材料(聚氨酯材料)的因素。

(12) 经公安刑侦和消防部门调查,此次火灾可以排除纵火引发火灾的因素。

四、事故教训

(1) 报警时间晚,贻误了灭火的最佳时机。火灾发生后,园区内的企业、施工单位、物业等有关人员均没有及时向消防部门报警,虽然使用了灭火器、消火栓等自行扑救,但效果不理想。从最先发现暗室顶棚冒烟到松山湖公安分局拨打 119 报警电话,时间过了约 30 分钟,错过了灭火的最佳时机。且消防队到场时,火势已进入猛烈燃烧阶段。

(2) 火灾荷载大,内部结构复杂。G2 厂房建筑为单层超高大空间钢结构,建筑内部空间容量约 25 万立方米,18 米、37 米高处设有环形检修走廊,建筑中间设有一个暗室,暗室长约 85 米,宽约 44 米,高约 44 米,结构复杂。暗室内部的微波吸收材料(聚氨酯材料)使用数量巨大,据了解,现场已安装约 1.6 万平方米微波吸收材料(聚氨酯材料),存放约 2 000 平方米微波吸收材料(聚氨酯材料),火灾荷载大。

(3) 消防设施发挥作用不明显。由于 G2 厂房未投入使用,起火建筑内的暗室处于施工状态,火灾发生时火灾自动报警系统发出了火灾警报信号,但由于施工单位在安装暗室过程中,将大空间智能型主动喷水灭火系统的水炮位置进行遮挡,故无法正常使用,喷水灭火保护范围变小,只能对暗室外部进行喷水灭火,造成暗室内部火灾蔓延迅速。

(4) 现场施工单位未严格落实企业主体责任。未建立健全的生产安全事故隐患排查治理制度,安全检查工作流于形式,安全教育培训不到位。电焊工持假证操作电焊作业,且电焊作业时无监护人,现场施工人员安全意识淡薄,未严格按照作业规范作业。

(5) 事故相关各方未落实各自应尽的责任。某工程设计研究院有限公司作为暗室设备吸波材料采购发包单位,未对大连某化工有限公司的日常安全生产工作开展定期安全检查,检查记录欠缺。某工程设计研究院有限公司作为暗室的设计和制造单位,未按规范要求的耐火等级对暗室屏蔽钢结构进行设计且未采取相应的防火保护措施;暗室屏蔽钢结构施工完成后,未按要求组织各方进行验收,而是擅自移交给大连某化工有限公司进行施工。上述暗室屏蔽钢结构在设计和施工中的错误行为,导致了暗室屏蔽钢结构在火灾发生时过早坍塌,间接增加了火灾救援的难度。

(6) 施工现场风险管控不足。施工单位大连某化工有限公司对现场施工各环节安全风险未能充分辨识、分析、评估，未能及时发现并消除安全隐患。

五、火灾警示

（1）加强安全形势研判分析。有关监管部门要深入贯彻落实习近平总书记关于安全生产的重要论述，始终把人民群众生命安全放在第一位，坚持人民至上、生命至上，坚持红线思维、底线思维，主动作为，抓好风险分析研判，摸准弄清本辖区、本行业领域容易发生较大及以上事故的关键风险点，分类制定管控措施，通过召开约谈警示会、强化执法和上门服务指导等多种手段，确保企业严格落实安全生产主体责任。

（2）加强对暗室的安全管理。建设单位应履行工程质量的主体责任，强化对工程建设全过程的质量管理，在工程建设前期、勘察设计阶段、工程施工阶段、竣工验收阶段、保修使用阶段全面履行质量管理责任。设计单位应严格按照相关规范要求，对暗室的耐火等级和防火措施进行设计。施工单位应严格按照图纸、规范等相关要求，落实好各项安全管理措施。在暗室的建设过程中，应强化制度监管，严格按照国家相关要求，在有关部门的监督下，突出建设单位的工程质量首要责任，落实施工单位的工程质量主体责任，确保建设工程质量安全可控，特别是在暗室建设时，要吸取教训，制定有效的安全管控措施，防止发生同类型的事故。

（3）抓好在建工地安全工作。住建、消防等部门要落实在建工地安全监管职责，精准施策，强化火灾防控工作，尤其是对工地临时板房建筑采用易燃可燃材料装修、用火用电不规范、不按安全规范动火作业、装修施工防护不到位等行为，开展专项排查整治。

（4）全面开展安全教育培训。要督促各类用工单位按照国家特种作业人员持证上岗的相关要求，积极组织相关人员参加特种作业培训考核，确保全部持证上岗。住建、消防部门要组织施工单位开展安全宣传培训和应急疏散演练，提升员工安全意识和应急自救能力，同时，结合身边典型安全事故案例，大力开展安全警示教育。

六、调查体会

火灾发生后，起火建筑因高温灼烧，钢构件强度急剧下降，导致顶层钢吊顶整体坍塌，将燃烧物压埋。现场倒塌的钢构件位置错综复杂，存在许多盲点和死角。起火建筑内共有吸音棉约 16 000 平方米，均为聚氨酯材料，由于单体空间大，燃烧热值非常高，辐射热非常强，并产生大量毒害烟气，故火调人员难以第一时间进入现场。加之起火部位位于顶棚，无其他目击证人，也没有监控视频，电焊工（李某）拒不承认事发时他在电焊作业，视频组人员通过外部监控分析等确定了李某事发时正在电焊作业，第一时间反馈给询问组，询问组的人员最终攻破李某心理防线，在各项证据面前，李某最终承认了火灾发生时，他正在电焊作业。同时，火调人员迅速开展现场勘验工作，对气体保护焊机、落地风扇、模块、螺栓等进行详细勘验，最终为认定起火原因提供了确凿的证据。

2022年东莞市清溪镇长山头村清溪大道62号"9·2"火灾

2022年9月2日11时1分许,东莞市清溪镇长山头村清溪大道62号东莞市园仔山食用菌有限公司园区内发生火灾。火灾烧损部分建筑结构、机器设备及物品一批,造成7人死亡,5人受伤。

一、基本情况

（一）涉事园区基本情况

东莞市园仔山食用菌有限公司园区位于清溪镇长山头村清溪大道62号,东面为百强实业、宝进汽车销售部（目前均为空置状态）,北面为海霖水处理厂空地,南面为清溪大道,西面为特鼎精密厂房。工业园区内有7栋建筑和2处搭建雨棚,7栋建筑分别是4栋厂房（A、B、C、D）、1栋办公楼、1栋宿舍楼、1栋门卫室;2处搭建雨棚分别为厂房A和厂房B之间的雨棚,厂房A、B和厂房C、D之间的雨棚（见图3-12）。厂区总占地面积约27 722.8平方米,建筑总面积约35 292平方米（违建面积+产权证面积）,搭建总面积约16 425平方米（东莞市清溪经纬测量有限公司测绘）。厂房A为三层建筑,高15.25米,占地面积为3 500平方米,建筑面积为10 500平方米;厂房B为二层建筑,高10.5米,占地面积为3 500平方米,建筑面积为7 120平方米;厂房C和厂房D为单层钢结构建筑,建筑面积分别为6 231平方米和5 120平方米;办公楼为二层建筑,高9.15米,占地面积为356平方米,建筑面积为712平方米;宿舍楼为五层建筑,高20.5米,占地面积为896平方米,建筑面积为3 913平方米;门卫室为一层建筑,高3.2米,建筑面积为94平方米。经现场勘查,除厂房B、宿舍楼和办公楼与原报建规模相符以外,其余均存在无手续加建、扩建情况。该园区土地及建筑产权属于东莞市清溪镇长山头村村民委员会所有。东莞市园仔山食用菌有限公司于2022年4月将厂房A、厂房B全面停产。

（二）涉事建筑基本情况

涉事建筑为厂房A和厂房B,厂房A为三层建筑,第一、二层为钢筋混凝土结构,第三层为未办理加建手续的钢架结构（见图3-13）;厂房B为二层建筑,钢筋混凝土结构（见图3-14）。厂房A和厂房B拆除设施之前主要是用于培育、生产、冷藏、储存菌菇类食用农产品。

图 3-12 园区航拍图

图 3-13 厂房 A 概貌

图 3-14 厂房 B 概貌

涉事建筑始建于 2005 年，设计为丙类通用厂房，二级耐火等级，2006 年使用单位为东莞安庆家饰有限公司，2009 年使用单位变更为广东星河生物科技股份有限公司清溪分公司，该公司对涉事建筑按其生产工艺需求进行了改造，2015 年使用单位再次变更为东莞市园仔山食用菌有限公司，至 2022 年未改变。涉事建筑于 2006 年投入使用，到 2009 年改变使用功能直至 2022 年停产过程中，其生产火灾危险性类别均为丙类。其间国家对《建筑设计防火规范》共进行了五次改版，五次改版对建筑生产火灾危险性分类、防火分区面积、防火间距、疏散距离等标准均无变动。涉事厂房 A 建筑各层面积均为 3 500 平方米，每层有 1 个防火分区，有 2 个安全出口，疏散距离均满足规范要求。经核查《建筑设计防火规范》，厂房 A 的二层设置了 6 个消防栓，符合规范，无须设置自动灭火系统和自动报警系统。另《建筑设计防火规范》要求：丙类厂房中建筑面积大于 300 平方米的地上房间，应设置排烟设施。涉事建筑原设计中开窗等措施可满足规范要求，但从 2009 年开始，使用单位因生产工艺要求，擅自将窗户封闭且未采用相应的排烟设施（未设置自然排烟或机械防排烟设施），不符合《建筑设计防火规范》要求。建筑内设置保温生产车间，将聚氨酯泡沫作为保温材料，《建筑设计防火规范》（GB 50016—2006）对生产设施设备的保温材料无相关防火性能要求。

（三）园区建设审批情况

（1）建筑审批情况。

①用地手续：该园区地块于 1998 年办理建设用地手续，取得《关于清溪镇长山头管理区建设用地的批复》（东集用补〔1998〕30＊＊号）及建设用地批准书（东莞市〔1998〕划拨准字第 202＊＊＊号），于 2008 年取得集体土地使用权证（东府集用〔2008〕第 190020020＊＊＊＊号），土地使用权人为清溪镇长山头村村民委员会，使用面积为 27 722.8 平方米。

②规划手续：1998 年 4 月，取得清溪镇人民政府规划建设办公室核发《建设用地规划许可证》，编号为清字〔1998〕第 1＊＊号〈补〉，1998 年 9 月取得《建设工程规划许可证》，编号为清字〔1998〕第 1＊＊号〈补〉，建设单位为清溪镇长山头村村民委员会。

③施工手续：2005 年 7 月 1 日，建设单位在清溪镇规划建设办公室办理了质量安全监督登记手续，属于镇一级监督项目，登记建筑物共 4 栋，总建筑面积 19 352 平方米。其中厂房 A、B 均为二层，建筑面积共 14 388 平方米；宿舍楼为五层，建筑面积 3 913 平方米；办公楼为二层，建筑面积 712 平方米。建设单位为清溪镇长山头村村民委员会，勘察单位为广东省湛江地质工程勘察院，设计单位为赣州市建筑设计研究院，监理单位为吉林建设监理有限公司，承建单位为东莞市清溪建筑工程公司（一队）。园区内所有建筑均未办理建设工程施工许可证（厂房 A、B，办公楼和宿舍楼办理了工程质量安全监督提前介入手续）。

2006 年 2 月 20 日工程竣工，4 栋建筑物全部由长山头村委会组织各参建单位进行竣工验收，验收评定为合格并投入使用。

2006 年 3 月 18 日，厂房 A、厂房 B（均为二层）、办公楼、宿舍楼取得东莞市公安消防局第五大队出具的《关于东莞安庆家饰有限公司建筑工程消防设计及消防工程设计的审核意见》(东公消审字〔2006〕第05-038号)。2006年5月24日,厂房A、B(均为二层)、办公楼、宿舍楼取得东莞市公安消防局第五大队出具的《关于东莞安庆家饰有限公司消防验收合格的意见》(东公消验〔2006〕第05-087号)。

2012年1月9日,建设单位广东星河生物科技股份有限公司申报工程名称为"广东星河生物科技股份有限公司清溪分公司"的消防设计备案(项目编号为440000WSJ12000 ****),申报的建筑名称为厂房,钢结构,二级耐火等级,建筑高度8米,一层,建筑面积3 920平方米,火灾危险性为丙类,该项目抽查不合格。以上申报信息均与涉事建筑不符。

2012年3月19日,建设单位广东星河生物科技股份有限公司申报工程名称为"广东星河生物科技股份有限公司清溪分公司"的竣工验收备案(项目编号为440000WYS12001 ****),申报的建筑名称为厂房,钢结构,二级耐火等级,建筑高度8米,一层,建筑面积3 920平方米,火灾危险性为丙类,该项目未抽查。

(2)加建、扩建情况。

经现场勘查,除厂房B、宿舍楼和办公楼与原报建规模相符以外,其余均存在无手续加建、扩建情况,加建、扩建总建筑面积约16 425平方米(东莞市清溪经纬测量有限公司测绘)。具体如下:

①厂房A,报建层数为二层,现为三层。根据市自然资源管理局提供的卫星图片、原长山头村委会书记殷某某笔录以及东莞安庆家饰有限公司消防验收意见等综合认定,第三层钢结构为违法加建,建筑面积为3 500平方米,东莞安庆家饰有限公司(厂区第一个租用公司)于2006年6月加建约1 000平方米铁皮棚。

2009年,广东星河生物科技有限公司清溪分公司(厂区第二个租用公司)拆除原1 000平方米铁皮棚,同年8月违规加建约3 500平方米铁皮棚。

②厂房C,一层钢结构建筑,建筑面积为6 231平方米,无相关报建手续,根据市自然资源管理局提供的卫星图片、原长山头村委会两任书记殷某华、殷某明笔录等综合认定,广东星河生物科技股份有限公司清溪分公司于2009年至2010年期间违规扩建,在厂房D建成后再扩建,2010年投入使用。

③厂房D,一层钢结构建筑,建筑面积为5 120平方米,无相关报建手续,根据市自然资源管理局提供的卫星图片、原长山头村委会两任书记殷某华、殷某明笔录等综合认定,广东星河生物科技股份有限公司清溪分公司于2009年8月违规扩建。

④门卫室,一层混凝土结构建筑,建筑面积约94平方米,无相关报建手续,根据市自然资源管理局提供的卫星图片、原长山头村委会书记殷某某笔录等综合认定,东莞安庆家饰有限公司于2006年6月违规扩建。

⑤厂房A、B和厂房C、D之间的雨棚,建筑面积约780平方米,无相关报建手续,根据市自然资源管理局提供的卫星图片及结合园区使用情况等综合认定,广东星河生物科技股份有限公司清溪分公司于2010年违规加建。

⑥厂房A和厂房B之间的雨棚,建筑面积约700平方米,无相关报建手续,根据市自然资源管理局提供的卫星图片、原长山头村委会书记殷某某笔录等综合认定,广东星

河生物科技股份有限公司清溪分公司于2009年8月违规扩建。

（3）工业园区的出租、转租情况。

经调查询问和查询合同，该园区土地和建筑产权属于东莞市清溪镇长山头村村民委员会（后改为东莞市清溪镇长山头股份经济联合社）。

2006年2月，长山头村委会将厂房出租给东莞安庆家饰有限公司，用于生产和销售窗饰、桌饰等。2008年10月，该公司经营不善倒闭。

2009年4月，长山头村委会将园区建筑出租给广东星河生物科技股份有限公司清溪分公司，出租面积18 867.33平方米，期限自2009年5月1日至2029年4月30日。

2015年6月11日，东莞市园仔山食用菌有限公司从广东星河生物科技股份有限公司清溪分公司接手该园区，并与东莞市清溪镇长山头股份经济联合社签订三方协议，同时，东莞市园仔山食用菌有限公司与东莞市清溪镇长山头股份经济联合社签订租赁合同，合同期限自2015年7月1日至2029年4月30日。

2022年8月1日，由于经营不善，东莞市园仔山食用菌有限公司将园区大部分建筑分租给东莞国创物业管理有限公司，并与该公司签订租赁合同（实际转租面积32 357平方米），合同期限自2022年11月1日至2029年4月30日。

二、火灾发生经过和救援情况

（一）事故发生经过

2022年9月2日上午，东莞市桂顺再生资源回收有限公司雇用的7人到东莞市园仔山食用菌有限公司园区进行切割作业，东莞市余氏装饰设计工程有限公司雇用"李某施工队"的13人到东莞市园仔山食用菌有限公司园区进行拆除泡沫板和清运工作（根据其签订合同确认），东莞市园仔山食用菌有限公司的3人在厂房A进行拆除空气压缩机设备工作。8时19分许，赖某某将位于其办公室内的园区监控摄像头主机关闭。据有关人员（李某某）反映，9时40分许，厂房A二楼内的彭某某（遇难者）、刘某某（遇难者）、邓某某（遇难者）在举着铁管接长的气割枪进行切割作业，刘某某（遇难者）在操作挖掘机清理墙壁、顶棚上的聚氨酯泡沫保温材料。10时58分许，有7人（人员笔录反映）听到厂房A二楼传来轰响声，通过周边的旺全水电安装公司监控视频可见，此时二楼的烟雾和火势迅速向四周蔓延。厂房A二楼内的彭某某、刘某某、邓某某往电梯方向逃生，彭某某遇难于电梯井后侧处，邓某某遇难于电梯东面靠窗处。厂房A一楼的李某某（遇难者）和欧阳某某（遇难者）在得知二楼发生火灾后，仍选择乘坐电梯至该厂二楼，李某某、欧阳某某与逃生至电梯的刘某某一同遇难于电梯内，事发时电梯停在二楼。厂房A三楼的黄某某、周某荣、李某某、周某东、陈某某、吴某某（遇难者）往三楼西北侧逃生，黄某某、周某荣、李某某、周某东、陈某某从三楼开设的垃圾倾倒口跳至二楼搭建的走廊顶部，再走到厂房D逃生成功，吴某某（遇难者）未从三楼开设的垃圾倾倒口跳下，后遇难于三楼北侧楼梯口。胡某某于10时59分通过打电话的方式进行报警。

经现场核查和询问知情人，事发时园区内电梯、办公楼和宿舍楼仍保持供电，其他设备和区域电源已切断。

（二）救援情况

2022年9月2日11时1分许，东莞市消防救援支队指挥中心接到报警：清溪镇长山头村清溪大道62号东莞市园仔山食用菌有限公司发生火灾。东莞市消防救援支队指挥中心先后调派11个大队、35辆消防车、138名消防指战员赶赴现场参与处置。首批力量清溪大队于11时8分到达火灾现场，到场后立即成立灭火搜救小组进行火情侦查、搜救和灭火处置，此时现场已全面猛烈燃烧，浓烟非常大、温度非常高，能见度低，因现场无熟悉建筑内部情况的人，消防员不能第一时间准确掌握建筑结构情况，从而无法精准内攻搜救。而且现场施工作业人员为临时组建，包工头（李某某）失联，其他人员互不掌握情况，导致现场指挥员无法第一时间准确掌握现场人员信息、位置和动态，公安部门也未能掌握被困人员信息，降低了搜救效率。加之火场一度出现轰燃等极端火灾现象，建筑内部部分钢结构坍塌掉落，故现场指挥员及时调整力量部署，增加水枪冷却灭火。11时59分至12时15分，支队队长和全勤指挥部先后到场指挥，现场采取强攻灭火、内攻搜救及后方供水等方式进行处置，派出灭火搜救组深入火场内部进行救援。全体消防救援人员面对现场浓烟、高温、有毒等恶劣环境，毫不退缩，于13时6分和13时21分先后搜到2具严重炭化的人体。13时32分，经公安部门确认共有7名失联人员后，支队全勤指挥部立即组织所有力量进行拉网式搜救、分区包干，将2栋着火楼层划分5个区域（层），每个区域成立2个攻坚小组，逐层开展搜救和排查，确保不漏死角。13时45分，在厂房A二楼西北角搜到第三具严重炭化的人体。14时5分，在厂房A二楼电梯内搜到3名被困人员，经医护人员确认，已无生命体征。15时25分，在厂房A三楼楼梯口和电梯口之间墙根铁皮废墟堆垛下搜到最后一具严重炭化的人体。15时30分，经反复搜救确认，现场已无被困人员。火被扑灭后，指挥部命令辖区大队保留水带干线，对火灾现场实施监护，其余增援力量清点器材安全撤离。

火灾发生后，广东省人民政府、省应急管理厅、省消防救援总队，东莞市人民政府、市应急管理局、市消防救援支队及清溪镇人民政府等有关单位的领导第一时间赶赴现场指导应急救援工作。

三、火灾原因调查

经调查，认定起火时间为2022年9月2日10时58分许，认定起火部位为东莞市园仔山食用菌有限公司厂房A二楼中部（距离东墙约19米，距离北墙约29米），认定起火原因为东莞市桂顺再生资源回收有限公司雇用无特种作业操作证人员，违规使用射吸式割炬（气割枪），在东莞市园仔山食用菌有限公司厂房A第二层中部区域对金属管道吊架进行切割作业时，割炬产生的火焰引燃聚氨酯泡沫保温材料，并发生轰燃蔓延成灾。

（一）起火时间的认定

经调查，认定起火时间为 2022 年 9 月 2 日 10 时 58 分许。主要依据如下：

（1）调查询问情况。据东莞市园仔山食用菌有限公司机动班叉车司机曾某某反映，10 时 58 分许，他听到响声后发现厂房发生火灾，随后从厂房 D 南墙的洞口逃出，沿围墙走到大门，10 时 59 分给赖某某打电话。据东莞市园仔山食用菌有限公司保安队队长谭某某反映，10 时 58 分许，他听到李某某呼救，于 11 时报火警。据胡某某反映，起火时他在厂房 B 二楼作业，清理绞住叉车的钢筋，听到一次轰响声，随后逃生并拨打报警电话，报警时间为 10 时 59 分。

（2）监控视频分析情况。旺全水电安装公司监控视频显示，9 月 2 日 10 时 54 分 17 秒（北京时间 9 月 2 日 10 时 58 分 42 秒），东莞市园仔山食用菌有限公司东北方向的外墙开始出现黄色烟雾；54 分 30 秒（北京时间 58 分 55 秒），东莞市园仔山食用菌有限公司东北方向外墙窗外孔洞开始出现明火，并出现轰燃现象（见图 3-15）。据公安机关的治安视频显示，北京时间 10 时 58 分 38 秒，厂房开始冒出黄褐色烟雾，火势发展迅猛。

图 3-15 视频分析图

（二）起火部位的认定

经调查，认定起火部位为东莞市园仔山食用菌有限公司厂房 A 二楼中部（距离东墙约 19 米，距离北墙约 29 米）。主要依据如下：

（1）调查询问情况。据赖某某、黄某某、李某某、胡某某等人反映，起火前有三人在二楼中部附近切割作业。

（2）监控视频分析情况。旺全水电安装公司监控视频显示，9 月 2 日 10 时 54 分 17 秒（北京时间 9 月 2 日 10 时 58 分 42 秒），东莞市园仔山食用菌有限公司园区东北方向的外墙 5 号窗口上方孔洞开始出现黄色烟雾（见图 3-16），随后火势发展迅猛；54 分 30 秒（北京时间 58 分 55 秒），东莞市园仔山食用菌有限公司东北方向外墙窗外孔洞开始出现明火，并出现轰燃现象（见图 3-17）。

图 3-16 5 号窗口上方孔洞开始出现黄色烟雾

图 3-17 外墙窗外孔洞开始出现明火

（3）现场勘查情况。厂房 A 二楼中部（10 号切割点）处顶棚的烧损痕迹最严重，以此为中心，向四周递减（见图 3-18）。二楼中部附近（距离东墙约 19 米，距离北墙约 29 米）有切割作业工具，液压推车上放置有一个煤气瓶、两个氧气瓶，附近有一具射吸式割炬（气割枪）。厂房顶部金属管道吊架断裂，有切割痕迹，塌落方向由东向西，现场标记 1 至 10 号切割点，中间柱子（10 号切割点）顶部附近金属管道吊架两端均断裂，有切割痕迹，金属管道吊架另一端半断裂，有管道塌落撕扯痕迹（见图 3-19）。2 号切割点附近消火栓连接水带，消火栓处于未开启状态，附近放置了两具灭火器，但均未启用。

图 3-18　二楼中部烧损情况

图 3-19　金属管道吊架烧损情况

（三）起火原因的认定

经调查，认定起火原因为东莞市桂顺再生资源回收有限公司雇用无特种作业操作证人员，违规使用射吸式割炬（气割枪），在东莞市园仔山食用菌有限公司厂房 A 第二层中部区域对金属管道吊架进行切割作业时，割炬产生的火焰引燃周围的聚氨酯泡沫保温材料，并发生轰燃蔓延成灾。依据如下：

（1）调查询问情况。据赖某某、黄某某、李某某、胡某某等人反映，起火前有三人在二楼中部附近切割作业。

（2）监控视频分析情况。东莞市园仔山食用菌有限公司监控视频显示，9月2日，监控于8时19分20秒停止录像。9月1日，监控于6时55分21秒停止录像，20时17分40秒开始录像。8月31日，监控于8时27分36秒停止录像，19时52分36秒开始录像。旺全水电安装公司监控视频显示，9月2日10时54分17秒（北京时间9月2日10时58分42秒），东莞市园仔山食用菌有限公司东北方向的外墙开始出现黄色烟雾；54分30秒（北京时间58分55秒），东莞市园仔山食用菌有限公司东北方向外墙窗外孔洞开始出现明火，并出现轰燃现象。

（3）现场勘查情况。二楼中部中间柱子（10号切割点）（距离东墙约19米，距离北墙约29米）聚氨酯泡沫保温层完全烧毁，抹灰层脱落呈上重下轻，底部抹灰层未脱落，烟熏痕迹呈上重下轻，顶部与金属管道吊架处残留部分聚氨酯泡沫保温材料，中间柱子（10号切割点）有气割枪火焰燃烧痕迹（见图3-20），金属管道吊架靠柱子处已断裂，有切割痕迹，金属管道吊架另一端半断裂，有管道塌落撕扯痕迹。顶棚金属管道吊架处残留部分聚氨酯泡沫保温材料，烧损程度向四周递减（见图3-21）。

图3-20　10号切割点情况

（4）起火部位（10号切割点）周围有聚氨酯泡沫保温材料等可燃物，具备遇火源引发火灾的条件。

（5）对起火部位周围的电线进行专项勘验，未发现电线存在短路痕迹，可以排除电线故障引发火灾的因素。

（6）根据广东震华痕迹司法鉴定所的鉴定意见书，检材样品为5号（灰色）塑料泡沫残骸与6号（黄色）塑料泡沫残骸，依次编号为5号检材和6号检材。5号（灰色）塑料泡沫残骸成分为聚乙烯，6号（黄色）塑料泡沫残骸成分为聚氨酯热塑性塑料；5号（灰色）塑料泡沫残骸燃点为311摄氏度，6号（黄色）塑料泡沫残骸燃点为327摄氏度。

图 3-21 金属管道吊架处残留部分聚氨酯泡沫保温材料

（7）根据广州市建筑材料工业研究所有限公司出具的测试报告，按照《建筑材料及制品燃烧性能分级》（GB 8624—2012）的要求，对 5 号检材和 6 号检材进行测试和判定，测试结果符合平板状建筑材料及制品 B2（E）级及电器、家具制品用泡沫塑料 B1 级的规定要求，其中 B2 级建筑材料为可燃性建筑材料。5 号检材燃烧过程中有滴落，会造成地面物品的燃烧和蔓延，加速火灾蔓延速度。根据《建筑材料热释放速率试验方法》（GB/T 16172—2007）的要求进行测试，5 号检材和 6 号检材热释放速率较大，燃烧残留物较少，热值较高，加速了火灾的蔓延。按照《塑料用氧指数法测定燃烧行为第 2 部分：室温试验》（GB/T 2406.2—2009）的要求进行测试，5 号检材的氧指数实测值为 26.2%，6 号检材的氧指数实测值为 23.0%，均有一定的阻燃性。

（8）经公安刑侦和消防部门调查，此次火灾可以排除放火引发火灾的因素。

四、事故教训

（1）企业安全生产主体责任未落实。涉事企业作为建设单位，对拆解、改造厂房的施工现场安全负有主体责任，实行施工的多个承包单位对施工安全负有直接责任，但是相关涉事企业均未对其现场操作员工进行安全教育培训，进行切割作业的 7 名人员均未取得相关特种作业证书，不具备相应的安全知识和安全技能，属于违章作业。此外，企业有关人员动火作业未遵守动火作业"六大禁令"，未办理动火作业审批手续，未指定专职安全生产管理人员进行安全检查与协调。

（2）交叉作业安全管理工作缺失。现场施工队临时组队、无证施工，且相互不熟悉，交叉作业容易危及双方安全。双方未签订安全生产管理协议，未明确各自的安全生产管理职责，明知道金属管道吊架周围有聚氨酯泡沫保温材料，但作业人员仍用气割枪切割金属管道吊架，导致火灾的发生。

（3）起火建筑长期存在消防安全隐患。起火建筑原为东莞安庆家饰有限公司使用，并于2006年取得《建筑工程消防设计审核意见书》和《建筑工程消防验收意见书》，申报厂房生产火灾危险性为丙类。2015年6月，东莞市园仔山食用菌有限公司租赁该厂房后重新装修，但未申报任何消防手续。经现场勘查，企业存在使用大量的聚氨酯泡沫塑料的情况，存在消防安全隐患。

（4）属地管理责任落实不到位。村委会未能全面落实村居消防安全隐患排查的责任，未严格落实消防安全网格化管理工作，组织开展辖区内消防安全排查不彻底，且村委会作为涉事厂房的产权所有者，对承租方违章搭建、擅自改建、违规施工等行为，既不制止也不监管，导致安全隐患长期存在。

（5）行业监管部门未能认真落实"三个必须"要求。从火灾事故调查反映出，属地行业主管部门在日常监管中，对"党政同责、一岗双责、齐抓共管""管行业必须管安全、管业务必须管安全、管生产经营必须管安全"等要求认识还不到位，消防安全责任没有压到实处，安全措施也没有抓实抓到位。

（6）闲置、废弃、停用厂房监管难。近年来，由于疫情和国内外经济下行等因素，许多企业被迫缩小规模、改造转型，催生了大量类似此次火灾事故的闲置、废弃、停用的厂房。这些厂房频频转租、层层分租，停工停产时间不确定，频繁反复。对这类厂房，属地和行业部门监管难度大，手段有限。

（7）零星作业的监管亟待规范。此次火灾事故中，东莞市园仔山食用菌有限公司将拆除聚氨酯泡沫保温材料及清运工程、厂房铁质物品切割工程分包给多家不同的公司，同时进行施工、交叉作业，没有落实防范措施。现场施工队临时组队，相互不熟悉，事故发生后各自逃生，这也导致在救援时难以及时掌握被困人员的具体人数及位置，影响了搜救进度。

（8）作业人员安全意识淡薄。2名作业人员在得知二楼发生火灾后，仍选择乘坐电梯上至二楼，导致在电梯中遇难。

五、火灾警示

（1）深入贯彻落实习近平总书记关于安全生产重要论述和重要指示精神，牢固树立安全发展理念。相关部门要以"时时放心不下"的责任感，统筹发展和安全，把安全生产工作抓彻底、抓到位，进一步提高安全生产和消防安全工作的思想自觉、政治自觉、行动自觉，坚持"人民至上、生命至上"，强化底线思维、红线意识，切实承担起"促一方发展、保一方平安"的政治责任。有关部门要深刻吸取此次火灾事故的惨痛教训，层层压紧压实党政领导责任、部门监管责任和企业主体责任，及时分析研判安全风险，采取有效防控措施，牢牢守住安全底线。

（2）举一反三，集中开展村级工业园安全生产和消防安全整治行动。一是摸清底数，相关部门要组织对村级工业园、精细化工企业和危化企业负责人开展一次警示约谈，对辖区村级工业园基础信息进行全面排查,重点收集集体资产、园区内企业门类、违法违建等情况,并建立台账,纳入信息化管理平台。二是实施"包保制",按照镇、村、网格分级包干落实监管职责,特别是各村(社区)要将村级工业园安全监管责任落实到村干部,确保每个村级工业园都有安全责任人。三是完成"三个一批",清除一批违章搭建、存在严重安全隐患的厂房仓库,改造一批安全设施、器材配置不符合标准的厂房仓库,升级一批安全审批手续不完善、专(兼)职消防队伍建设不符合要求的单位。

(3)强化危险作业活动安全风险分析和管控。一是在安排动火、进入受限空间等特殊作业前,要全面开展危险有害因素识别和风险分析,根据风险分析结果,严格落实安全管控措施,严格按照操作规程作业,企业分管负责人必须亲自组织对现场作业安全条件进行严格确认,确保作业安全。二是完善特殊作业安全管理制度和操作规程,必须明确签票人的岗位、职责等,严格落实"谁批准、谁签字、谁负责"的要求。

(4)认真落实安全生产"三管三必须",压紧压实行业相关部门安全监管责任。一是推进厂房式种植业安全生产专项整治。农业农村部门要全面摸排厂房式种植、养殖企业,建立健全动态监管台账,掌握相关企业的风险点、危险源,做到底数清、情况明,落实有针对性的风险管控措施。二是开展再生资源回收行业专项整治。再生资源行业监管部门要健全定期巡查、警示提示、督查督办、通报约谈等制度,强化对再生资源回收企业的日常监管,及时发现并消除各类安全隐患,严厉打击非法经营行为。三是强化对违法建筑的全链条监管。城管部门要牵头抓好违章建筑整治工作,严查各类私自搭建、擅自加建等违法违规行为,对新增、抢建、违建行为要坚决依法制止。消防设计审查验收等有关部门要把好建筑物的耐火等级、火灾危险性、防火间距、消防水源和消防通道等审核关。四是进一步强化动火作业管理。建立动火作业信息化管理平台,各行业、各部门、各镇街要严格落实作业前必须将人员持证、施工地点和时间等信息报备,严格执行动火作业"三个一律"要求。严厉打击无证照从事动火作业、无动火审批、作业现场有可燃物未清理、无现场监护人、未配置消防设施等违法违规行为,对问题严重的企业,要责令停业整顿。

(5)强化基层消防网格化管理工作。各村(社区)要发挥社区网格管理组织作用,严格落实各项网格化管理制度,常态化开展多方式的督导、考核,确保网格巡查、排查工作有序有效开展,实现网格责任明确、制度规范、常态化巡查的闭环管理要求,网格管理员要保质保量按期完成入格事项工作任务,提升网格巡查排查工作的覆盖面和精准度。每周集中通报各站工作开展情况,梳理并解决存在的问题,及时制定改进措施。对工作表现不佳的网格管理员,开展约谈工作,安排其交叉跟岗学习。

(6)加强安全生产和消防安全培训教育及宣传。要采取有力措施,有效推动各行业、各部门落实安全宣传教育职责,利用新闻媒体平台,广泛普及安全常识,以案释法,开展事故警示教育,发动各镇街(园区)人民政府、基层派出所、居(村)民委员会、企事业单位等基层力量开展安全宣传教育活动。针对消防安全,消防部门要加强对基层派出所民警和各镇街(园区)人民政府驻村干部和协管员的培训力度,强化其消防安全监督检查能力,提升消防安全执法水平。

六、调查体会

火灾发生后,火调人员及时赶赴现场,并启动火灾区域调查机制,现场分成视频组、勘验组、询问组等,视频组第一时间开展寻找监控视频工作。在寻找建筑内部的监控视频时,发现了四个监控,但工厂为了躲避监管,在施工期间关闭了厂区内的监控系统,因此没有拍摄到起火的画面,于是视频组在起火建筑外围寻找监控视频,但也没有发现有用的监控视频。此次火灾过火面积大,加上当时处于二楼工作的人员已经全部遇难,没有第一目击证人,没有监控视频,想快速确定起火部位,难度非常大,给调查人员增加了很大的压力。但是视频组的人员没有放弃,锲而不舍,进一步扩大寻找监控视频的范围,终于在小山坡脚下的广告公司门口找到了一个拍到起火的监控,摄像头与起火建筑直线距离约 80 米,从起火建筑到监控点要经过一个小山坡,开车需要 15 分钟。视频分析人员拿到监控视频后连夜进行分析,迅速确定起火部位。在确定起火部位后,火调人员迅速开展现场勘验工作,对金属管道吊架、煤气瓶、氧气瓶、射吸式割炬(气割枪)进行详细勘验,最终在金属管道吊架上找到相对应的切割痕迹,随后有针对性地开展大量的现场模拟实验,为认定起火原因提供了确凿的证据。

消防部门与公安刑侦部门的默契协作是此次火灾事故快速侦破的亮点,公安部门对涉案人员的信息调取、笔录证据的固定和辨伪、遇难人员的尸体检测、受伤人员的伤情鉴定等都给火灾调查人员推进案情进展提供了极大助力。

第四章
仓库类火灾事故典型案例

2021年东莞市大岭山镇连平村鼎盛产业园"3·2"火灾

2021年3月2日16时40分许,东莞市大岭山镇连平村鼎盛产业园一仓库(冷库)发生火灾,有人员被困。火灾烧损部分建筑结构、冷库聚氨酯泡沫、食品及装修材料一批,现场搜救出2名被困人员,经送医院抢救无效死亡。

一、基本情况

(一)鼎盛产业园基本情况

园区租赁名称为松湖1号产业园,广东鼎盛家具有限公司负责园区内建筑物出租事项,为便于管理园内所有建筑物及配套设施,共划分37个编号(包括门卫室、垃圾收集站等),其中1、2号(连体)、3号、4号、9号、14号、16号、17号相关报建手续齐全且已通过工程竣工验收。

(二)起火建筑厂房3号基本情况

起火建筑厂房3号位于东莞市大岭山镇莞长路大岭山段19号的连平村鼎盛产业园(松湖1号产业园)内。该建筑东至园区2号仓库,南至园区4号仓库,西至园区21号仓库,北至园区空地。

厂房3号为地上一层建筑物,建筑高度为8.44米,占地面积为6 000平方米,建筑为混凝土排架结构,钢屋盖,长125米,宽48米,最大跨度为24米(见图4-1)。

图4-1 厂房3号情况

二、火灾发生经过和救援情况

2021年3月2日16时40分许,东莞市消防救援支队接到报警:东莞市大岭山镇连平村鼎盛产业园一仓库(冷库)发生火灾,有人员被困。东莞市消防救援支队指挥中心立即调派大岭山消防救援大队13辆消防车、59名指战员赶赴现场。途中,连马路、莞长路交通发生堵塞,大岭山消防救援大队于16时55分到达现场。到达现场后,发现仓库已有明火,且火势猛烈。支队指挥中心立即调派特勤一站、东城、南城、松山湖等消防救援大队13辆消防车、51名指战员前往增援,东莞市消防救援支队率领全勤指挥部到场指挥。

大岭山消防救援大队到场后立即成立灭火搜救小组开展火情侦查、搜救和灭火处置等工作。经侦查,发现起火建筑为一栋单层的正在装修的冷库,主要燃烧物为冷库聚氨酯泡沫、食品及装修材料等。由于易燃物多,且空间大、跨度长,现场已处于猛烈燃烧阶段,钢结构厂房已经开始坍塌,浓烟弥漫、内部温度高,大大增加了内攻灭火的难度和危险性。侦查发现,现场有2名施工人员还未撤离,大岭山消防救援大队立即组织一组力量对东侧仓库门破拆,进行人员搜救和火灾扑救,发现两名受伤人员后立即送往医院,另一组力量则在厂房的北面出3支水枪控制火势蔓延。

全勤指挥部到场后,采取"强攻近战"方式,将火场分为东、南、北三个作业面,进行分割灭火。大岭山消防救援大队负责在东面出2支水枪内攻灭火,在北面分三个作业点出6支水枪进行灭火。特勤一站在南面利用无齿锯对着火仓库的卷帘门进行破拆,开辟两条进攻路线,出4支水枪进行内攻灭火,打通通道与东北面的灭火力量会合。同时,现场水枪全部改用泡沫枪,采用泡沫覆盖的方式进行灭火。

18时15分许,明火基本被扑灭。21时许,余火清理完毕,现场由大岭山消防救援大队继续监护,其余增援力量收整器材归队。

事故发生后,东莞市人民政府、市应急管理局、市消防救援支队及大岭山镇人民政府等相关领导先后到达现场指导救援和善后处置工作。

三、火灾原因调查

经调查,认定起火时间为2021年3月2日16时37分许,认定起火部位为厂房3号建筑东莞市前冠制冷工程有限公司冷库内西北处(距离西墙约5.9米,距离北墙约6.3米),认定起火原因为东莞市前冠制冷工程有限公司在连平村鼎盛产业园厂房3号的冷库项目装修加固过程中,电焊工(马某某)在冷库顶棚高处违规电焊作业,引燃冷库内部的聚氨酯泡沫等可燃物起火蔓延成灾。

（一）起火时间的认定

经调查，认定起火时间为 2021 年 3 月 2 日 16 时 37 分许。主要依据如下：

（1）调查询问情况。据鼎盛产业园的工作人员徐某某、吴某某反映，16 时 33 分许，他们从东莞市前冠制冷工程有限公司冷库门口经过，并没有发现异样。16 时 39 分许，徐某某在 1 号楼办公室看见东莞市前冠制冷工程有限公司冷库楼顶起火，于是赶紧跑向该公司冷库东北面的消火栓连接水带水枪出水进行扑救火灾。据现场施工人员肖某某反映，16 时 31 分许，他从东莞市前冠制冷工程有限公司冷库内出来，几分钟后听到施工人员罗某某呼喊厂房着火了，随后他跑到公司冷库大门，看到冷库内着火了。

（2）监控视频分析情况。16 时 37 分 41 秒，东莞市前冠制冷工程有限公司冷库内楼顶开始冒烟。16 时 38 分 12 秒，东莞市前冠制冷工程有限公司冷库内楼顶出现浓烟。16 时 39 分 01 秒，东莞市前冠制冷工程有限公司冷库内大门出现浓烟。16 时 39 分 15 秒，东莞市前冠制冷工程有限公司冷库内楼顶出现明火。

（二）起火部位的认定

经调查，认定起火部位为厂房 3 号建筑东莞市前冠制冷工程有限公司冷库内西北处（距离西墙约 5.9 米，距离北墙约 6.3 米）。主要依据如下：

（1）调查询问情况。据肖某某、罗某某等人反映，东莞市前冠制冷工程有限公司冷库内西北区域最先冒烟起火。

（2）监控视频分析情况。16 时 37 分 41 秒，东莞市前冠制冷工程有限公司冷库内楼顶开始冒烟。16 时 38 分 12 秒，该公司冷库内楼顶出现浓烟。16 时 39 分 01 秒，该公司冷库内大门出现浓烟。16 时 39 分 15 秒，该公司冷库内楼顶出现明火。

（3）现场勘验情况。东莞市前冠制冷工程有限公司场所内屋顶钢架吊顶结构由北向南往东西两侧坍塌，衔接西面内墙的钢架吊顶结构由东向西往下倾斜式坍塌，西面铁皮内墙向西侧弯曲未坍塌，衔接东面内墙的钢架吊顶部分未坍塌，钢架吊顶由西向东往下倾斜式坍塌。东莞市前冠制冷工程有限公司场所内衔接西面内墙吊顶坍塌下来的铁皮烧损程度由西北向东南逐渐减轻，衔接东面内墙吊顶坍塌下来的铁皮烟熏痕迹由北向南逐渐减轻；北面内墙表面由西向东脱落，呈现全部脱落变为部分脱落；东面内墙表面由北向南脱落，呈现部分脱落变为未脱落，仅表面烟熏。地面上的一台电焊机有一条线路接至吊顶上的电焊钳，电焊钳半挂在距东面墙顺数竖向第三根钢架和第四根钢架中间，电焊钳上夹有使用痕迹的一根焊条。（见图 4-2 至图 4-7）

图 4-2　厂房 3 号内部烧损情况

图 4-3　靠北面的屋顶部分坍塌

图 4-4　地面上的一台电焊机连接着电焊钳

图 4-5 电焊钳半挂在第三根钢架和第四根钢架中间

图 4-6 电焊钳上夹有使用痕迹的一根焊条

图 4-7 地面掉落残余的焊条

（三）起火原因的认定

经调查，认定起火原因为东莞市前冠制冷工程有限公司在连平村鼎盛产业园厂房 3 号的冷库项目装修加固过程中，电焊工（马某某）在冷库顶棚高处违规电焊作业，引燃冷库内部的聚氨酯泡沫等可燃物起火蔓延成灾。主要依据如下：

（1）调查询问情况。据肖某某、罗某某等人反映，东莞市前冠制冷工程有限公司冷库内西北区域最先冒烟起火。

（2）监控视频分析情况。16 时 37 分 41 秒，东莞市前冠制冷工程有限公司冷库内楼顶开始冒烟。16 时 38 分 12 秒，该公司冷库内楼顶出现浓烟。16 时 39 分 01 秒，该公司冷库内大门出现浓烟。16 时 39 分 15 秒，该公司冷库内楼顶出现明火。

（3）电焊工（马某某）当时的作业区域位于起火部位，对顶棚上的铁板进行加固焊接作业。勘验人员在起火部位发现了焊机机头和铁板焊接点，电焊钳半挂在距东面墙顺数竖向第三根钢架和第四根钢架中间，电焊钳上夹有使用痕迹的一根焊条（见图 4-8、图 4-9）。

图 4-8　当事人指认作业使用的电焊机

图 4-9　当事人指认作业时的位置

（4）根据广东震华痕迹司法鉴定所的鉴定意见书，检材为泡沫样品，分别编为 1 号检材和 2 号检材。其中 1 号检材取样位置为墙壁处，2 号检材取样位置为顶棚处。鉴定意见：1 号检材氧指数为 22.7%，热失重过程共有四个失重台阶，灼烧残余 0.74%；2 号检材氧指数为 22.5%，热失重过程共有四个失重台阶，灼烧残余 0.97%；1 号检材和 2 号检材为可燃材料。

（5）起火部位附近有聚氨酯泡沫等可燃物，具备遇火源引发火灾的条件。

（6）对起火部位周围的电线进行专项勘验，未发现电线存在短路痕迹，可以排除电线故障引发火灾的因素。

（7）经公安刑侦和消防部门调查，此次火灾可以排除放火引发火灾的因素。

四、事故教训

（1）冷库火灾荷载大，材料可燃，蔓延快。厂房 3 号为混凝土排架结构（钢屋盖），占地面积 6 000 平方米，分租给多家公司作为仓库（冷库）使用，冷库因保冷功能需要，使用了大量的聚氨酯泡沫等可燃物，火灾荷载大。火灾发生后，由于冷库设计不规范，多家冷库连为一体，防火分隔不合理，加上厂房空间大，火灾迅速进入立体燃烧，异常猛烈，火灾蔓延迅速。聚氨酯泡沫的燃烧热值非常高，辐射热非常强，并产生大量毒害烟气。着火建筑由于高温灼烧，钢构件强度迅速下降，钢屋盖易坍塌，将燃烧物埋压。

（2）建筑存在安全隐患。厂房 3 号原作为厂房使用，现分租作为仓库（冷库）使用，厂房 3 号的用途已变更为冷库使用，但相关经营者未依法向有关部门进行申报，导致厂房 3 号冷库的库房布置、库房材料、防火分隔、消防设施等未严格按照《冷库设计规范》有关规定进行设计和施工，导致建筑存在安全隐患。火灾发生时，因建筑内部的防火分隔、消防设施设计不合理等问题，只能使用室外的消火栓进行灭火，造成火灾蔓延迅速。

（3）施工单位施工安全环节把控不严。施工单位未建立健全生产安全事故隐患排查治理制度，安全检查工作未落实，流于形式，安全教育培训不到位。施工人员违规动火作业，安全意识淡薄，且动火作业未履行审批手续，未清理动火区域可燃物，未配备相应的灭火器材，未落实安全监护措施。

（4）物业管理单位管理不到位。物业管理单位部分工作人员对厂房 3 号施工装修情况不了解，且在得知厂房 3 号进行改建装修的情况下，未督促、提醒其依法办理施工报批手续，也未报请有关部门进行查处。物业管理单位对现场各施工环节安全风险未能充分辨识、分析、评估，也未能及时发现并采取有效措施消除事故隐患。

五、火灾警示

（1）明确消防安全责任。园区内物业管理单位和分租式厂房、仓库承租方应以书面形式明确各方的消防安全责任。物业管理单位应对公用疏散通道、安全出口、建筑消防设施和消防车通道进行统一管理，分租式厂房、仓库承租方应承担使用区域的消防安全主体责任。此外，物业管理单位应分区域实施网格化管理，建立健全并落实消防安全管理制度。

（2）加强日常消防安全管理。物业管理单位应加强对园区内企业的日常管理，如发现违反消防有关的法律法规的行为，应及时采取合理措施制止，向有关行政主管部门报告并协助处理。园区内各企业除定期开展消防安全巡查、检查外，还应结合自身实际情况，加强对重点部位、重点环节的监管。尤其是在动火作业时，必须严格落实审批手续，清除周边易燃可燃物，落实现场监护措施，并在动火作业结束后反复查看现场情况，确保无遗留火种。

（3）提高应急处置能力。物业管理单位应按照相关规定建立专职消防队、微型消防站或者志愿消防队，配备相应的人员、消防车辆和器材装备，并制定灭火应急疏散预案，定期组织园区消防力量、园区企业开展灭火救援和应急疏散演练。各企业也要组建自己的消防应急救援力量，针对性开展贴近实战的灭火疏散演练，提高应急处置能力。

六、调查体会

火灾发生后，火调人员迅速赶赴现场，并启动火灾区域调查机制，现场分成视频组、勘验组、询问组等，各组第一时间根据分工有序开展工作。经过各组分工协作、默契配合，火调人员很快就确定了起火时间、起火部位、起火原因等信息，并将相关证据进行了固定。

近年来，冷库火灾呈现易发、频发的态势，尤其是违规电焊、切割的行为，导致火灾事故的发生。企业为节约成本，使冷库保持恒温状态，冷库在装修时，人们往往喜欢用聚氨酯泡沫作为装修材料，殊不知正是这一行为，给后期的安全生产埋下了严重的火灾隐患。

2022年东莞市洪梅镇洪金路24号"3·11"火灾

2022年3月11日11时51分许,东莞市洪梅镇洪金路24号的东莞市鸿运仓储有限公司发生火灾。火灾烧损了东莞市鸿运仓储有限公司的建筑结构、生产设备及其仓库内存放的成品纸等物品一批,烧损了东莞市睿同包装有限公司的部分纸箱、部分彩盒、部分刀模等物品一批,烧损了东莞市洪梅润鑫木片加工厂的鼓风机、部分监控设备等物品一批。

一、基本情况

事故单位为东莞市鸿运仓储有限公司,建筑1栋,单层钢结构(见图4-10),建筑面积为3 000平方米,高为9米。事故单位东面为东莞市洪梅润鑫木片加工厂,南面为东莞市嘉荣物流配送中心,西面为东莞市睿同包装有限公司,北面为环厂大道和广东大宝祥旺纸品包装印刷有限公司。东莞市鸿运仓储有限公司的东西两侧均设有一个作业平台,面积约840平方米,平台上方搭建了铁皮棚。东侧的作业平台上还放置有一台切纸机,用作切纸加工。起火建筑为仓库,用来存放成品纸。

图4-10 起火时建筑航拍图

经调查,该起火建筑由东莞大宝杰松印刷有限公司兴建,东莞大宝杰松印刷有限公司于2017年9月将"大宝项目"土地及附属建筑(包括起火建筑)过户给东莞市汉和实业投资有限公司。

东莞市汉和实业投资有限公司已为起火建筑及所在土地办理了不动产权证书,为粤(2018)东莞不动产权第00901＊＊号。东莞市汉和实业投资有限公司于2019年12月10日将建筑租赁给东莞市众聚实业有限公司。东莞市众聚实业有限公司于2020年4月又将建筑租赁给东莞市鸿运仓储有限公司用作仓储,存放成品纸。

二、火灾发生经过和救援情况

2022年3月11日11时55分,洪梅大队接到支队119指挥中心电话,称洪梅镇乌沙大宝纸厂旁边的鸿运仓储发生火灾,洪梅大队立即出动洪梅政府专职队3辆消防车、15人赶赴现场处置。12时01分,首批救援力量到达现场,第一时间组织力量控制火势蔓延。大队指挥员根据火灾情况,立即向支队指挥中心请求增援。因燃烧的物质是成品纸堆垛,支队指挥中心出于火灾救援难度大的考虑,立即调派望牛墩、特勤大队、道滘、麻涌、中堂、勤务站、特勤二、南城、万江、长安、厚街大队共25辆消防车、95名指战员前来增援。23时,明火被扑灭。因燃烧的物品是几吨重的纸品,为防止火苗复燃,现场指挥部采取了"蚂蚁搬家"的方式,调派了5台挖掘机、1台铲车、14台泥头车转移燃烧物,挖掘机负责挖,水枪协助灭火,协同配合,再用泥头车把纸运走,防止残纸复燃。(见图4-11至图4-20)

图4-11 起火后建筑正面

图 4-12　起火后建筑俯视图

图 4-13　火灾救援现场（1）

图 4-14　火灾救援现场（2）

图 4-15　火灾救援现场（3）

图 4-16　火灾救援现场（4）

图 4-17　火灾烧毁后的现场（1）

图 4-18　火灾烧毁后的现场（2）

图 4-19　火灾烧毁后的现场（3）

图 4-20　火灾烧毁后的现场（4）

三、火灾原因调查

火灾发生后,调查人员通过大量的调查询问取证工作,对火灾现场进行详细的反复勘查,收集和掌握了大量的第一手材料。

(一)起火时间的认定

经调查,认定起火时间为2022年3月11日11时51分许。主要依据如下:

监控视频显示,2022年3月11日11时51分50秒(北京时间为11时51分42秒,经校对时间,监控视频时间比北京时间快8秒),东莞市鸿运仓储有限公司东侧作业平台靠南门口外旁边的废纸堆开始出现明火,火势逐渐增大,并蔓延至仓库内,引发火灾。

(二)起火点的认定

经调查,认定起火点位于东莞市鸿运仓储有限公司东侧南面第一个门口旁边的废纸堆(距离东墙约4.7米,南墙约9.3米)。主要依据如下:

(1)监控视频分析情况。2022年3月11日11时51分50秒,东莞市鸿运仓储有限公司东侧作业平台靠南门口外旁边的废纸堆开始出现明火,火势逐渐增大,并蔓延至仓库内,引发火灾(见图4-21、图4-22)。

图4-21 第一时间起火点(1)

图4-22 第一时间起火点(2)

(2)调查询问情况。据邢某某反映,门外旁边的废纸堆最先起火。据邓某某、刘某某反映,他们路过东莞市鸿运仓储有限公司时,发现东南角火势很大。

(3)现场勘查情况。东莞市鸿运仓储有限公司东侧墙体烧损变形最严重,东侧墙体烧损程度由南向北逐渐减轻。东莞市鸿运仓储有限公司与东莞市洪梅润鑫木片加工厂之间搭建的铁皮棚南面烧损最严重,烧损程度由南向北逐渐减轻。与起火部位相邻的东莞市洪梅润鑫木片加工厂南侧的铁皮棚局部烧损严重。

(三)起火原因的认定

经现场勘验、调查询问、监控视频分析,认定起火原因为邢某某操作抱夹式叉车搬运废纸时，抱臂与地面摩擦产生高温和火花，导致废纸起火，引发火灾。依据如下：

（1）监控视频分析情况，邢某某在 11 时 47 分 33 秒至 11 时 47 分 35 秒（经过校对，视频时间比北京时间慢了 1 分 44 秒）操作抱夹式叉车最后一次搬运废纸时，叉车抱臂与水泥地面摩擦产生火花（见图 4-23、图 4-24），导致废纸起火。

（2）废纸接触高温火花，具有容易被引燃的特征。

图 4-23　叉车抱臂与地面摩擦产生火花（1）　　图 4-24　叉车抱臂与地面摩擦产生火花（2）

四、事故教训

（1）起火单位安全生产主体责任落实不到位。起火单位东莞市鸿运仓储有限公司没有制定安全生产制度和消防安全管理制度，没有明确的安全生产管理架构，安全生产主体责任落实不到位，这是典型的重生产轻安全的行为。

（2）违规搭建严重。起火建筑东侧和西侧都存在违章搭建的问题，较大地增加了建筑火灾负荷，加大了火灾扑救难度，造成了火灾蔓延至相邻单位场所。

（3）日常管理混乱。起火建筑东西两侧违章搭建的铁皮棚下用作卸货平台和设置机器生产，东侧的东莞市洪梅润鑫木片加工厂设置机器进行生产，起火建筑东莞市鸿运仓储有限公司在防火间距上同样设置机器进行切纸，两家单位都在同一个地方进行生产作业，管理混乱，容易造成生产事故和消防安全事故。

（4）监管不到位。村消防巡查队没有履行好日常消防安全管理责任，虽每月对起火单位进行了消防安全巡查，但检查不够细致，未能发现安全问题，也没有督促起火单位落实日常生产安全主体责任。

（5）消防安全宣传培训不到位。监控视频显示，邢某某在最初发现火灾时，没有利用相邻建筑的消火栓系统进行灭火，错过最佳灭火时间。起火建筑法定代表人邓某某及其配偶在发现火灾时，由于不熟练掌握消火栓系统，操作紧张，在利用消火栓系统进行灭火时，没有起到很好的效果。

五、火灾警示

(1) 要严格落实消防安全主体责任。企业应树立消防安全主体责任意识，不断提升自身的法治观念，应认识到自身安全责任意识直接关系到消防安全工作的成效。安全管理人员应提升自我主体责任意识，不断增强工作责任心。日常工作中，从业人员应坚持不断学习，提升其消防安全主体责任意识，强化发现、消除安全隐患的能力。生产岗位从业人员作为企业生产环节的执行者，在实际生产过程中应及时排除安全隐患，避免火灾事故的发生。要明确消防安全责任人和消防安全职责，加强值班巡查，定期开展自查自纠，及时消除火灾隐患，企业的醒目位置要张贴平面疏散示意图、消防安全警示标牌。

(2) 落实监管责任，形成执法合力。进一步明确责任，按照"党政同责、一岗双责、齐抓共管"的要求，把责任落实到领导干部，各职能部门要按照"管行业必须管安全、管业务必须管安全、管生产经营必须管安全"的要求，把安全管理责任落实到村（社区）和工业区，切实消除"无人监管"的盲区和漏洞。应急、城管、消防、住建、供电等职能部门要进一步理顺工作关系，主动履职，在履行好各自监管职责的同时，也要相互密切配合，及时互通信息，对消防安全和安全生产隐患要严抓整治，大力消除监管不到位的问题，杜绝安全事故的发生。各社区要落实属地管理责任，主要负责人要带头落实，干部要积极部署，建立消防巡查服务队，落实消防安全检查职责。各生产经营单位要落实安全主体责任，规范和加强自身的安全生产管理。

(3) 加大对消防基础设施建设力度。从"3·11"火灾事故中可以看出，洪梅镇在消防基础设施建设方面存在较大滞后问题，市政消防火栓数量不足，水压不足或者没有水，都是洪梅镇消防基础设施建设水平不高的体现。根据《城市消防站建设标准》规定："消防站的布局应以接到报警5分钟内消防队可以到达辖区边缘为原则，消防站的辖区面积不应大于7平方千米"，洪梅镇应建3个消防站，而洪梅镇只有1个消防站，可见，现有消防站数量还不能满足洪梅镇救援需求。因此，洪梅镇要科学规划消防站建设工作，按照"先急后缓，分步建站"的原则，有重点、分步骤建设消防站。此外，要加强公共消防设施建设，消防通道、消防装备、消防通信、消防供水（市政消火栓、取水点）等相关内容的规划建设要纳入洪梅镇城市规划建设的总体范畴，同步实施，以满足城市发展所需。

(4) 大力排查整治，消除安全隐患。开展"网格式"大排查，分片包干、责任到人，健全机构和人员配置，建立火灾隐患排查整治的长效机制。要举一反三，全面整治劳动密集型企业、公众聚集场所、高层地下建筑、大型商业综合体，尤其是纸品厂仓库和分租式厂房，重点整治建筑违章搭建、消防设施损坏和关停、疏散通道堵塞、安全出口锁闭等问题。应急部门、城管部门、消防部门、住建部门、公安部门、供电公司等职能部门对发现的安全隐患，要及时督促整改，从严执法，敢于较真、碰硬，对严重违法行为要"零容忍",根治违规"顽疾",消除安全隐患。

六、调查体会

火灾发生后,消防救援人员第一时间将监控视频从火灾现场中"抢救"出来,及时将视频证据固定。调查人员综合运用各种分析手段,对视频进行逐帧分析,不放过每一个细节,为火灾原因的认定提供有力证据。监控视频可以向调查人员提供有关火灾现场的信息,如火灾的强度、温度、烟雾等,这对于火灾调查得出结论非常重要。总的来说,监控视频在火灾事故调查中具有重要的作用,它提供了关键的证据,有助于还原火灾过程、评估火灾损失。

2022年东莞市凤岗镇天堂围村兴旺路东二巷3号"4·11"火灾

2022年4月11日12时18分许,东莞市凤岗镇天堂围村兴旺路东二巷3号厂房东北侧铁皮仓库发生火灾,火灾烧损了兴旺路东二巷3号厂房及厂房东北侧铁皮仓库、厂房东南侧铁皮仓库、欧亚快铁(深圳)国际物流有限公司、东莞市晟鑫达塑胶制品有限公司、东莞市誉鸣水族器材有限公司、深圳博明广告工程有限公司、东莞市彩明塑胶科技有限公司建筑结构、机器设备、原材料成品、家电及物品一批,现场无人员伤亡。

一、基本情况

东莞市凤岗镇天堂围村兴旺路东二巷3号厂房东临铁路,南面为兴旺路东二巷,西面为杰高厂宿舍,北面为挡土坡,挡土坡高约4米。厂房呈"7"字形布局,三层,钢筋混凝土结构,建筑面积6 713平方米。厂房东侧前后均用铁皮搭建作仓库。厂房院内西侧有一栋宿舍楼,四层,钢筋混凝土结构,建筑面积2 006平方米。宿舍楼前用铁皮搭建作仓库。(见图4-25至图4-27)

图4-25 起火建筑正面

图 4-26 起火建筑后面

图 4-27 厂房东北侧铁皮仓库

二、火灾发生经过和救援情况

2022年4月11日12时36分许，凤岗消防救援大队接东莞市消防救援支队指挥中心调度指令：东莞市凤岗镇天堂围村兴旺路东二巷3号厂房发生火灾。大队立即出动9辆消防车、68名指战员前往处置。12时47分许，大队到达火灾现场后发现，仓库内火焰、浓烟从窗口的缝隙中冒出，现场温度高，火势已经向四周蔓延。消防人员通过侦察立即开展灭火救援行动，迅速疏散现场被困人员，逐一排查人员情况。同时，派出进攻组在厂房2楼和厂房门口设置水枪阵地并出4支水枪对火势进行压制，派出冷却组在厂房东门的铁皮房设置水枪阵地并出2支水枪阻挡火势蔓延。14时46分，明火被扑灭。

三、火灾原因调查

经现场勘验、调查询问、监控视频分析，认定起火时间为2022年4月11日12时18分许，起火部位为兴旺路东二巷3号厂房东北侧铁皮仓库（经营者李某某）内东侧中部（距东侧墙约3.8米，距北侧墙约11米），起火原因为高某在铁皮仓库屋顶上违规电焊切割作业，掉落的电焊焊渣引燃仓库内部可燃物起火蔓延成灾。

（一）起火时间的认定

经调查，认定起火时间为2022年4月11日12时18分许。主要依据如下：

据欧亚快铁（深圳）国际物流有限公司张某某、王某某、魏某某和电焊工高某的询问笔录，4月11日12时20分许，火灾第一发现人张某某透过欧亚快铁（深圳）国际物流有限公司东侧墙靠南侧窗户看见隔壁李某某所经营的铁皮仓库东侧中部发生火灾，高某在铁皮仓库附近的停车场看到铁皮仓库发生火灾，火势正处于初始燃烧状态。

（二）起火部位的认定

经调查，认定起火部位为兴旺路东二巷3号厂房东北侧铁皮仓库（经营者李某某）内东侧中部（距东侧墙约3.8米，距北侧墙约11米）。主要依据如下：

（1）调查询问情况。根据火灾第一发现人张某某的询问笔录和现场指认（见图4-28），12时20分许，张某某透过欧亚快铁（深圳）国际物流有限公司东侧墙靠南侧窗户看见

图4-28 火灾第一发现人张某某现场指认

隔壁李某某所经营的铁皮仓库东侧中部发生火灾，火势正处于初始燃烧状态。根据火灾第一报警人王某某的询问笔录和现场指认（见图4-29），王某某在公司员工告知下，透过欧亚快铁（深圳）国际物流有限公司东侧墙靠南侧窗户中部看见隔壁李某某所经营的铁皮仓库发生火灾，着火位置靠仓库东侧墙。根据第一个进入仓库救火人员魏某某的询问笔录和现场指认（见图4-30），魏某某在仓库铁闸打开后，先往东走了三四米，再往北走了一二米，当时看到火苗位于东侧。根据进入仓库救火人员高某的询问笔录和现场指认，高某在仓库铁闸打开后，先往东走了大概两米后，再往北走了约两米，当时看到火苗位于东侧。

图4-29　火灾第一报警人王某某现场指认

图4-30　进入仓库第一救火人员魏某某现场指认

（2）监控视频分析情况。根据欧亚快铁（深圳）国际物流有限公司内部监控视频受损前所拍影像截图和周边群众拍摄的小视频，最先起火部位位于东莞市凤岗镇天堂围村兴旺路东二巷3号厂房东北侧铁皮仓库内（见图4-31）。

图4-31　火灾第一发现人张某某拍摄的火灾初始燃烧视频截图

（3）3号厂房东北侧铁皮仓库烧毁最为严重，且向相邻厂房的一楼、二楼、三楼蔓延（见图4-32至图4-35）。

（4）现场勘验情况。3号厂房东北侧铁皮仓库严重烧毁，仓库中部区域受损最为严重，该铁皮仓库西南两侧相邻厂房烧损呈递减状态（见图4-36、图4-37）。

图4-32　3号厂房东北侧铁皮仓库烧损情况

图 4-33　厂房一楼东北侧烧损情况

图 4-34　厂房二楼东北侧烧损情况

图 4-35　厂房三楼东北侧烧损情况

图 4-36　东北侧铁皮仓库俯拍图（中间区域受损最为严重）

图 4-37　厂房东北侧铁皮仓库内东侧中部烧损情况

(三) 起火原因的认定

经调查，认定起火原因为高某在铁皮仓库屋顶上违规电焊切割作业，掉落的电焊焊渣引燃仓库内部可燃物起火蔓延成灾。主要依据如下：

(1) 调查询问情况。根据李某某（3 号厂房东北侧铁皮仓库管理员）询问笔录，事发当天仓库门窗锁闭，无任何人员进出仓库。根据电焊工高某的询问笔录和现场指认，4 月 11 日 9 时开始，高某在兴旺路东二巷 3 号厂房东北侧铁皮仓库顶自西北侧向东北侧最后向东南侧使用电焊机进行电焊施工作业，上午工作约到 12 时，最后施工位置位于仓库铁皮顶东侧中部（距东侧墙约 3.8 米，距北侧墙约 11 米）。根据施工工人陈某的询问笔录和现场指认，4 月 11 日 9 时至 12 时，高某使用电焊机、角磨机从铁皮仓库顶西北侧区域到东侧区域施工，12时，陈某下班时，高某的施工区域在东侧中部位置。

（2）排除人为放火嫌疑。经东莞市公安局刑侦支队、樟木头公安分局刑侦大队调查，未发现内、外部人员进入现场放火的证据和疑点。现场勘验，未发现起火建筑内地面及墙面附着助燃液体流淌痕迹及两个以上起火点痕迹；未发现有窗户玻璃被机械力破坏痕迹及可疑物品，窗户玻璃破裂均为火灾热炸裂痕迹，因此可以排除人为放火致灾的可能性。

（3）排除自燃的可能。经现场清理，未发现起火部位存放有可自燃物品。

（4）对仓库进行专项勘验，整个仓库被烧毁，由铁皮顶东北侧向东南侧依次发现残存的角磨机、电焊机、电钻机、电焊条等，在铁皮顶西侧发现烧损的电焊机主机（见图4-38至图4-41）。

图4-38 电焊机烧损情况

图4-39 电焊条烧损情况

图 4-40　电钻机烧损情况

图 4-41　角磨机烧损情况

（5）其他佐证情况。一是天气情况，2022 年 4 月 11 日，该区域的气温为 21～31 摄氏度，南风，风力 1～2 级，无雷电气象。二是试验情况，通过在"7"字形厂房三楼楼顶东北侧进行烟头抛掷试验，结果显示烟头无法到达起火部位。

四、事故教训

（1）消防安全管理混乱，延误了灭火时机。兴旺路东二巷 3 号厂房虽配备有灭火器、应急灯、室内消火栓等消防设施，但东莞市王子物业管理有限公司疏于日常维护管理，导致厂房消防栓无水，火灾发生时，室内消火栓不能发挥灭火效能，贻误了扑救的最佳时机。

（2）违规操作电焊，工人安全意识不强。施工工人高某在对厂房东北侧铁皮仓库补漏时，明知自身无电焊证且不能安排安全巡视员进入仓库内部进行实时安全监测的情况下，仍违规使用电焊机、角磨机拆除仓库顶的角铁。

（3）火灾荷载大，燃烧猛烈、蔓延快。该厂房东北侧铁皮仓库存放了大量待出的成品货物，且成品货物内用海绵包装防震，火灾荷载大，发生火灾后，燃烧猛烈。火灾蔓延到相邻的欧亚快铁（深圳）国际物流有限公司、东莞市誉鸣水族器材有限公司后，又因这两处存放大量塑胶制品、纸箱等易燃物，造成火势迅速扩大。

（4）建筑紧贴而建，缺失安全距离。最先起火部位的铁皮仓库紧贴着钢混结构的主体厂房，导致防火安全距离缺失，最终导致火势蔓延。

五、火灾警示

（1）基层违章搭建问题突出，建筑消防安全等级低，火势易蔓延。在经济发展过程中，无论是基层村（社区）还是生产企业，受利益驱动，普遍存在违规搭建铁皮构筑物的问题，这些搭建物的分隔材料耐火等级低，与毗邻建筑防火间距不足，加之内部电气路线敷设不规范，既容易发生火灾事故，火势也极易发生蔓延。

（2）加强对动火作业监管刻不容缓。这次火灾暴露出基层动火作业监管方面的问题，而实际上，动火作业已成为引发火灾事故的一大元凶，各地每年均时有发生。很多发生在生产企业，反映出动火作业在事前报备、风险预判、事中看管和应急处置的各环节均存在疏漏。同时，动火作业人员监管不到位问题突出，主要表现为企业为压缩成本，将作业事项层层转包，作业人员不加审查，导致动火作业领域火灾事故频发。

六、调查体会

此次火灾过火面积大，现场烧损严重。在初期的调查过程中，监控视频未能提供太多信息，火调工作面临极大的挑战，调查人员通过证人证言提供的信息，结合现场勘验，从整体到局部，逐步缩小调查范围，最终在着火区域内找到有力物证，将起火点固定下来。调查人员现场反复做模拟实验，结合证人证言、现场燃烧痕迹、现场物证，最终确定了火灾的起火原因。随着火调工作的逐步深入，火灾从发生、蔓延到结束，过程逐渐清晰，现场得到进一步还原。因此，开展火调工作一定要遵循火灾事故调查流程，从立案到结案，将每一个环节都落到实处，最终形成一条完整的证据链。

2022年东莞市大朗镇犀牛陂村公凹二路28号 "8·21" 火灾

2022年8月21日19时52分许,东莞市大朗镇犀牛陂村公凹二路28号一铁皮仓库发生一起一般火灾事故,火灾烧损丙烯酸、天那水、环氧树脂等一批化学品和小汽车一辆,无人员伤亡。

一、基本情况

该建筑为一栋单层铁皮搭建建筑(见图4-42),占地面积约1 500平方米,为村民刘某某所有。该场所用铁皮将建筑分隔成两部分进行分租,租客将其作为化学品中转仓库使用。租客杨某经营的仓库主要用于存放丙烯酸、天那水等危险化学品(见图4-43),占地约1 000平方米,无相关营业执照和行政许可。租客唐某某租用的仓库主要用于存放环氧树脂(静电粉末)等化学品,占地约500平方米,无相关营业执照和行政许可。

图4-42 起火建筑

图4-43 存放的危险化学品

二、火灾发生经过和救援情况

2022 年 8 月 21 日 19 时 56 分许，东莞市消防救援支队指挥中心接到报警：东莞市大朗镇犀牛陂村公凹二路 28 号发生火灾。支队指挥中心立即调派大朗、大岭山、松山湖、特勤等大队共 14 辆消防车、65 名消防员赶赴现场处置。经过 4 小时 49 分钟的扑救，明火基本被扑灭。

三、火灾原因调查

根据现场勘验、证人证言、监控视频、鉴定意见书等证据，认定该起火灾起火时间为 2022 年 8 月 21 日 19 时 52 分许，起火部位为东莞市大朗镇犀牛陂村公凹二路 28 号杨某经营的仓库中部区域，起火原因为杨某经营的仓库中部区域存放的化学品自燃，引燃周围可燃物并蔓延成灾。

（一）起火时间的认定

经调查，认定起火时间为 2022 年 8 月 21 日 19 时 52 分许。主要依据如下：

(1) 调查询问情况。据现场目击证人刘某某反映，事发当时他正在从着火建筑附近骑摩托车回家，看到大朗镇犀牛陂村公凹二路 28 号里面有很大的浓烟冒出，当时大概是 19 时 50 多分。

(2) 监控视频分析。19 时 52 分许，大朗镇犀牛陂村公凹二路 28 号门口传来一阵响声，随后仓库内有大量烟雾冒出，可以推断此时火灾已经发生，且在 19 时 53 分，从监控视频看到目击证人刘某某骑车从仓库经过，印证了目击证人的说法。

（二）起火部位的认定

经调查，认定起火部位为东莞市大朗镇犀牛陂村公凹二路 28 号杨某经营的仓库中部区域。主要依据如下：

(1) 调查询问情况。据现场目击证人刘某某反映，当时他骑摩托车经过仓库时，从仓库的窗户往里看，可以看到仓库中部火势很大，由此判定起火部位为东莞市大朗镇犀牛陂村公凹二路 28 号杨某经营的仓库中部区域（见图 4-44）。

(2) 现场勘验情况。杨某经营的仓库的化学品主要堆放在中部区域，主要有丙烯酸和部分天那水，从现场烧损痕迹来看，中部区域装有化学品的铁桶烧损较重，附近的铁柱受热变形，烧损程度呈中间重周围轻的痕迹（见图 4-45）。

图 4-44 刘某某指认起火部位

图 4-45 中部烧损较重，铁柱受热变形

(三) 起火原因的认定

经调查，认定起火原因为杨某经营的仓库中部区域存放的化学品自燃，引燃周围可燃物并蔓延成灾。主要依据如下：

(1) 根据目击证人刘某某、杨某、杨某弟弟和员工杨某某反映，发生火灾时仓库大门、窗户均为关闭状态，且监控视频显示，发生火灾时未见可疑人员，因此可以排除放火、飞火引燃和遗留火种引燃的可能性。

(2) 天气情况，8月21日，东莞市的气温为26~33摄氏度，多云。目击证人刘某某未反映当时有雷击的情况，监控视频也没有记录有雷击的声响，因此可以排除雷击引燃的可能性。

(3) 火灾发生前，监控摄像头还在正常工作（见图4-46、图4-47），对仓库沿东北墙敷设的电气线路进行提取检验，根据广东震华痕迹司法鉴定所的鉴定意见，判定为火烧作用痕迹，因此可排除电气线路故障引燃的可能性。

图 4-46　此时未发生火灾

图 4-47　监控录像仍在运行

（4）经现场勘验，仓库内堆放了大量化学品，仓库中部区域堆放有丙烯酸、天那水等危险化学品，这些化学品具有挥发性并且易燃，现场发现中部区域的铁桶内还有化学品燃烧后的残留物（见图 4-48），天那水的闪点为 25 摄氏度，丙烯酸的闪点为 54 摄氏度，当日气温为 26～33 摄氏度，且仓库密闭不透风，不能排除化学品自燃的可能性。

图 4-48　化学品燃烧后的残留物

四、事故教训

（1）杨某经营的化学品仓库没有申请办理对应的营业执照和危险化学品经营许可证，属于违法经营行为。此外，该仓库为搭建建筑，没有消防行政许可，也没有相对应的消防设施，不具备作为化学品仓库的条件。

（2）杨某从其他工厂收购过期未用完的丙烯酸和天那水等桶装化学品（大部分为开封后使用过的，每桶剩下三分之一到二分之一不等），其利用货拉拉货车将桶装化学品运输到该仓库进行存放，并将过期的化学品重新加工分装，再次利用货拉拉货车送到物流点，然后运输到外省的工厂，每一个环节都存在违规操作，极易导致事故的发生。

（3）房东刘某某及租客杨某存在侥幸心理，房东只租不管，租客只用不管，没有足够的消防安全意识。房东刘某某既不管租出去后的房屋情况，也不清楚租客的具体经营行为，更不了解租客的经营行为是否安全。相关经营者片面追求经济利益，漠视消防安全，致使消防安全隐患丛生，管理漏洞百出。

五、火灾警示

（1）行业部门监管责任落实不到位。该化学品仓库是从2022年3月开始租用的，主要用于存放丙烯酸、天那水等危险化学品，无相关营业执照，属于非法化学品营运点，应急管理分局作为危险化学品的主要监管部门，没有发现该非法化学品营运点，导致该场所长时间非法营运，从而发生火灾。

（2）行政部门安全监管责任落实不到位。犀牛陂村委会在日常巡查中发现了该场所存在存放危险化学品的情况，但该场所通常在晚上营运，未能及时对其开展监督检查，导致该场所长时间非法营运，从而发生火灾。

（3）房东、租客安全意识淡薄。从该起火灾事故可以看出，房东只租不管，租客只用不管，双方均未履行安全生产主体责任，对安全管理规定视若无睹。更严重的是，他们在铁皮搭建的建筑内设置化学品中转仓库，且该建筑没有任何的消防设施，仅有的灭火器也难以满足应急需求。

六、调查体会

杨某经营的化学品仓库存放有大量的丙烯酸、天那水、环氧树脂等危险化学品，这些化学品具有腐蚀性、挥发性并且易燃，其与空气结合形成的混合性气体在密闭空间内遇火源极易发生爆炸。因此，在此类场所开展火调工作时，火调人员一定要提前了解场所使用性质、储存物品种类、化学品储存量、物质的闪点等信息，做到未雨绸缪，有针对性地做好调查人员的个人防护，保证调查过程周密顺畅。

第五章
"三小"场所类火灾事故典型案例

2011 年东莞市樟木头镇樟洋樟深大道 122 号 "1·13" 火灾

2011 年 1 月 13 日 23 时 20 分许,东莞市樟木头镇樟洋樟深大道 122 号祥发五金店(注:工商执照名称为东莞市樟木头利兴五金机电工具店,地址为东莞市樟木头镇樟洋樟深大道 122 号一楼)发生较大火灾,火灾造成 8 人死亡,4 人受伤。

一、基本情况

起火建筑位于东莞市樟木头镇樟洋樟深大道 122 号,是一幢出租性质的村民自建住宅,钢筋混凝土结构(见图 5-1、图 5-2),地上六层,建筑产权者为赖某某(东莞市樟木头镇樟洋社区居民)。赖某某于 2002 年将该幢出租屋出租给陈 A,一楼五金店由陈 A 及其家属经营,陈 A 及其家属住在二楼,三楼至五楼由陈 A 分租给其他人员。2006 年,陈 A 将一楼五金店及二楼以上出租屋交由其二弟陈 B 经营。2010 年,陈 A 又将一楼五金店及二楼以上出租屋交由其三弟陈 C 经营。该建筑东西长 10.24 米,南北宽 10.2 米,占地面积约 104 平方米,一至六层总建筑面积约 590 平方米。建筑坐东朝西,西面是樟深南路,东、南、北面均有一小巷与祥发五金店相隔,建筑南面设有一条楼梯直通至六楼。

2011 年 1 月 13 日 23 时 20 分许,祥发五金店内因电线短路引发火灾,火源引燃周边可燃物,产生的大量浓烟通过一楼五金店与出租屋疏散楼梯之间未分隔的空隙蔓延至二楼及以上楼层(见图 5-3),导致二楼以上出租屋住户 8 人因吸入浓烟窒息身亡,另有 4 人受伤。起火的五金店属于典型的"三小"(小档口、小作坊、小娱乐场所)场所。

图 5-1 起火建筑正面

图 5-2 起火建筑后面

图 5-3 五金店与出租屋疏散楼梯之间未分隔

二、火灾发生经过和救援情况

1月13日23时31分，东莞市消防救援支队指挥中心接到报警后，立即调派樟木头中队4辆消防车、18名指战员赶赴现场。23时47分支队全勤指挥部出动，并调度清溪、常平、塘厦三个中队共5辆消防车、20名指战员到场增援，整个灭火行动共投入9辆消防车、38名指战员。1月14日0时20分，明火被扑灭。此次火灾有22人被困，其中13人被成功救出，1人自己逃生成功，8人死亡。

火灾发生后，广东省公安厅、广东省公安厅消防局、东莞市人民政府、东莞市公安局、东莞市公安消防局等有关单位的领导先后到场指挥灭火救援及处理善后工作。

三、火灾原因调查

经现场勘查、调查询问、证人证言和痕迹物证鉴定,认定该起火灾起火部位为祥发五金店内东侧收银台(距东墙 1.6 米、距北墙 5.2 米处)上方,认定火灾原因是祥发五金店内东侧收银台上方电线短路产生高温熔珠引燃可燃物。

(一)起火部位的认定

经现场勘查和调查询问,认定该起火灾起火部位为祥发五金店内东侧收银台(距东墙 1.6 米、距北墙 5.2 米处)上方。依据如下:

(1)一楼祥发五金店烧损严重,火势向二楼及以上楼层蔓延(见图 5-4、图 5-5)。

图 5-4　一楼烧损情况

图 5-5　二楼烧损情况

（2）一楼祥发五金店收银台处烧损最为严重，火势呈现向四周蔓延的迹象。

①祥发五金店店内收银台上摆放的物品大部分被烧毁，只残留账本和宣传资料。收银台表面炭化，收银台东面外侧炭化痕迹比西面外侧炭化痕迹严重（见图5-6、图5-7）。

图 5-6　收银台东面烧损情况

图 5-7　收银台西面烧损情况

②收银台北面的铝合金货架弯曲变形、变色严重，烧损程度上重下轻、南重北轻，并向北面逐渐减轻（见图5-8），说明火势由收银台附近向北侧蔓延。

③收银台南面货架烧损后向收银台弯曲变形，说明火势由收银台附近向南侧蔓延。

④收银台西面有辆男式摩托车，车头向东北，车尾向西南，其车身烧损呈东重西轻，壳体烧损严重。车身西侧烧损较轻，发动机受热凹陷痕迹明显，发动机东南面烧损严重，西北面烧损不明显，摩托车东南面烧损比西北面严重（见图5-9、图5-10）。摩托车西面木质货台上面的货物烧损呈东重西轻，说明火势由收银台附近向西侧蔓延。

图 5-8　北面货架烧损情况

图 5-9　摩托车东南面烧损情况

图 5-10　摩托车西北面烧损情况

⑤收银台东面的窗户烧损严重，玻璃破碎散落到地面，铝合金窗框上部烧损熔化，底部部分烧损熔化（见图5-11）。不锈钢防盗网上部烧损变色，收银台的南侧受热发生弯曲变形，烧损程度上重下轻、中间最严重。铝合金窗框烧蚀痕迹长20厘米，至北侧窗边34厘米，至南侧窗边96厘米（见图5-12），说明火势由收银台附近向东侧蔓延。

图 5-11　收银台东面的窗户烧损情况

图 5-12　铝合金窗框烧损情况

据最早发现起火的赖某某、吴某某等人证实，火势最初出现在一楼祥发五金店东南侧。

以上证人证言和痕迹物证相互印证，认定该起火灾起火部位为祥发五金店内东侧收银台（距东墙1.6米、距北墙5.2米处）上方。

（二）起火原因的认定

经现场勘查、调查询问和技术鉴定，认定火灾原因是祥发五金店内东侧收银台上方电线短路产生高温熔珠引燃可燃物。依据如下：

（1）排除放火嫌疑。经东莞市公安局刑侦支队、樟木头公安分局刑侦大队调查，未发现内、外部人员进入现场放火的证据和疑点。经现场勘验，未发现起火建筑内地面及墙面附着助燃液体流淌痕迹及两个以上起火点痕迹，未发现有窗户玻璃被机械力破坏痕迹及可疑物品，窗户玻璃破裂均为火灾热炸裂痕迹，因此可以排除人为放火致灾的可能性。

（2）排除自燃的可能。经现场清理，未发现起火部位存放有可自燃物品。

（3）排除遗留火种的可能。室内未发现烟盒、打火机、蚊香等物品，且该起火灾起火、发展迅速，不符合遗留火种阴燃起火、缓慢燃烧等火灾燃烧规律，可以排除遗留火种的可能。

（4）认定火灾原因是祥发五金店内东侧收银台上方电线短路产生高温熔珠引燃可燃物。

①在起火部位收银台东面，勘验人员发现了地面残存有一连接导线的日光灯架（见图5-13），经勘验，该日光灯架入线口有明显的电打火形成的孔洞，且分布不均匀（见图5-14）。

图 5-13　日光灯架烧损情况

图 5-14　日光灯架上电打火形成的孔洞

②在起火部位收银台附近地面 1.6×1.6 平方米范围内,收集地面炭化残留物并对其进行水洗、筛选,发现了多颗熔珠。

③将日光灯架熔痕、地面提取的熔珠送广东震华痕迹司法鉴定所检测,被鉴定为电热熔痕和短路迸溅熔珠。

四、事故教训

(1) 房东未落实消防主体责任。出租屋楼梯间安全出口上锁,堆放杂物占用疏散通道,说明出租屋房东、二手房东对消防安全不重视,未落实安全管理职责,未定期对出租屋的消防安全进行检查。

(2) 防火分隔设置不到位。自建房一楼设置经营场所,二楼及以上设置出租屋,经营场所与出租屋疏散楼梯之间防火分隔设置不当,火灾发生后大量烟气蔓延至疏散楼梯,影响人员疏散逃生。

(3) 群众疏散逃生意识薄弱。火灾发生在 23 时 20 分许,此时大部分群众处于睡眠状态,错过了疏散逃生第一时机,加之居住人员消防安全意识薄弱,烟气蔓延到疏散楼梯后,他们在房间等待救援时,未及时采取有效措施遮挡门窗,致使大量浓烟进入房间,最终因吸入有毒气体而造成伤亡。

五、火灾警示

(1) 明确出租人消防安全责任。进一步压实业主及二手房东的主体责任,定期开展普法教育,掌握最新的消防法律法规,明确消防责任人和管理人的职责和义务,对建筑内部进行合理规划布局,配备消防设施、器材,做好用火用电管理,定期开展自查自改,确保生命通道畅通无碍。

(2) 提升火灾隐患排查整治效能。积极推动各单位严格落实"三管三必须"监管要求,培养消防安全"明白人"。同时,加强治理服务中心、专职安全员、网格员等队伍的巡查能力,定期组织开展业务培训,切实提高火灾隐患排查专业化水平。此外,抓好"三小"场所和出租屋违规住人、防火分隔不到位、违规停放电动自行车等突出问题,坚持"发现一例、整治一例、教育一例"。

(3) 加强消防宣传教育力度。针对"三小"场所和出租屋等重点场所火灾特点,深入推进消防安全宣传,创新开展群众喜闻乐见、形式多样、线上线下相结合的消防宣传教育活动和灭火疏散演练,进一步提高群众参与度,提升全民消防安全意识、火灾处置能力和疏散逃生能力。发挥舆论监督和警示教育作用,组织新闻媒体报道火灾隐患和消防违法行为,公布当地典型火灾事故案例,以案释法、以案警示。

六、调查体会

火灾现场是一个动态现场,发生火灾时很多物品已发生初次位移,在救火过程中,又会发生位移,甚至被破坏,现场遗留下来的残骸和痕迹都很难再还原,这就要通过整理现场燃烧痕迹,综合材料的热释放速率、火灾荷载、火灾现场温度等多种因素来判断起火部位,再找到起火点判断起火原因。火灾调查既是体力活,也是技术活。查明火灾原因是火灾调查工作的中心任务,也是一项法律性、技术性和时效性都很强的专业工作。通过对火灾原因的调查,可以分析火灾数据,得出火灾发生的规律,吸取火灾教训,为火灾防控工作提供科学依据。人们常说要"知其然,知其所以然",火调工作也是如此,也要"知其燃,知其所以燃",唯有如此,才能警示更多的人。

2011年东莞市塘厦镇振兴围社区东兴大道南127号"4·17"火灾

2011年4月17日5时35分许,东莞市塘厦镇振兴围社区东兴大道南127号博丽涂料店发生较大火灾,造成3人死亡。

一、基本情况

起火建筑位于塘厦镇振兴围社区东兴大道南,建筑共六层,高23米,钢筋混凝土结构,占地面积300平方米,总建筑面积1 512平方米,2005年建成投入使用,房东是梁某旺。一楼为商铺及旅店大堂,二楼未使用,三至六楼为旅店,西南角、西北角各设有一楼梯直通至六楼。2006年,林某森租用该建筑一楼局部作为商铺(博丽涂料店)。博丽涂料店(见图5-15)坐东朝西,东西长12米,南北宽6.5米,面积78平方米,西面是东兴大道,北面是利德新旧货店,东面是空地,南面是一小巷。店内存放有大量油漆、天那水等易燃易爆物品,并设有阁楼一间,3名遇难者均住在阁楼中。

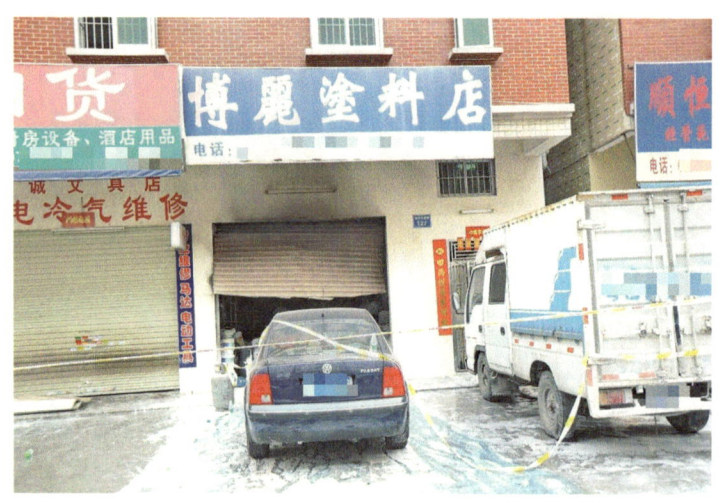

图5-15 起火建筑概貌

二、火灾发生经过和救援情况

2011年4月17日5时57分,塘厦消防大队接到报警:振兴围社区东兴大道南127号发生火灾。消防大队立即出动公安消防中队4辆消防车、18名指战员,同时调动专职消防队赶赴现场协助火灾处置,6时17分,明火基本被扑灭。火灾造成2人死亡,1人重伤，重伤人员经医院全力抢救无效死亡。

火灾发生后，东莞市人民政府、市公安局、市公安消防局等有关单位的领导先后到场指挥灭火救援及处理善后工作。

三、火灾原因调查

（一）起火部位和起火点的认定

经现场勘查和调查询问，认定该起火灾起火部位位于经营区，起火点位于博丽涂料店内收银台附近。依据如下：

（1）起火部位的认定。博丽涂料店内经营区（摆放商品处）烧损严重（见图5-16），生活区（客厅）没有明显的过火痕迹（见图5-17），所以认定起火部位位于经营区。

图 5-16　经营区烧损情况

图 5-17　生活区烧损情况

（2）起火点的认定。从现场痕迹分析，起火点位于博丽涂料店内收银台附近。

①博丽涂料店内收银台上摆放的物品大部分被烧毁，仅有残留的资料；收银台旁有台电脑，显示器烧损严重，呈北重南轻；主机烧损较轻，机身烧损北面比南面严重（见图5-18、图5-19）。

图5-18 收银台烧损情况

图5-19 电脑显示器、主机烧损情况

②博丽涂料店收银台北面货架的铁架弯曲变形、变色严重，烧损程度上重下轻、东重西轻，并向西侧逐渐减轻（见图5-20）。东面货架的铁架弯曲变形、变色严重，烧损程度北侧最严重，并向南侧逐渐减轻（见图5-21）。

③博丽涂料店收银台旁的衣柜上部表面炭化，西面上部外侧炭化痕迹比东面上部外侧炭化痕迹严重，衣柜烧损北面比南面严重（见图5-22）。

图 5-20　北面货架烧损情况

图 5-21　东面货架烧损情况

图 5-22　衣柜烧损情况

④博丽涂料店收银台上方的楼板和横梁的水泥批荡层烧损严重，呈现大面积脱落和明显泛白现象，其余区域烧损程度较轻，呈现以此为中心，向北和向西方向逐渐减轻的燃烧蔓延特征（见图5-23）。

图5-23 楼板和横梁烧损情况

（二）起火原因的认定

经现场勘查、调查询问和技术鉴定，认定火灾原因是博丽涂料店内收银台上方的电气线路短路产生高温熔珠引燃周围可燃物。依据如下：

（1）排除放火嫌疑。经东莞市公安局刑侦支队、塘厦公安分局刑侦大队调查，未发现内、外部人员进入现场放火的证据和疑点。经现场勘验，未发现起火建筑内地面及墙面附着助燃液体流淌痕迹及两个以上起火点痕迹，未发现有窗户玻璃被机械力破坏痕迹及可疑物品，窗户玻璃破裂均为火灾热炸裂痕迹。根据询问笔录和调查询问，也未发现可疑情况，因此可以排除放火致灾的可能性。

（2）排除自燃的可能。经现场清理，未发现起火部位存放有可自燃物品。

（3）排除遗留火种的可能。该起火灾起火、发展迅速，不符合遗留火种阴燃起火、缓慢燃烧等火灾燃烧规律，可以排除遗留火种的可能。

（4）认定火灾原因是博丽涂料店内收银台上方的电气线路短路产生高温熔珠引燃周围可燃物。

①对博丽涂料店店内的电线进行勘验，在距西门6.5米、距天花板0.8米、距地板3.7米处有多股铜导线，部分导线被熔断，导线上有电熔痕（见图5-24）。

②东面货架北侧前（距西门6.5米、距北墙0.6米）1×1平方米范围内有炭化残留物，且有一股铜导线，导线上有电熔痕（见图5-25）。

③将多股铜导线送广东震华痕迹司法鉴定所检测，被鉴定为一次短路。

图 5-24 导线上的电熔痕

图 5-25 炭化残留物清理后的导线

四、事故教训

（1）违规存储危险品。博丽涂料店内违章存放大量易燃易爆化学品，导致火势迅速蔓延，温度急剧升高，直接造成人员伤亡。

（2）住宿区域管理不当。博丽涂料店内阁楼违规超员居住（按规定只允许住一名值班人员，实际却住了三名人员），且经营者未关闭好阁楼与经营区之间的防火门，火灾发生时，大量高温热浪和有毒烟气迅速扩散到阁楼，使人员逃生困难，造成人员伤亡。

（3）用电不规范。电气线路应由专业电工进行敷设，该场所电气线路敷设较久且存在私拉乱接电线的现象，未做到人走火灭、电断，未定期检查电气线路，存在超负荷用电等违规行为。

（4）消防安全意识薄弱。该场所内货物摆放杂乱，逃生消防通道被堵塞，且该涂料店后窗虽然设有逃生窗口但被锁住，导致人员未能及时疏散，丧失紧急疏散功能。

五、火灾警示

（1）坚持生命至上，加强安全监管。政府要加强对城中村消防工作的监管，强化消防安全网格化管理，推动村居开展群众性消防工作，确定村居消防安全管理人，制定村居防火公约，开展防火安全巡查，把防火责任延伸至基层。相关职能部门要加强监管力度，定期开展抽查，对网格化检查中发现存在违规住人的行为坚决制止，消除生命安全隐患。

（2）加强整治指导，落实主体责任。整治时要注重源头控制，深入整治"二合一""三合一"场所违规住人、消防设施不完善、安全疏散不规范、电气敷设不符合要求等重点突出问题，相关部门要坚决查封存在违规住人、储存易燃易爆危化品等经营场所，并督促其自查自改，落实安全生产主体责任。

（3）夯实消防基础，提高安全水平。要制定自建房生产储存经营场所长效消防安全管理措施，完善整治违规住人等相关政策制度。积极推广电气火灾检测、物联网烟感等技术防护措施应用，提高安全水平。要加强微型消防站建设，推动区域联防制度，一旦发生火灾，可以"灭早灭小"，最大限度减少火灾造成的人员伤亡和财产损失。

（4）加强宣传教育，提高火灾防范能力。要深入推进"进社区、进农村、进家庭、进企业、进学校"的消防宣传"五进"活动，发动村居网格员和消防志愿者深入单位场所开展上门服务，提醒群众注意消防安全。要对"三小"场所业主开展技防措施等宣传培训，督促其明确责任，落实措施。利用新闻媒体加大火灾事故警示教育力度，达到"一场火灾警示一片"的目的，提高群众的消防安全意识和自救能力。

六、调查体会

此火灾场所是一个典型的"三小"场所，在"三小"场所中，电气设施往往比较复杂，因此需要对电气设施进行定期检查，以确认是否存在电气故障或违规使用电器等问题。火灾调查是一项非常复杂的工作，需要细致入微地处理每一个环节。在"三小"场所的火灾调查中，更加需要重视现场保护、证据收集和分析、目击者询问等方面的工作，以确保调查结果的准确性和可靠性。

2011年东莞市石排镇石兴路356号"5·14"火灾

2011年5月14日3时5分许,东莞市石排镇石兴路356号东莞市石排星耀广告经营部发生火灾,造成1人死亡。

一、基本情况

起火建筑为石排镇石兴路356号东莞市石排星耀广告经营部,是"三小"场所,西面是丰顺捆板店,北面是水沟,东面是洪记安达自行车店,南面是石兴路。建筑共二层,钢筋混凝土结构(见图5-26),坐北朝南,南北长28米,东西宽5.6米,占地面积约157平方米,总建筑面积314平方米,1995年建成投入使用。房东是曾某某,东莞石排人,2005年将建筑租给余某某作为东莞市石排星耀广告经营部。

图5-26 起火建筑概貌

二、火灾发生经过和救援情况

2011年5月14日3时23分,东莞市石排公安消防大队接到报警:东莞市石排镇石兴路356号发生火灾。指挥中心立即调派东莞市公安消防支队石排大队专职队共4辆消防车、21名消防员赶赴现场进行扑救,于3时28分到达火灾现场,3时45分,明火基本被扑灭。此次火灾救出1人,1人死亡。

火灾发生后,东莞市公安消防局、石排镇人民政府等有关单位的领导先后到场指挥灭火救援及处理善后工作。

三、火灾原因调查

(一)起火部位的认定

经现场勘查和调查询问,认定该起火灾起火部位为东莞市石排星耀广告经营部店内激光雕刻机(距东墙0.4米、距北墙4.5米)处。依据如下:

(1)东莞市石排星耀广告经营部店内烧损严重,向二楼以上蔓延(见图5-27、图5-28)。

图5-27 起火建筑内部烧损情况(1)

图5-28 起火建筑内部烧损情况(2)

（2）东莞市石排星耀广告经营部店内激光雕刻机附近烧损最为严重，呈现向四周蔓延的迹象。

①激光雕刻机的机身烧损严重，呈北重南轻、上重下轻（见图5-29）。激光雕刻机上方的楼板和横梁的水泥批荡层烧损严重，呈现大面积脱落和明显泛白现象，其余区域烧损程度较轻，呈现以此为中心，向北和向南方向逐渐减轻的燃烧蔓延特征。

图5-29 激光雕刻机烧损情况（1）

②激光雕刻机东面货架的铁架弯曲变形、变色严重，烧损程度上重下轻。激光雕刻机北面的两个货架烧损严重，由南至北的第一个货架比第二个货架烧损严重，呈南重北轻。其中，第一个货架上的铁架弯曲变形、变色严重，南侧最严重，并向北侧逐渐减轻；第二个货架上的铁架没有变形，但变色较重，南侧最严重，并向北侧逐渐减轻。货架上的广告材料烧损程度呈南重北轻（见图5-30）。

图5-30 货架烧损情况

③激光雕刻机南面是一间办公室，办公室内的沙发、办公桌、书柜已有不同程度的烧损痕迹，呈北重南轻。办公桌上摆放的物品大部分被烧毁，有残留的资料。激光雕刻

机南面的板墙（办公室的隔墙）烧损严重，上部有炭化痕迹，下部有的板墙没有被烧，炭化痕迹呈上重下轻（见图5-31）。

图5-31　办公室烧损情况

据最早发现起火的余某某（东莞市石排星耀广告经营部的老板）反映，他发现起火部位是在东莞市石排星耀广告经营部店内激光雕刻机处。

以上证人证言和痕迹物证相互印证，认定该起火灾起火部位为东莞市石排星耀广告经营部店内激光雕刻机（距东墙0.4米、距北墙4.5米）处。

（二）起火原因的认定

经现场勘查和调查询问，认定火灾原因是东莞市石排星耀广告经营部的老板余某某操作激光雕刻机不当引燃可燃物。依据如下：

（1）根据证人证言，火灾第一发现人余某某（东莞市石排星耀广告经营部的老板）先看见激光雕刻机处最早着火（见图5-32）。

图5-32　余某某现场指认

(2) 最后操作激光雕刻机的余某某反映，他使用激光雕刻机雕刻塑胶玻璃板后，没有关掉电源便离开去做平面设计。

(3) 经现场勘查，激光雕刻机内部东北角的钢横梁受热断掉，并严重变形（见图5-33），说明此处曾经产生高温。激光雕刻机内部西北角、西南角、东南角的钢横梁则没有出现受热断掉的现象。且该激光雕刻机金属底板和外壳东北角烧损程度较其他部位严重。

图 5-33　激光雕刻机烧损情况（2）

四、事故教训

(1) 从业者受教育水平低，安全意识不强，不注重消防安全，并且在上岗作业前没有接受过正规的培训，在进行生产加工活动时存在违章操作等不规范行为。

(2) 该场所内部堆积大量可燃物，火灾荷载大，诸多因素叠加，导致该场所发生火灾后产生大量高温浓烟并迅速蔓延。

(3) 该场所内的经营区与住宿区没有采取有效防火、防烟措施，火灾发生后，大量有毒烟气从楼梯迅速扩散到二楼，使人员逃生困难，造成人员伤亡。

(4) 村（社区）属地安全监管责任落实不到位，对违法建设、消防安全、流动人口、自建房管理等方面监管不力，导致安全隐患长期存在。

五、火灾警示

(1) 疏堵结合，集中清理"三合一""多合一"场所。各级政府要组织相关部门对本地的"三合一""多合一"场所的数量、规模大小、租住人员数量进行走访和统计，掌握火灾隐患现状，对于违规在建场所，立刻采取停建拆除措施，引导已经具有一定规模的场所搬入现代工业园区。大力推行标准化生产，用符合规定的生产加工厂房和存储仓库代替"三合一""多合一"建筑，设置独立的员工宿舍楼，从源头实现消防安全。此外，业主在出租房屋时，应对房屋使用性质进行充分考察，起到监督的作用。同时，发动广大群众参与火灾隐患排查整治行动，鼓励全民进行监督和举报，防止"三合一""多合一"场所死灰复燃。

(2) 督促转型，完善排烟系统，保证消防通道畅通。根据相关规定，生产建筑与住宿建筑必须严格分离，确保"三合一""多合一"场所转变为功能单一的场所。火灾发生后，加工工厂或存储仓库中的可燃物会释放大量的有毒烟气和热量，有效的排烟排热设施可防止人员窒息、中毒及延缓火势蔓延，有利于人员疏散和灭火抢救行动。因此转变后的功能单一场所内的楼梯间、加工工厂或住宿区域必须具备自然排烟条件。建筑内部要进行防火分隔，设置独立的防排烟系统、自动喷水灭火系统及火灾自动报警系统3个辅助系统，保证防火间隔区的阻火功能。以往进行救援行动时，因场所所处位置和周围环境混杂，消防通道被堵塞，消防车辆很难立即靠近着火建筑，严重影响救援时间，造成更严重的人员伤亡和财产损失，因此，保证建筑消防通道畅通十分重要。

（3）依法排查火灾隐患，严格落实主体责任。政府要做到强化土地使用和工程建设的审批，对房屋的权属进行认定，规范工商注册登记程序，堵住产生"三合一""多合一"场所的漏洞。管理部门对"三合一""多合一"场所的火灾隐患排查要多次反复进行，针对重大火灾隐患，做到"不解决不放过"，切实加大排查力度，并督促用户进行整改。整改合格后也不能放松监管，既要巩固整治成果，防止原有的火灾隐患死灰复燃，也要防止产生新的火灾隐患。整治完成后，管理部门要严格落实消防安全责任制和岗位责任制，建立健全消防安全制度，明确专职和兼职消防管理人员，保证安全出口畅通，制定完善的应急预案并定期举行消防演练等，督促企业提高火灾事故处置能力，落实消防安全自我管理、自我检查、自我整改机制。

（4）加大宣传力度，提高全民消防意识。针对"三合一""多合一"场所的特殊性，可以就"电气火灾"这一方面进行宣传，通过报纸、电视、社区和村镇广播等形式，向民众普及用电安全知识。在开展消防安全专项整治的同时，应充分发挥社区或村镇公告栏、宣传栏等宣传设施的作用，大力宣传消防安全知识，制作和发放简单易懂的消防安全手册，并对民众进行讲解。通过各种方法提升民众学习消防安全知识的热情，提高居民的消防意识。

六、调查体会

在该起火灾的现场勘验过程中，痕迹方面比较容易看得出来，火场保护较好，所有物证都能清晰地指向起火部位、起火点，且与证人证言相互印证。该起火灾是一起典型的"小火亡人"事故，因此，我们要充分认识到消防安全事关社会发展，事关广大群众的切身利益，要把消防工作纳入重要议事日程来抓，积极采取措施，制定长效机制，进一步明确目标和任务，形成主要领导带头抓、分管领导具体抓、具体工作有人实际抓的工作格局。树立"隐患险于明火、防范胜于救灾、职责重于泰山"的思想，加强对消防工作的督促指导，认真进行火灾隐患排查，把消防安全放到第一位，切实保障人民的生命财产安全。

2013年东莞市长安镇霄边社区大塘路甘元三巷1号"1·20"火灾

2013年1月20日9时10分许,东莞市长安镇霄边社区大塘路甘元三巷1号锦莲楼运丰鞋店发生较大火灾,火灾烧损建筑结构及店内物品一批,造成3人死亡。

一、基本情况

起火建筑为东莞市长安镇霄边社区大塘路甘元三巷1号锦莲楼,建筑共六层,钢筋混凝土结构,占地面积198.8平方米,总建筑面积1 298.6平方米,2003年建成投入使用,一层为出租商铺,分别为102、103、104商铺,二层为业主蔡某某自住,三至六层为出租房。该楼是蔡某某由父亲蔡某良赠予所得,土地手续完备(土地使用权证:东府集体用字[1989]第19001202*****号),符合城市规划。

起火场所运丰鞋店为一楼103商铺,位于一层的东南面,火灾场所东北面为村道,东南面、西面均为一小巷与另一建筑相邻,西北面与另一商铺相连(见图5-34、图5-35)。起火场所长10.6米,宽3.8米,建筑面积约40.3平方米。商铺分隔为两层,底层作为生产经营和生活区域,夹层作为卧室和仓库,夹层西南侧阁楼用砖墙分隔,但未砌至梁板底,东北侧阁楼用木质隔板分隔(见图5-36)。底层东北侧是经营区,现场中部停放有一辆小车,周围是货架;西南侧是生产区和生活区,东、西侧是货架和机器,东南侧是针车、削皮机、电脑桌、货架等物品。吴某芳、吴某云(遇难者)、吴某俊(遇难

图5-34 商铺正面烧损情况

图 5-35 商铺后面烧损情况

图 5-36 商铺内部烧损情况

者）三人住在西南侧的阁楼上，吴某平（遇难者）住在东北侧的阁楼上。运丰鞋店自 2003 年 10 月以来均是无证照经营，主要经营加工、零售、批发、贸易鞋产品，经营者为吴某芳、吴某云（两人为夫妻关系），事故现场存放有纺线、皮革、面料、鞋等。

二、火灾发生经过和救援情况

（一）火灾发生经过

据事主吴某芳询问笔录：当时我正在睡觉，听到我妻子叫我，说是烟很大，让我去看看是外面着火了还是我们的店里着火了。我就起来，顺着楼梯下到阁楼，在阁楼的楼梯口随手开灯，发现灯已经不亮了，然后我看见工作间针车上方的架子和鞋架那里有火，烟也很大了。我冲到店里放灭火器的地方拿灭火器扑火，我当时想着先把火扑灭了。在拿灭火器的过程中，听到卷帘门外面有人拍门，叫着"快点起来，你们家着火了，运丰老板。"我找到钥匙想开门，但是找不到钥匙孔，烟太呛了，没办法，我就跑到后门去，打开后门，到外面把灭火器拉开，但是灭火器用不了，于是我就在厨房用水泼，邻居也拿自来水过来给我用，这个时候火还是在那个地方，但是火势已经很大了，烟也更大了。我的侄子拿灭火器给我，我叫他快点把火灭了，三婶、嘉某、金某还在上面，要快点想办法把火扑灭。我们用了两瓶灭火器，但是火还是没有灭掉。我的侄子还跑到楼梯口，上了几步楼梯，他说烟太大了上不去。我就继续用水灭火，但是没有完全灭掉，我叫我侄子快点到前门把门打开，我也跑到前面叫邻居帮忙把铁门打开，我们用铁锤打开了一点门。那时我已经没有力气了，火势已经很大，就等消防队过来了。

（二）救援情况

2013年1月20日9时24分，东莞市公安消防局119接警中心接到报警：东莞市长安镇霄边社区一商铺发生火灾。接警中心立即调派长安专职消防队4辆消防车、20名指战员赶赴现场救援。9时50分，长安专职消防队到达现场后，立即展开火灾扑救及人员搜救工作。10时25分，现场明火被扑灭。清理火灾现场过程中发现了3名被困人员，经确认均已无生命体征。

火灾发生后，广东省消防救援总队、东莞市人民政府、东莞市公安消防局、长安镇人民政府等有关单位的领导先后到场指挥灭火救援及处理善后工作。

三、火灾原因调查

火灾发生后，在广东省消防总队火调专家的指导下，技术组与公安刑侦部门积极开展调查工作。调查人员进行了大量的调查询问取证工作，对火灾现场进行详细的内外围反复勘查，收集和掌握了大量的第一手材料。

（一）起火部位的认定

经调查，认定起火部位为运丰鞋店内针车附近。主要依据如下：

（1）对起火建筑内部勘查发现，东南墙墙体批荡层剥落，针车周围的砖体裸露变色最严重，形成大"V"字形痕迹（见图5-37）。西北墙墙体批荡层剥落，砖体裸露，呈东南墙重西北墙轻。墙面批荡层剥落中间重两侧轻，表明火灾是由建筑内针车向周围蔓延的。

（2）东南墙由西南向东北第二根柱子（针车附近）批荡层剥落，烧损变色，柱子东北侧裸露的砖体烧损变色，铁架下方的砖体未变色，铁架西南侧裸露的砖体变色，形成"V"字形底部。

（3）据运丰鞋店老板吴某芳反映，他最先看见工作间针车上方的架子和鞋架那里有火。

图 5-37 东南墙墙体烧损形成 "V" 字形

（二）起火点的认定

经调查，认定起火点位于运丰鞋店内针车（距西南墙 4.7 米）上方插座处。主要依据如下：

（1）据运丰鞋店老板吴某芳反映，他最先看见工作间针车上方的架子和鞋架那里有火。

（2）对火灾现场进行勘验，针车附近烧损最严重（见图 5-38），并呈现由此为中心向周围蔓延。

图 5-38 针车烧损情况

（3）针车上方插座的外壳被烧炭化，接入插座的电线绝缘层被烧毁，线芯裸露变色，且有多处电线熔痕（见图5-39）。

图5-39 电线熔痕（1）

（4）提取针车上方的电线痕迹，经广东震华痕迹司法鉴定所鉴定，该熔痕为短路作用形成。该电熔痕是针车上方电线上离电源最远的短路熔痕，证明该电熔痕处为起火点。

上述炭化、现场勘验痕迹、物证鉴定等火灾证据证明，起火点位于运丰鞋店内针车上方插座处。

（三）起火原因的认定

（1）排除放火刑事犯罪的嫌疑。根据东莞市公安局长安分局刑事侦查大队出具的《长安镇"1·20"火灾事故初步调查情况》和现场勘验的情况，可以排除放火刑事犯罪的嫌疑。

（2）排除自燃及吸烟遗留火种引起火灾因素。经现场勘验，起火部位下方是针车，放的是针线和杂物，起火部位无自燃物品；该起火灾发生在早上，当时在现场的人还没有起床；该起火灾从发现到燃烧，时间短、起火快，无阴燃起火痕迹，可以排除自燃及吸烟遗留火种引起火灾因素。

（3）排除雷击引发火灾因素。发生火灾时，长安镇霄边社区大塘路是晴天，火灾发生前后，长安镇霄边社区大塘路区域无雷电现象发生。

（4）认定起火原因是运丰鞋店内针车（距西南墙4.7米）上方插座处电线短路产生高温熔珠引燃可燃物。依据如下：

①经现场勘验，起火点上方有带电电气线路经过，而且该电气线路有熔痕（见图5-40），提取该熔痕，经广东震华痕迹司法鉴定所鉴定，该熔痕为短路作用形成，具备引起火灾的条件。

②起火点处堆放的是纺线、皮革、面料、鞋等，具备可以被电故障热源引燃的条件。

③运丰鞋店的电源安全保护开关发生跳闸（见图5-41），表明电气线路发生了故障。

图 5-40　电线熔痕（2）

图 5-41　电源安全保护开关跳闸情况

④据事主吴某芳反映，他在阁楼的楼梯口随手开灯，发现灯已经不亮了，然后看见工作间针车上方的架子和鞋架那里有火，烟也很大（见图 5-42）。

图 5-42　证人现场指认情况

综上所述，根据现场勘验、证人证言、司法鉴定等证据，认定该起火灾起火原因是运丰鞋店内针车（距西南墙 4.7 米）上方插座处电线短路产生高温熔珠引燃可燃物。

四、事故教训

（1）该场所违规住人且未采取有效物理分隔。运丰鞋店阁楼仅有一部敞开式楼梯，经营场所和居住场所未采取防火分隔措施。火灾发生后，高温有毒烟气大部分通过楼梯向上扩散，形成"烟囱"效应，烟气进入被困人员的房间，造成人员窒息死亡。

（2）建筑内火灾荷载大。运丰鞋店首层堆放的物品较多，大部分属于易燃可燃物品，极易受热辐射引燃后迅速蔓延，加之鞋店内鞋材为塑胶制品，容易产生大量高温有毒烟气，直接威胁人员的生命安全。

（3）被困者逃生自救意识差。起火后，事主吴某芳选择第一时间自行灭火，但其并未及时通知室内其余 3 人从后门逃生，延误了逃生的最佳时机。其余 3 人在逃生通道被浓烟封堵而逃生受阻的情况下，未采取避烟避火等有效避险措施，造成窒息死亡。

（4）起火建筑存在违法搭建行为。起火建筑内违规搭建木质阁楼，且违规用于经营加工、仓储、零售、批发等生产活动，当地村（社区）失控漏管，使之形成先天性火灾隐患。

五、火灾警示

（1）加强消防安全管理。相关部门要完善消防安全管理制度，明确责任人和职责，加强日常巡查和检查，及时发现并消除安全隐患，对违规住人场所坚决整治清理。同时，应加强与消防部门的协作配合，建立健全信息共享和联合执法机制，切实提升对"三合一"场所的监管效果。

（2）改善场所消防安全条件。对"三小"场所内住人区域要按照规范标准进行严格的物理分隔，设置逃生设施，确保消防通道畅通，严禁使用易燃可燃材料进行装修、装饰。同时，加强场所内用火用电安全，定期维护、保养电气线路，严禁私拉乱接电线。

（3）配备完善消防设施。根据"三小"场所的实际情况，配备必要的消防设施，并确保其完好有效。同时，要定期对消防设施进行维护和保养，确保随时可用。

（4）提高人员消防安全意识。加强消防安全宣传教育，提高场所内人员的消防安全意识和自救能力。同时，要定期组织灭火疏散演练，让人员熟悉逃生路线和自救方法。

六、调查体会

火灾事故原因调查是一项高度专业化的工作，这不仅要求调查人员具备丰富的火灾调查经验，还要掌握相关的专业知识和技能。在调查过程中，需要通过现场勘查、物证分析、询问相关人员等方式来确定火灾原因，这需要具备严谨的科学态度和敏锐的观察力，能够从细节中发现线索，并运用专业知识进行综合分析。火灾事故原因调查需要跨部门的协作，要与各个部门密切配合，共享资源，形成合力。只有通过有效的协作，才能够全面了解事故情况，准确认定事故原因，并提出相应的预防措施。

2013年东莞市厚街镇珊美社区珊美大道北78号"11·20"火灾

2013年11月20日2时47分许,东莞市厚街镇珊美社区珊美大道北78号"熊猫电脑"店发生较大火灾,火灾烧损部分建筑结构及店内物品一批,造成4人死亡,2人受伤。

一、基本情况

起火场所位于东莞市厚街镇珊美社区珊美大道北78号一层,所在建筑共九层,坐北朝南,钢筋混凝土结构,一层部分作为商铺,部分作为住宅,二至九层为出租屋。起火场所为"熊猫电脑"店(实际经营者熊某,所在出租屋房东是方某某),位于一层的东南角,是不规则多边形结构建筑,西墙南北长5.7米,东墙南北长3.4米,南墙东西长5.5米,北墙东西长3.1米,建筑面积约26平方米(见图5-43、图5-44)。火灾场所西面与"家乐通"商铺共用墙面,南面是马路,东面是一条小巷子,北面与其他房间共用墙面。

起火场所分隔为两层,底层作为经营区域,阁楼作为休息区,底层和阁楼用砖墙分隔,阁楼入口在底层西北角。火灾发生时李某某、黄某某、刘某某、张某某、蔡某某、施某等6人正在阁楼睡觉。

图5-43 "熊猫电脑"店概貌

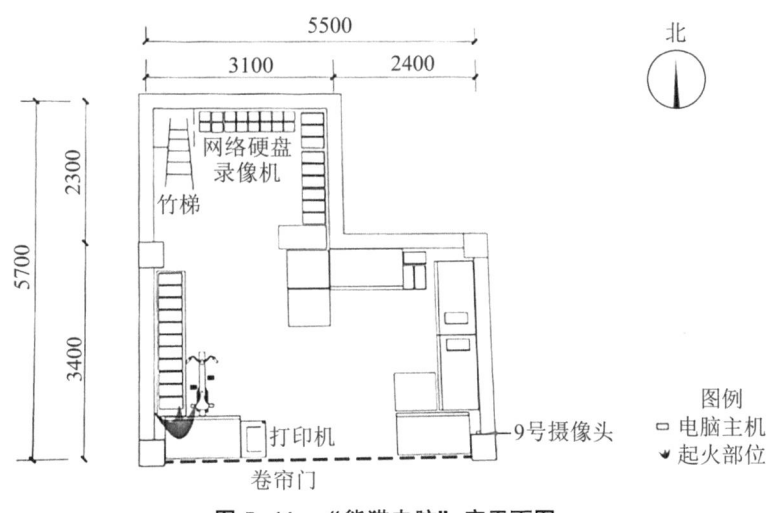

图 5-44 "熊猫电脑"店平面图

二、火灾发生经过和救援情况

2013 年 11 月 20 日凌晨 2 时 52 分，东莞市公安消防局 119 接警中心接到报警：东莞市厚街镇珊美社区珊美大道北 78 号 "熊猫电脑" 店发生火灾。接警中心立即调派厚街中队 6 辆消防车、40 名指战员赶赴现场救援，于 2 时 57 分到达现场展开扑救。3 时 10 分，明火被扑灭，消防队员共抢救出 6 名被困人员，送医后 4 人抢救无效死亡，2 人受伤。

火灾发生后，广东省消防总队、东莞市人民政府、东莞市公安局、东莞市公安消防局及厚街镇人民政府等有关单位的领导先后到场指挥灭火救援及处理善后工作。

三、火灾原因调查

火灾发生后，调查人员进行了大量的调查询问取证工作，对火灾现场进行详细的内外围反复勘查，收集和掌握了大量的第一手材料。

（一）起火部位的认定

经调查，认定起火部位为 "熊猫电脑" 店内一层西南角。主要依据如下：

（1）对起火建筑内部勘查发现，东面的物品只有轻微烟熏和水渍，西面摆放的电脑配件、货架等物品过火，其中，西南角物品烧损最严重，以此为中心向四周减轻（见图 5-45）。

（2）西墙瓷片剥落最严重，北墙次之，东墙最轻。西墙瓷片剥落上重下轻，南重北轻，形成南低北高的斜面形烧损痕迹（见图 5-46）。

（3）天花板批荡层剥落，西南角形成一个圆形的点状泥沙剥落痕迹（见图 5-47）。

图 5-45 店内烧损情况

图 5-46 西墙烧损情况

图 5-47 天花板烧损情况

（4）南面是一扇卷帘门，卷帘门局部变形变色，西南角变形变色最严重。

（二）起火点的认定

经调查，认定起火点位于"熊猫电脑"店西南角柜台下方，主要依据如下：

（1）对火灾现场进行勘验，西南角柜台下方物品烧损最严重，并以此为最低点，形成中间低两侧高的"V"字形烧损痕迹（见图5-48）。

图5-48　西南角柜台下方"V"字形烧损痕迹

（2）柜台靠西墙摆放的物品形成南低北高的斜面形烧损痕迹，柜台西面上的电脑主机箱变色，南重北轻。陈列柜上方木质边缘炭化，南重北轻。

（3）柜台南面摆放的玻璃木柜上方玻璃破碎，木柜北面炭化，南面完好，木柜东面形成北低南高的斜面形烧损痕迹。

（4）柜台东侧摆放了一台电动自行车，车头朝北，车尾朝南，车尾烧损严重，车头烧损轻，车身变色。后轮的轮辋和辐条部分烧损，前轮未烧损（见图5-49）。

图5-49　电动自行车烧损情况

(5) 店内的9号监控视频显示,"熊猫电脑"店西南角柜台下方最先起火(见图5-50)。

图 5-50 监控情况

上述炭化、火灾痕迹等证明,起火点位于"熊猫电脑"店西南角柜台下方。

(三) 起火原因的认定

(1) 排除放火刑事犯罪的嫌疑。根据店内提取的监控录像,火灾发生前后,未发现现场有人放火的情况,可以排除放火刑事犯罪的嫌疑。

(2) 排除自燃及吸烟遗留火种引起火灾因素。经现场勘验,起火部位放置的是电脑配件及其他用电电器,无自燃物品。同时,监控录像显示,该起火灾从发现到燃烧,时间短、起火快,无阴燃起火特征,排除自燃及吸烟遗留火种引起火灾因素。

(3) 排除雷击引发火灾因素。发生火灾时厚街镇珊美社区的天气是晴天,火灾发生前后,该地区无雷电现象发生。

(4) 认定起火原因是"熊猫电脑"店西南角柜台下方电气线路故障起火。依据如下:

①经现场勘验,起火点处有带电电气线路经过,经勘验,发现该电气线路有熔痕,提取该熔痕,经广东震华痕迹司法鉴定所鉴定,该熔痕为短路作用形成,具备引起火灾的条件。

②起火点处堆放的是纸盒、塑料、木柜、电脑配件等物品,具备可以被电故障热源引燃的条件。

③监控录像显示,该部位瞬间产生火光,随后发生了火灾,符合电气线路发生故障引起火灾的特征。

综上所述,根据现场勘验、证人证言、司法鉴定等证据,认定该起火灾起火原因是"熊猫电脑"店西南角柜台下方电气线路故障起火。

四、事故教训

(1) 经营者火灾防范意识淡薄。个体经营户消防安全意识淡薄,消防安全常识不足。

(2) 搭建夹层违规住人。商铺内擅自使用可燃材料搭建夹层,住宿区域与场所内其他区域没有有效的防火分隔措施，也没有第二个逃生出口，使场所成为集经营、储存和住宿于一体的典型"三合一"场所。商铺内虽然设置了救援逃生窗口，但窗户设置了栅栏，且处于锁闭状态，影响了消防救援和人员逃生。

（3）消防设施设置不完善。商铺内的火灾探测报警和早期灭火消防设施不完善。

（4）先天性火灾隐患多。建筑场所耐火等级不高，室内堆放了大量可燃物，电器线路私拉乱接且无套管保护。

（5）日常网格化监管排查不到位。社区网格力量消防安全责任落实不到位，网格化管理工作流于形式，日常排查不深入、不具体，未能及时发现火灾隐患并督促整改。

五、火灾警示

（1）生活区域和经营区域要分开。统一规划的商铺门面内，不能设置人员住宿等场所。居民自建房存在"下店上宅、前店后宅"情况的，经营区域与生活区域应使用防火隔墙、防火隔板、防火门等进行完整分隔。

（2）疏散通道要畅通。商铺内不能堵塞、锁闭、占用疏散逃生通道和逃生出口；在疏散逃生通道、外窗上设置卷帘门、铁栅栏、防盗网时，应预留可从内部开启的逃生口；生活、住宿的区域应设置直通室外的安全出口。

（3）用火用电要规范。用火用电要加强看护，做到人走火灭、电断；电气线路应由专业电工进行敷设，做到不私拉乱接电线，不超负荷用电，不在室内给电动车充电，特别是不能贪图便宜购买假冒伪劣电器产品和插线板。

（4）消防设施要完好。商铺内安装的报警、喷淋等消防设施应定期检查测试，确保完好有效；商铺经营单位或物业管理部门要委托有资质的公司进行消防设施维保；自建房用作经营场所的，应安装简易消防设施，配备灭火器、灭火毯等常用消防器材，尽可能降低火灾风险。

六、调查体会

火调人员在火灾发生后迅速赶赴现场，有序地开展了现场勘查、证据收集和分析工作。通过对火灾现场的仔细勘查，结合相关物证和证人证言，准确地找出了火灾发生的原因。火调人员在调查过程中表现出极高的团队协作精神，且不同部门、不同专业的人员紧密配合，信息共享，确保了调查工作的顺利进行。此外，火调人员还非常注重与受害者及其家属的沟通，尽力安抚他们的情绪，同时也充分尊重了他们的知情权。这种以人为本的工作态度，不仅展现了调查人员的专业素养，也赢得了公众对调查工作的信任和支持。

2013年东莞市虎门镇金龙路龙泉小区九巷8号"5·6"火灾

2013年5月6日4时10分许,东莞市虎门镇金龙路龙泉小区九巷8号发生较大火灾,火灾烧损建筑结构及物品一批,造成8人死亡,3人受伤。

一、基本情况

起火建筑位于东莞市虎门镇龙泉小区九巷8号(集体土地使用证的地址为东莞市虎门镇虎门寨龙泉小区116号),建筑坐北朝南,为一栋三层钢筋混凝土结构的多边形不规则建筑(见图5-51),一楼为办公区(办公室、货架、样品间)和生活区(厨房、饭厅),二至三楼为居住区。起火建筑占地面积为118.12平方米,建筑面积为361.59平方米,建筑权属人为邓某兰,承租给张某林,张某林将其作为网店使用。

图5-51 建筑概貌

二、火灾发生经过和救援情况

2013年5月6日4时19分,东莞市公安消防局指挥中心接到报警:虎门镇金龙路龙泉小区九巷8号发生火灾。东莞市公安消防局指挥中心立即调派虎门消防中队6辆消防车、24名指战员和长安专职消防队2辆水罐车、6名指战员赶往现场处置。4时24分许,虎门消防中队到达现场,与周围群众先后从二楼救出3名被困人员。5时10分许,火灾基本被扑灭。在清理现场过程中，发现 8 名遇难者。

火灾发生后，广东省公安厅、广东省消防救援总队、东莞市人民政府、东莞市公安消防局等有关单位的领导先后到达现场指挥火灾扑救、事故调查和协调处理善后事宜。

三、火灾原因调查

火灾发生后，调查人员进行了大量的调查询问取证工作，对火灾现场进行详细的内外围反复勘查，收集和掌握了大量的第一手材料。

（一）起火时间的认定

经调查，认定起火时间为 2013 年 5 月 6 日 4 时 10 分许。主要依据如下：

（1）东莞市公安消防局 119 接警中心的接警记录。

（2）证人高某国、刘某成、钟某东、张某霞、秦某艳、卢某成、卢某英、尹某春、叶某平等的询问笔录。

（二）起火部位的认定

经调查，认定起火部位为龙泉小区九巷 8 号一楼大厅内。主要依据如下：

（1）据治安员高某国反映，当时他看到烟是从九巷 8 号冒出来的，从外面的围墙看到建筑一楼大厅着火，于是就拨打 119 报警，然后骑自行车回到值班室通知刘某成。据群众钟某东反映，他发现着火建筑一楼有火光，二楼、三楼有浓烟冒出。据九巷 10 号住户叶某平反映，他在住处的二楼往外看，看到对面九巷 8 号的一楼大厅门口冒出浓烟。

（2）对起火建筑内部勘查发现，一楼烧损情况最严重（见图 5-52），二楼、三楼烧损情况较轻。

图 5-52　一楼烧损情况

（三）起火点的认定

经调查，认定起火点位于一楼大厅木质吊顶内电线槽（距南墙 6.3 米、距东墙 4.6 米）附近。主要依据如下：

（1）对火灾现场进行勘验，大厅内的电线槽（距南墙 6.3 米、距东墙 4.6 米）附近烧损最严重，并呈现由此为中心向周围蔓延的现象（见图 5-53）。

图 5-53　一楼大厅内电线槽烧损情况

（2）大厅内的电线槽附近东西两侧形成"V"字形燃烧痕迹。

（3）走道上方电线槽内的电线附近有多处熔痕，电线槽被击穿（见图 5-54、图 5-55）。

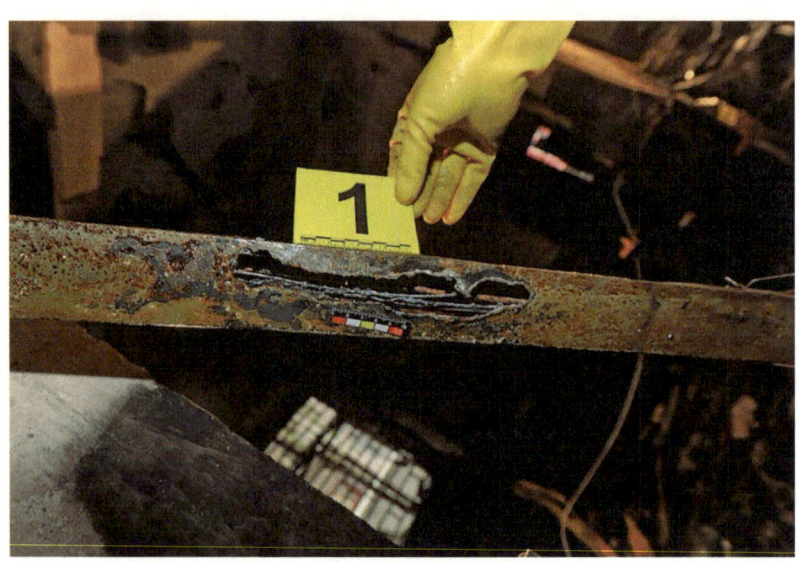

图 5-54　电线槽被击穿情况（1）

图 5-55　电线槽被击穿情况（2）

（4）对过道处电线槽下方的残留物进行清洗，发现多颗熔珠。

（5）办公区和生活区线槽内的电线未发现有熔痕，电线槽也没有被击穿。

（6）对线槽内的电线附近的电线痕迹和残留物里的熔珠进行提取，经广东震华痕迹司法鉴定所鉴定，熔痕为短路形成，熔珠为一次短路作用形成；该电熔痕是大厅内电线里离电源最远的短路熔痕，证明该电熔痕处为起火点。

上述炭化、现场勘验痕迹、物证鉴定等证据证明，起火点位于一楼大厅内木质吊顶内电线槽（距南墙6.3米、距东墙4.6米）附近（见图5-56）。

图 5-56　起火部位

（四）起火原因的认定

（1）排除放火刑事犯罪的嫌疑。根据东莞市公安局虎门分局刑事侦查大队出具的

《20130506虎门龙泉小区火灾案疑点情况调查报告》、东莞市公安局刑事警察支队三大队出具的《20130506虎门龙泉小区火灾八名死者死因的说明》和现场勘验情况，可以排除放火刑事犯罪的嫌疑。

（2）排除自燃及吸烟遗留火种引起火灾因素。该起火灾从发现到燃烧，时间短、起火快，无阴燃起火特征，排除自燃及吸烟遗留火种引起火灾因素。

（3）排除雷击引发火灾因素。发生火灾时虎门镇龙泉小区的天气是晴天，火灾发生前后，虎门镇龙泉小区区域无雷电现象发生。

（4）认定起火原因是一楼大厅木质吊顶内电线槽电源线短路，击穿线槽后引燃周边可燃物。依据如下：

①经现场勘验，起火点有带电电气线路经过，而且该电气线路发现有熔痕，提取该熔痕，经广东震华痕迹司法鉴定所鉴定，熔痕为短路形成，熔珠为一次短路作用形成，具备引起火灾的条件。

②起火点处有大量的木质吊顶，起火点下方堆有部分衣服和杂物，具备可以被电故障热源引燃的条件。

③据秦某艳反映，他听到一楼有类似放鞭炮的声音，与张某霞打开房门时便有浓烟扑面而来，二人立刻关上房门，此时灯已不亮。

④起火建筑户内总电源进线开关未设置电气火灾的报警装置。

⑤起火建筑户外总电源的安全保护开关发生跳闸，表明电气线路发生了故障。

⑥对过道处线槽下方的残留物进行清洗，发现多颗熔珠（见图5-57、图5-58）。

图5-57　过道处线槽下方

⑦对线槽内的电线（距南墙6.3米、距东墙4.6米）附近的电线熔痕和残留物里的熔珠进行提取，经广东震华痕迹司法鉴定所鉴定，熔痕为短路形成，熔珠为一次短路作用形成。

综上所述，根据现场勘验、证人证言、司法鉴定等证据，认定该起火灾起火原因是一楼大厅木质吊顶内电线槽电源线短路，击穿线槽后引燃周边可燃物。

图 5-58 对残留物进行清洗发现的多颗熔珠

四、事故教训

(1) 经营者擅自将居民住宅改为网店经营场所,违规设置办公、储存区域。因建筑结构限制,建筑原有消防设施和安全疏散条件均达不到要求,办公、储存区域与员工居住区域未做防火分隔,窗户上均设置了防盗网,影响紧急逃生。火灾发生时,大量有毒烟气迅速扩散到二楼、三楼,导致处于睡眠状态的人员丧失逃生自救能力。

(2) 起火建筑户内总电源进线开关未根据有关规定设置电气火灾的报警装置,户内总电源开关为简易刀闸开关,且无任何保护功能;起火建筑配电系统中,配电干线缺少必要的配电线路过载保护措施,造成该段电线过载发热,塑料绝缘层熔化损坏,引起相邻电线相间短路,使绝缘层迅速燃烧,金属熔化。

(3) 起火建筑内采用木质装修材料,防火性能低下,加之存放了大量服装,大大增加了建筑的火灾荷载,起火后火势容易快速蔓延,且产生大量高温有毒烟气,造成人员伤亡。

(4) 火灾发生在凌晨 4 时多,大部分人处于睡眠状态,容易错过逃生的时机,且起火建筑内居住人员的消防安全意识薄弱,不懂如何采取有效的措施进行逃生。

五、火灾警示

(1) 强化联合排查整治。居民住宅通常不在消防安全排查范围之内,因此在居民住宅违规设置经营、储存区域,具有较强的隐蔽性。涉及此类场所的规划建设、营业审批、安全审查等环节,公安、建设、规划、消防、工商等有关部门应加强信息共享,密切配合,结合自身职责,及时掌握场所是否符合安全经营条件,各部门在发放相关证照的流程中，应将消防安全作为关键条件，从源头上消除安全隐患。同时，要依托各部门、社区及物业、网络等力量，对辖区生产、储存、经营场所违规住人的各类场所进行全面清查，坚决依法整治住宿与生产、储存、经营违规合用场所的行为，对擅自改变建筑使用性质或违章搭建场所，各职能部门要合力坚决依法查处。

（2）落实场所技防措施。居民住宅设置经营、储存场所的，从消防安全来看，重点要落实以下技防措施：一是住宿区域与经营、生产区域的物理分隔，采取钢筋混凝土楼板、实体砖墙（砌至梁底部）和密闭的金属门或乙级防火门进行分隔，通过提高分隔构件的耐火时间和防烟性能，为人员逃生争取时间。二是设置疏散逃生出口，住宿区域应设直通室外的安全出口或逃生、救援出口，并确保紧急情况下能正常使用。三是采用简便有效的消防设施进行保护，譬如设置电气火灾监控系统、安装独立式火灾报警探头、设置简易喷淋系统，通过强化基础消防设施，尽可能弥补场所的先天防火性能不足，提升场所内人员发现、处置火灾的反应能力。

（3）深化消防宣传教育。一方面，要通过宣贯教育消防安全常识和相关法律法规，提高群众消防安全意识，自觉整改、抵制违规设置"多合一""三合一"场所的行为。另一方面，要强化能力建设，引导群众学习查改火灾隐患、扑灭初期火灾、疏散逃生等技能，使消防安全隐患能够被及时发现、整改，使群众面对火灾能够及时处置、逃生，杜绝亡人伤人火灾事故。

六、调查体会

火灾发生后，火调人员及时对有关人员进行询问笔录并固定证人证言，据逃生人员反映，起火前听到"噼里啪啦"响声，起火时房间灯打不开、空调骤停，为调查火灾原因提供了线索，明确了方向。在现场勘验的过程中，结合痕迹特征，确定了起火部位位于一楼大厅，并对过道处线槽下方的残留物进行清洗，发现多颗熔珠，提取物证鉴定后，形成完整的证据链。火灾事故调查工作通过对火灾当事人、责任者和证人的调查询问，全面收集证据，有利于查明起火时间、起火部位及火灾发生和发展过程，更有利于现场勘查和认定起火原因。

2015年东莞市塘厦镇清湖头竹公岭西15号"2·15"火灾

2015年2月15日4时15分许,东莞市塘厦镇清湖头竹公岭西15号"信德堂药店"发生较大火灾,火灾烧损部分建筑结构及物品一批,造成3人死亡。

一、基本情况

起火建筑为东莞市塘厦镇清湖头竹公岭西15号"信德堂药店",所在建筑共五层,坐北朝南,钢筋混凝土结构,首层为小商铺,共有六间小商铺,二至五层为住宅,小商铺和住宅部分的防火分区、防烟分区独立分隔,每间商铺有一个铺门直通室外,部分住宅有一条独立的楼梯。整栋建筑原为杨某华所有,原房地产权证号为粤房地证字第C37436**号,原土地使用权证号为东府集用[1988]第1900211400***号。2013年,广东省东莞市第三人民法院将土地使用权及地上房产予以公开拍卖,由梁某以人民币250万元投得。

起火场所为"信德堂药店",该药店建筑面积约40平方米,属"三小"场所,位于建筑首层西面第二间小商铺(见图5-59),药店南面为道路,东面、西面分别与小商铺相连,北面是菜地。"信德堂药店"内放置有灭火器,没有其他消防设施,天花板是轻钢龙骨石膏板,墙面是无机涂料,地面是瓷砖。

图5-59 "信德堂药店"建筑概貌

"信德堂药店"由苏某平和林某清夫妻俩共同经营，药店经营场所为苏某平与梁某承租，签有租赁合同。根据工商营业执照（有效期至 2010 年 11 月 2 日），该药店经营范围为零售中药材、中成药、中药饮片、生化药品、化学药制剂、抗生素制剂，营业期限至 2014 年 2 月 24 日止，市工商局于 2014 年 5 月 30 日已发出公告，公告称吊销该药店的营业执照。

二、火灾发生经过和救援情况

（一）事故发生经过

2015 年 2 月 15 日 4 时 02 分许，目击证人陈某某正在家里（塘厦镇清湖头竹公岭 16 号）睡觉，也就是事故药店的隔壁，突然听见有人大声在喊"救命"和"救火"，陈某某走到房子外面，看到"信德堂药店"起火冒烟后，第一时间打电话报警，并大声呼喊周围的群众救火。附近闻声而来的群众都积极参与救火，用水管往药店里喷水，但由于火势过大，无法扑灭，只能等候消防救援。

（二）应急救援情况

2015 年 2 月 15 日 4 时 21 分许，东莞市公安消防局指挥中心接到报警：塘厦镇清湖头社区居委会旁一家药店发生火灾。东莞市公安消防局指挥中心立即调动塘厦大队 5 辆消防车、25 名指战员赶赴现场。4 时 31 分，消防力量到达现场展开灭火救援，4 时 46 分，现场明火被扑灭。在火灾扑救过程中，从起火场所抢救出 3 名被困人员，并立即送往医院，经全力抢救无效死亡。

火灾发生后，东莞市人民政府、东莞市公安局、东莞市公安消防局等有关单位的领导先后到场指挥灭火救援及处理善后工作。

三、火灾原因调查

火灾发生后，东莞市公安消防局与公安刑侦部门积极开展了调查工作。调查人员通过大量的调查询问取证工作，对火灾现场进行详细的内外围反复勘查，收集和掌握了大量的第一手材料。

（一）起火部位的认定

经调查，认定起火部位为"信德堂药店"内中部。主要依据如下：
（1）证人证言。据参与救火的群众康某某、谢某某、李某某、李某、何某某等人反映，他们看到"信德堂药店"内中部先着火。
（2）现场烧损情况。
① "信德堂药店"内经营区域烧损痕迹严重，呈南重北轻、西重东轻（见图 5-60）。

图 5-60　"信德堂药店"内经营区域烧损情况

②"信德堂药店"内生活区域的客厅部分物品过火，有明显的烟熏痕迹。洗手间、厨房基本没有过火，有轻微的烟熏痕迹（见图 5-61）。

图 5-61　厨房、洗手间未过火

③夹层仓储堆放的药品表面部分基本过火，呈南重北轻、西重东轻。夹层生活区域的部分物品过火，呈南重北轻（见图 5-62）。

④西面药柜烧损严重，呈南重北轻，烧损痕迹呈南面低位严重（见图 5-63），北面高位严重，形成斜面"/"的痕迹（见图 5-64）；中间药柜（玻璃柜）上有明显的烟熏痕迹，部分玻璃破碎，南面破碎严重，北面没有破碎；东面药柜烧损较轻，呈南重北轻，烧损痕迹呈上重下轻，形成斜面"/"的痕迹（见图 5-65）。

图 5-62 夹层生活区域烧损情况

图 5-63 西面药柜烧损情况

图 5-64 北面高位严重，形成斜面"/"的痕迹

图 5-65　东面药柜烧损情况

⑤对卷帘门进行展开后,发现卷帘门内侧距离底边 1 米左右的部分变色较轻,1 米以上的部分变形变色严重,上重下轻。内侧烧损严重,外侧烧损轻(见图 5-66)。综合上述烧损痕迹,说明"信德堂药店"内中部烧损最严重,并以此为中心向四周递减。

图 5-66　卷帘门烧损情况

(二) 起火点的认定

经调查,认定起火点为停放在店内中部的摩托车处。主要依据如下:

(1) 证人证言。据参与救火的群众何某某、李某某、李某等人反映,他们看到店内停放的一辆摩托车在燃烧。

(2) 现场烧损情况。

①玻璃柜部分玻璃破碎(靠近摩托车处破碎最严重),下方的木质烧损严重;靠近摩托车下方的木质烧损最严重(见图 5-67)。

图 5-67 玻璃柜部分玻璃破碎,下方的木质烧损严重

②椅子(摩托车西侧)烧损并炭化,靠近摩托车车头的坐垫部分烧损严重,向摩托车方向倾斜(见图 5-68)。

图 5-68 椅子(摩托车西侧)烧损并炭化

③电脑桌(西北角)烧损严重,呈北重南轻、东重西轻;桌面东面基本过火,西南面过火较轻,有炭化痕迹(见图 5-69)。

④摩托车表层可燃物烧损严重,车架受烧变形变色,车头重车尾轻;前轮轮胎烧损脱落,后轮轮胎部分脱落;摩托车上方的楼板石灰层剥落,以此为中心向四周递减(见图 5-70)。

图 5-69 电脑桌（西北角）烧损严重

图 5-70 摩托车烧损情况

⑤对店内部分地面进行水洗后发现，摩托车停放处的地砖裂开、破碎、变色，其余地方的地砖完整（见图 5-71）。结合上述烧损痕迹，说明摩托车停放处烧损最严重，并以此为中心向四周递减。

（3）对火灾现场进行勘验，并对摩托车停放处的残留物进行水洗，发现部分电线上有电熔痕。

（4）提取摩托车上的电线和水洗后发现的熔珠，经广东震华痕迹司法鉴定所鉴定，电线为一次短路作用形成，证明该电熔痕处为起火点。

上述炭化、现场勘验痕迹、物证鉴定等证据证明，起火点位于店内中部的摩托车处。

图 5-71　清理后的地面情况

（三）起火原因的认定

（1）排除放火引起火灾的可能性。根据东莞市公安局塘厦分局调查的情况、监控视频和现场勘验的情况，排除放火刑事犯罪的嫌疑。

（2）排除自燃、遗留火种引起火灾的可能性。经调查，起火部位没有点蚊香或存放能自燃的物品。同时，火灾现场无阴燃起火痕迹特征。此外，发生火灾时间为凌晨，排除自燃及吸烟遗留火种引起火灾因素。

（3）排除雷击引起火灾的可能性。发生火灾时，东莞市塘厦镇清湖头区域无雷电现象发生。

（4）认定起火原因是停放在店内中部的摩托车电气线路故障引燃周边可燃物起火。

①经现场勘验，起火点处存在摩托车的电气线路，而且该电气线路发现有熔痕，提取熔痕，经广东震华痕迹司法鉴定所鉴定，该熔痕为一次短路作用形成，具备引起火灾的条件。

②起火点处是摩托车，且摩托车相邻处有可燃物，具备电气线路故障引发火灾的条件。

③证人证言，据参与救火的群众何某某、李某某、李某等人反映，他们看到店内停放的一辆摩托车在燃烧。

④结合现场烧损情况，摩托车处烧损最严重，并形成以此为中心向四周递减的烧损痕迹。

综上所述，根据现场勘验、调查询问、证人证言、物证鉴定等证据，认定该起火灾起火原因是停放在"信德堂药店"内中部的摩托车电气线路故障引燃周边可燃物起火。

四、事故教训

（1）场所安全条件差。"信德堂药店"内违规设了居住场所，且阁楼与经营区域未按规定进行防火、防烟分隔，窗户上均设置了防盗网，但未开设逃生窗，店内堆放可燃物多。火灾发生时，大量有毒烟气迅速扩散到阁楼，造成人员逃生自救困难。

（2）业主安全意识差。"信德堂药店"无视法律法规，违规搭建阁楼住人。内部违规停放摩托车，且停放在店内门口通道处，既增加了火灾荷载，又影响了人员疏散。

（3）居住人员逃生能力差。火灾发生后，起火场所内居住人员的消防安全意识薄弱，未进行过火灾逃生模拟演练，不懂得立即采取有效的措施进行逃生。

（4）部门和属地监管责任落实不到位。该起火灾发生在违规住人场所，反映出日常网格巡查和隐患跟踪落实整改存在不足，部门、属地消防安全检查不到位，未及时对场所提出整改意见和落实隐患整改措施，整改工作未形成闭环。

五、火灾警示

（1）落实监管责任，形成执法合力。"2·15"火灾事故造成了3人死亡的严重后果，暴露出有关职能部门没有真正落实监管责任，消防安全检查不到位等问题。政府和有关部门要进一步明确责任，党政领导要按照"党政同责、一岗双责、齐抓共管"的要求把责任落实到领导干部，各职能部门要按照"管行业必须管安全、管业务必须管安全、管生产经营必须管安全"的要求，把安全管理责任落实到镇、村（社区）和工业区，切实消除"无人监管"的盲区和漏洞。各部门在履行好各自监管职责的同时，也要相互密切配合，及时互通信息，对消防安全隐患要严抓整治，大力消除消防监管不到位的问题，杜绝类似事故的发生。

（2）大力排查整治，消除安全隐患。要建立火灾隐患排查整治的长效机制，健全机构和人员配置，开展"网格式"大排查，分片包干、责任到人，举一反三，全面整治"三小"场所、出租屋，重点整治违规搭建阁楼住人、疏散通道堵塞、安全出口锁闭、消防设施损坏及"三项报告备案"制度未落实等问题。消防机构、公安派出所等部门对发现的火灾隐患及消防违法行为，要及时督促整改，从严执法，敢于较真、碰硬，对严重消防违法行为要"零容忍"，根治违规"顽疾"，消除安全隐患。

（3）强化网格管理，夯实基层责任。塘厦镇有关部门在事故发生前对着火场所进行了检查，发出了消防隐患整改通知书，但没有跟进落实整改。因此，政府和社区要进一步强化基层的消防"网格化"管理，认真落实网格管理、运行、奖惩、督导等工作机制，发挥镇、村及单位三级网络管理组织作用。按照"网格化"排查要求，落实网格员"实名制"，定期开展检查督导，建立工作台账，确保"网格化"排查常态化，真正做到底数清、情况明。

（4）严抓宣传教育，提高业务技能。针对暴露出的经营者安全意识淡薄等问题，要将此次火灾事故作为典型警示案例，让媒体进行报道，让警示教育深入人心，切实增强宣传效果。要加强消防安全法律法规知识的宣传，各职能部门和村（社区）要做好宣传教育工作，结合消防宣传"五进"活动，深入基层、企事业单位开展宣传。组织消防、安全生产知识讲座，广泛宣传火灾报警、安全防范等消防安全常识，普及防火灭火以及疏散逃生等自救知识。大力开展消防安全培训，重点对消防安全责任人、巡查员、经营单位消防安全工作岗位人员等进行培训，学习消防隐患整改标准、初期火灾扑救与处理等基本技能，提高消防安全生产工作人员的业务技能和业务素质。

六、调查体会

发生火灾后，火调人员及时赶赴现场，迅速开展现场勘验工作，在确定起火部位和起火点后，现场勘验人员将起火部位及其附近的所有残渣全部运至室外并且用水进行冲洗，发现部分电线上有电熔痕，为认定起火部位和起火点提供了确凿的证据。为进一步明确起火原因，火调人员对摩托车进行详细勘验并拆除，最终在摩托车的电线上找到熔痕，通过司法鉴定，鉴定结果为一次短路作用，为认定起火原因提供了确凿的证据。

2016年东莞市大朗镇巷头社区富康北路四巷15号"8·14"火灾

2016年8月14日4时51分许,东莞市大朗镇巷头社区富康北路四巷15号一出租屋(工商局登记为东莞市大朗宏贸针织时装厂)发生一起较大火灾事故,火灾烧损部分建筑结构、生产设备、半成品、成品及物品一批,造成9人死亡,2人重伤。

一、基本情况

起火建筑为东莞市大朗镇巷头社区富康北路四巷15号一出租屋(备案号为HB04110300＊＊＊),由陈某某于2001年12月向大朗镇政府申办报建手续并经同意后建设(报建编号为C200108＊＊＊),符合当地土地利用总体规划,地类为村庄建设用地,未办理用地手续。2010年2月,陈某从陈某某手中购买该出租屋(已在巷头社区备案),并租给李某某经营东莞市大朗宏贸针织时装厂(见图5-72)。该出租屋一至五楼为钢筋混凝土结构,六楼(天面层)为搭建铁皮房,占地面积150平方米,建筑面积750平方米。一楼、三楼、四楼为车间(其中三楼、四楼为24小时生产的车间),二楼、五楼和六楼(天面层)为宿舍,其中二楼为经营者一家居住和办公使用,五楼出租给他人居住,六楼(天面层)供员工居住。

图5-72 起火建筑情况

二、火灾发生经过和救援情况

(一) 事故发生经过

2016年8月14日凌晨,张某某在富康北路五巷14号富利达服饰厂一楼打包出货,4时50分许,张某某突然看到斜对面富康北路四巷15号(即起火建筑)一楼后面的排风口冒浓烟,并且发出"吱吱吱"的声音,当时张某某立即用手机拨打119报火警,随后又拨打了110报警。报警的同时,张某某听到该楼房二楼有人呼喊"救命"。此时,周边群众也发现火情,都积极拨打报警电话和参与救援,但由于火势猛烈和浓烟弥漫,众人无法扑灭大火。

(二) 应急救援情况

2016年8月14日4时51分许,东莞市公安消防局指挥中心接到报警:大朗镇巷头社区富康北路四巷一出租屋发生火灾。指挥中心先后调派大朗中队、特勤一中队、寮步中队、寮步专职队、松山湖中队、大岭山中队、常平中队、黄江专职队等共18辆消防车、90名指战员到场处置,东莞市公安消防局局长苏某某、政委李某率全勤指挥部遂行出动。4时56分,大朗中队6辆消防车(3辆泡沫水罐车、1辆抢险救援车、1辆多功能主战车、1辆云梯车)、25名指战员到达现场。据周边群众反映,1名被困人员已通过2楼北面逃生窗自行跳楼逃生,1名被困人员已通过3楼出货窗口跳楼逃生。消防救援人员侦察发现,着火建筑内存放大量毛织物品,火势已处于猛烈燃烧状态并伴有声响,而且1楼已完全被大火笼罩,南面楼梯口不断有浓烟及火苗冒出。消防救援人员坚持"救人第一"的原则,按照"第一时间控制灾情"的救援方针,将现场分为灭火组和搜救组展开行动。灭火组出水枪对一楼进行灭火,并对着火建筑进行冷却,防止火势向周边蔓延。5时25分,明火被扑灭,但现场燃烧后的毛织物品产生大量的浓烟,现场温度高达约100摄氏度。搜救组对着火建筑一楼的卷帘门和楼梯通道进行破拆,第一时间打开救援通道,同时利用拉梯和云梯车对楼上被困人员开展救援,通过破拆防盗网和房间门等方式,先后从楼上抢救出12名被困人员,并立即送往医院进行救治。14名被困人员(含跳楼逃生)中,9人因伤情过重经全力抢救无效后死亡,2人重伤在监护治疗,3人经检查未受伤。

火灾发生后,广东省人民政府、省公安厅、省公安消防总队,东莞市人民政府、市公安局、市公安消防局及大朗镇人民政府等有关单位的领导先后到场指挥灭火救援及处理善后工作。

(三) 应急救援评估

消防救援人员到达现场后,火势已进入猛烈燃烧阶段,救援环境极为复杂。面对险情,消防救援人员救火方案运用合理、现场部署得当、科学处置及时、保障措施得力,成功扑灭了大火,并安全疏散周边群众,避免了火灾事故的进一步扩大和次生灾害的发生。经评估,本次事故救援处置行动成功。

三、火灾原因调查

火灾发生后,在广东省公安厅刑侦部门和广东省公安消防总队的指导下,东莞市公安消防局与市公安刑侦部门积极开展了调查工作。调查人员通过大量的调查询问取证工作,对火灾现场进行详细的内外围反复勘查,收集和掌握了大量的第一手材料。

(一)起火部位的认定

经调查,认定起火部位为东莞市大朗宏贸针织时装厂一楼。主要依据如下:

(1)调查询问情况。据当时在场的群众张某某、蒋某某、张某、杨某某、余某、冯某某等人反映,最先起火部位位于东莞市大朗宏贸针织时装厂一楼。

(2)现场勘查情况。

①一楼大部分物品过火,烟熏痕迹浓重;二楼及以上楼层没有明显过火痕迹,仅有明显的烟熏痕迹(见图 5-73 至图 5-75)。

图 5-73　一楼烧损情况(由北向南拍)

图 5-74　二楼烧损情况(由南向北拍)

图 5-75 三楼车间烧损情况（由西向东拍）

②东南角楼梯一楼、二楼处有明显过火痕迹，墙皮大部分被烧脱落，烟熏痕迹十分浓重（见图 5-76）；三楼以上没有明显过火痕迹，但有明显的烟熏痕迹（见图 5-77）。

图 5-76 南面楼梯一楼烧损情况

图 5-77 南面楼梯烧损情况和货物情况（三楼至四楼）

③东北角楼梯没有明显过火痕迹，墙面仅残存有轻微烟熏痕迹（见图5-78）。

图5-78　北面楼梯一楼烧损情况

④一楼东面中部存放的毛织品基本过火，被烧炭化严重；南、北两侧堆放的毛织品部分过火，炭化较轻。毛织品炭化程度呈现由中部向四周逐渐减轻的烧损特征（见图5-79）。

图5-79　一楼东面中部烧损情况（由西向东拍）

⑤一楼天花板中部的钢筋混凝土被烧脱落严重，部分裸露钢筋；南、北两侧天花板钢筋混凝土被烧部分剥落，钢筋未裸露。天花板钢筋混凝土烧损程度呈现以中部为中心，向四周减轻的烧损特征（见图5-80）。

根据上述的烟熏、炭化和烧损痕迹等证据，认定起火部位为东莞市大朗宏贸针织时装厂一楼。

图 5-80　一楼天花板烧损情况

(二) 起火点的认定

经调查，认定起火点位于东莞市大朗宏贸针织时装厂一楼夹层东北角。主要依据如下：

(1) 证人证言。据蒋某某、张某、杨某某、张某某、余某、冯某某等人反映，东莞市大朗宏贸针织时装厂一楼生产区域中部最先着火。

(2) 现场勘查情况。

①一楼中部毛织品基本过火，炭化严重；南、北两侧的毛织品部分过火，炭化较轻，呈现中部重四周轻的烧损痕迹。

②一楼天花板中部的钢筋混凝土被烧脱落严重，部分裸露钢筋；南、北两侧天花板钢筋混凝土被烧部分剥落，钢筋未裸露。天花板钢筋混凝土烧损程度呈现以中部为中心，向四周减轻的烧损特征。

③一楼夹层木质楼板烧损掉落，烧损程度呈中部重两侧轻的特征（见图 5-81）。

图 5-81　夹层烧塌后的货物

④夹层摆放的机器设备、针织成品、半成品基本过火，烧损（炭化）严重，中间摆放的物品烧损程度最严重，南、北两侧摆放的物品炭化较轻，形成以中间区域为中心，向四周减轻的烧损痕迹（见图5-82）。

图5-82　夹层货物烧损情况

（3）对一楼电源线路勘验发现，部分电线有明显的短路打火痕迹，提取三份熔痕物证，其中，1号检材提取位置为南门东侧附近（夹层东南角），2号检材提取位置为东墙中间承重柱附近（夹层东北角），3号检材提取位置为东墙东北角附近（一层东北角）（见图5-83至图5-85）。

（4）对上述电源线路上提取的熔痕，经广东震华痕迹司法鉴定所鉴定，2号检材熔痕为一次短路作用形成，证明该熔痕处为最先起火的位置。

图5-83　证人指认1号检材（电线）

图 5-84　证人指认 2 号检材（电线）

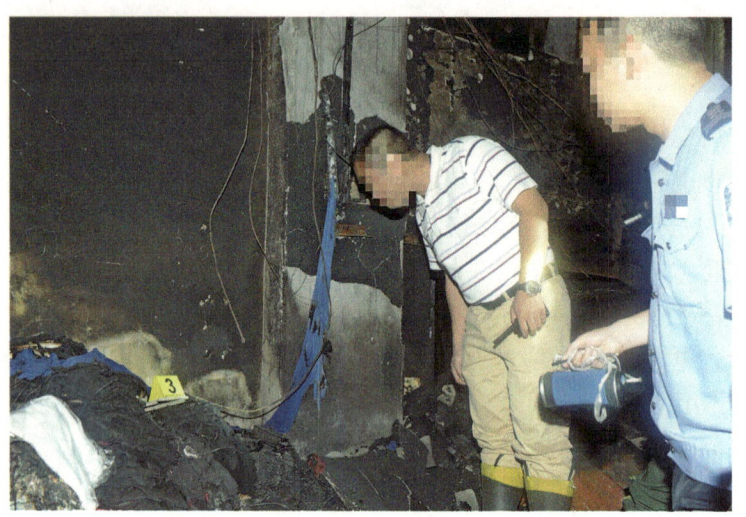

图 5-85　证人指认 3 号检材（电线）

（三）起火原因的认定

（1）排除放火引起火灾的可能性。根据东莞市公安局和东莞市公安局大朗分局调查走访情况、监控视频和现场勘验情况，排除放火刑事犯罪的嫌疑。

（2）排除自燃、遗留火种引起火灾的可能性。经调查，起火部位没有点蚊香或存放自燃类物品；火灾现场无阴燃起火痕迹特征，排除自燃、吸烟和遗留火种引起火灾因素。

（3）排除雷击引起火灾的可能性。发生火灾时，东莞市大朗镇巷头区域无雷电现象发生。

（4）认定起火原因为东莞市大朗宏贸针织时装厂一楼夹层东北角电线短路引燃周围可燃物。

①经现场勘验，起火点处有电线经过，电线上发现有熔痕，提取该熔痕，经广东震

华痕迹司法鉴定所鉴定（粤震司法鉴定所〔2016〕痕鉴定第157号），电线熔痕（2号检材）为一次短路作用形成，具备引起火灾的条件。

②起火点处有大量可燃物，具备电线短路引发火灾的条件。

③现场勘查发现，东莞市大朗宏贸针织时装厂生产区域中部烧损最严重，并形成以此为中心，向四周递减的烧损痕迹。

综上所述，根据现场勘验、证人证言、司法鉴定结论等证据，认定该起火灾起火原因是东莞市大朗宏贸针织时装厂一楼夹层东北角电线短路引燃周围可燃物。

四、事故教训

（1）建筑消防安全存在"先天不足"。整栋楼集出租、生产、储存、居住于一体，属于典型的"三合一"违规建筑；东莞市大朗宏贸针织时装厂的生产经营区域与楼梯未按规定进行防火、防烟分隔；生产区域与楼梯间连接处未采用防火门，不符合有关规定；窗户上均设置了防盗网，但部分窗户未开设逃生窗；6楼（天面层）违规搭建了铁皮房，改变了建筑格局。上述隐患导致火灾发生时，大量有毒烟气迅速扩散到楼梯、楼上房间及天面，人员因吸入有毒烟气丧失逃生自救能力。

（2）管理混乱，消防设施不起作用。建筑内电气线路乱接乱拉，存在较大的安全隐患；简易喷淋、灭火器等消防设施配备严重不足，且简易喷淋管道内没有水，火灾发生时，简易喷淋设施没有发挥作用，造成火灾蔓延迅速。

（3）建筑内堆放大量可燃物。生产区域、住宿区域、疏散楼梯堆放大量毛织品等杂物，既增加了火灾荷载，又影响了人员疏散。

（4）居住人员消防安全意识严重不足。起火建筑内居住人员的消防安全意识薄弱，对身边明显存在的火灾隐患辨别不清、重视不够。火灾发生在一楼，而遇难者大部分是三楼以上的住户，说明他们缺乏火场逃生知识，未能成功逃生自救。

五、火灾警示

（1）加强部门协调配合和加大执法力度。消防部门与生态环境、应急、公安等部门要持续加强沟通协调，定期开展联合检查，推进"执法+服务"一体化，联合各部门对毛织业小作坊加强监督管理，并充分发动社区网格员、专职巡查员、物业管理人员等一线巡防力量，加大巡查巡防力度，确保安全。

（2）深入开展毛织行业消防安全专项整治行动。对全镇的毛织业小作坊进行全覆盖排查，将问题隐患登记造册，形成台账。通过实体墙分隔、安装防火门等多种技术手段，将违规住人隐患最大化消除。以点带面全面铺开，达到"整治一家、消除一家隐患"的效果，将毛织业小作坊等"三合一"场所的消防安全风险隐患最大程度降低，确保大朗镇消防安全形势平稳。

（3）提高应急处置能力和扩大消防宣传覆盖面。提升行业从业人员消防应急处置能力,定期组织辖区毛织业小作坊业主开展消防应急演练,以消防安全"进社区"为重点,通过社区、新媒体、消防宣传微体验点、消防主题公园等,动员群众参与消防安全问题整治工作;通过媒体平台开设"曝光台"、邀请媒体记者明察暗访等方式,每月公开曝光大检查中发现的典型消防隐患和违法行为,不断扩大消防宣传覆盖面和提高典型案例影响力,推动隐患整改。

六、调查体会

此次火灾影响大、当事人多、社会关注度高,无形增加了火调人员的压力。通过调查询问、监控视频分析,在基本确定起火部位及火灾蔓延过程后,调查人员迅速开展物证提取工作,提取物证过程中,火调人员始终要求有关当事人指证。在火灾事故认定告知环节,调查人员充分发挥自身专业优势,合理解释,最终火灾事故认定获得了全部当事人的认可。

2017年东莞市长安镇东江地摊市场北区30号"2·14"火灾

2017年2月14日1时19分许,东莞市长安镇厦岗社区厦联路11号东江地摊市场北区第30号商铺"维修店"发生一起较大火灾事故,火灾烧损部分建筑结构、电动车、自行车、维修配件及物品一批,造成3人死亡,1人受伤。

一、基本情况

起火建筑为长安镇厦岗社区厦联路11号东江地摊市场北区第30号商铺"维修店"(维修电动车和自行车),处于厦联路和江南二街相邻转角处,东面为厦岗社区厦联路,南面为北区第29号餐饮商铺,西面为"湘鄂人家木桶饭"商铺,北面为江南二街(见图5-86、图5-87)。"维修店"建筑面积约48平方米(长12米,宽4米),东侧为经营区域,西侧为住宿区域。"维修店"内设有天花吊顶,经营区域与住宿区域的分隔没有到顶部,中部有门洞连通。

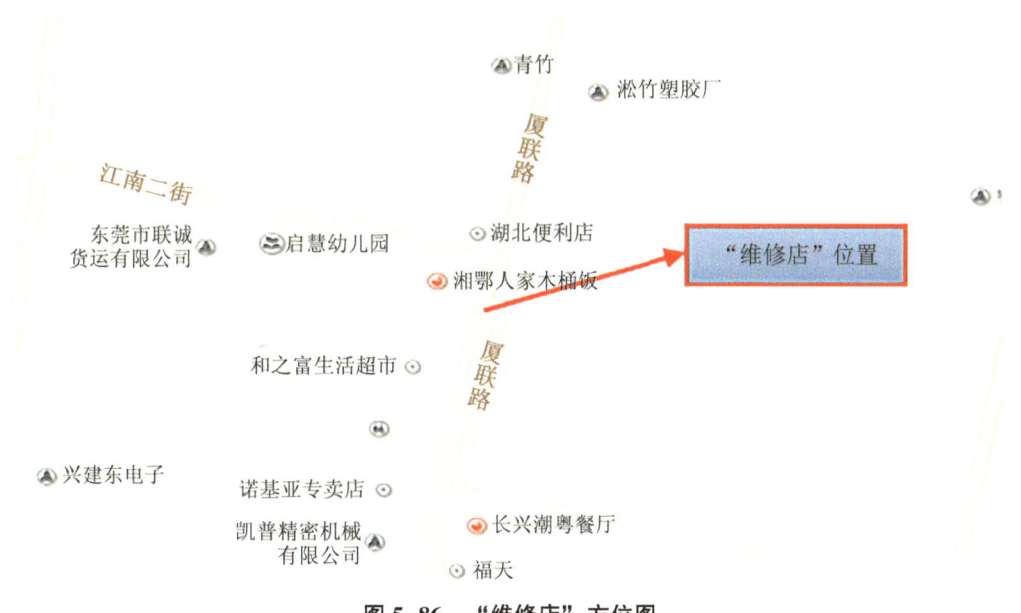

图5-86 "维修店"方位图

图 5-87 "维修店"概貌

二、火灾发生经过和救援情况

（一）事故发生经过

2017年2月14日1时许，赵某某在东江地摊市场北区第29号商铺（起火建筑隔壁）睡觉，突然听见旁边的商铺有"啪啪"的响声，然后闻到很大烟味，打开门后发现隔壁"维修店"门口招牌已经着火了，并从店里面冒出很大浓烟，赵某某立即叫他妻子唐某某报警。此时周边的群众也发现了火情，都积极报警和参与救援，他们用石头砸击卷闸门，但砸不开，转而破坏窗户，但窗户也有铁丝网阻隔。

（二）应急救援情况

2月14日1时22分许，东莞市公安消防局指挥中心接到报警：东莞市长安镇厦岗社区厦联路11号的店铺发生火灾，有人员被困。指挥中心立即调派长安、虎门、大岭山3个消防大队共8辆消防车、30名指战员赶赴现场进行扑救。长安消防大队于1时35分到达火灾现场，1时58分，明火被扑灭。长安消防大队在现场搜救出4名人员，其中3名人员死亡（2名人员已无生命体征，1名人员送医院抢救无效后死亡），1名人员受伤。

火灾发生后，广东省人民政府、省公安消防总队，东莞市人民政府、市公安消防局及长安镇人民政府等有关单位的领导先后到场指挥灭火救援及处理善后工作。

三、火灾原因调查

调查人员通过大量的调查询问取证工作，对火灾现场进行了详细的反复勘查，收集和掌握了大量的第一手材料，查清了事故原因。

（一）起火时间和起火点的认定

经调查，认定起火时间为 2017 年 2 月 14 日 1 时 19 分许，起火点位于店铺东北角货架底部。主要依据如下：

（1）2017 年 2 月 14 日 1 时许，赵某某在东江地摊市场北区第 29 号商铺（起火建筑隔壁）睡觉，突然听见旁边的商铺有"啪啪"的响声，然后闻到很大烟味，打开门后发现"维修店"门口招牌着火了，并从店里面冒出很大浓烟。

（2）厦联路"云浮石材"商铺的监控视频显示，2017 年 2 月 14 日 1 时 19 分许，东莞市长安镇厦岗社区厦联路 11 号东江地摊市场北区第 30 号商铺"维修店"的东北角突然出现火光。

（3）现场勘查情况。

① "维修店"经营区域中部、南面、西面的其他物品没有明显的过火痕迹（见图 5-88、图 5-89）。

图 5-88　店内烧损情况（由北向南拍）

图 5-89　店内烧损情况（由东向西拍）

②"维修店"东侧的卷闸门烧损严重，卷闸门北侧烧损较严重，南侧没有明显的烧损痕迹；卷闸门北侧底部烧损严重，形成"V"形痕迹，且卷闸门北侧底部烧损呈内部重外部轻痕迹（见图5-90、图5-91）。

图5-90　东侧卷闸门外部烧损情况（由东向西拍）

图5-91　东侧卷闸门内部烧损情况

③"维修店"经营区域北面的货架烧损严重，呈东重西轻，烧损痕迹呈东面低位严重，西面没有明显的烧损痕迹，形成斜面"\"的燃烧痕迹。货架上的木板朝地的一面烧损严重，朝屋的一面烧损较轻，呈现由下向上的燃烧痕迹。货架上的物品烧损后掉落，物品向东面掉落。店铺东北角货架底部堆放有大量的物品，物品烧损十分严重，形成低位烧损的痕迹（见图5-92）。

图 5-92 "维修店"经营区域北面的货架烧损情况

(二)起火原因的认定

(1)排除放火引起火灾的可能性。根据东莞市公安局和东莞市公安局长安分局调查走访情况、监控视频分析和现场勘验情况,排除放火刑事犯罪的嫌疑。

(2)排除电线故障引起火灾的可能性。经调查,起火点处没有电线经过,排除电线故障引起火灾的可能性。

(3)排除雷击引起火灾的可能性。发生火灾时,东莞市长安镇厦岗区域无雷电现象发生。

(4)认定起火原因是"维修店"东北角货架底部堆放的锂电池自燃起火。

①厦联路"云浮石材"商铺的监控视频显示,2017 年 2 月 14 日 1 时 19 分许,东莞市长安镇厦岗社区厦联路 11 号东江地摊市场北区第 30 号商铺"维修店"的东北角突然出现火光。

②经现场勘验,店铺东北角货架底部堆放有大量的物品,物品烧损十分严重,形成低位燃烧的痕迹,此处货架上的物品烧损最严重,呈下重上轻的痕迹。对残留物进行清理,发现此处堆放有大量锂电池,锂电池烧损严重,形成低位燃烧的痕迹(见图 5-93、图 5-94)。

③"维修店"内其他区域没有明显的过火痕迹,只有货架底部有过火痕迹,且此处烧损最严重,形成低位燃烧的痕迹,并以此为中心向四周递减。

④起火点处堆放有大量的锂电池,锂电池容易自燃,具备引发火灾的条件(注:锂电池自燃起火是由于电池内部的活性物质及电解液组分之间发生化学与电化学反应产生大量的热与气体。电解液的溶剂为有机碳酸酯类化合物,它们具有高活性,极易燃烧。在滥用情况下,如过充、过热、短路、针刺、撞击等,释放大量的热和气体,导致锂电池起火、爆炸)。

综上所述,根据现场勘验痕迹、证人证言、监控视频等证据,认定该起火灾起火原因是"维修店"东北角货架底部堆放的锂电池自燃起火。

图 5-93 货架清洗后的情况

图 5-94 清理现场后发现的锂电池

四、事故教训

（1）建筑消防安全存在"先天不足"。从起火建筑使用情况来看，属于经营、居住"二合一"的违规建筑；起火建筑屋顶为铁皮隔热棉，增加了火灾荷载；"维修店"经营区域与居住区域未按规定进行防火、防烟分隔，且居住区域也未设置疏散门或逃生口。火灾发生时，大量有毒烟气封住逃生通道，并迅速扩散到居住区域，人员因吸入有毒烟气，丧失逃生自救能力。

（2）居住人员消防安全意识淡薄。此次火灾属于"小火亡人"，过火面积才 5 平方米，是一起相对较小的火灾，却造成了 3 人死亡，1 人受伤，说明起火建筑内居住人员的消防安全意识薄弱，对身边明显存在的火灾隐患辨别不清、重视不够。

（3）锂电池火灾事故层出不穷，防火安全不可大意。随着锂电池的广泛应用，其火灾危险性也逐渐显现，锂电池频频发生火灾事故，对社会和家庭都造成了不小的影响。

（4）相关职能部门监督工作落实不到位。职能部门对辖区内的"三小"场所、商铺违规住人的消防安全隐患排查和整治工作做得不到位，暴露出日常巡查检查、网格管理流于形式，消防宣传工作覆盖面不广等问题。

五、火灾警示

（1）坚持严格执法。针对当前"三小"场所、出租屋，尤其是"三合一""多合一"建筑火灾事故频发的情况，必须突破传统的查处办法，加大执法力度，采取有力手段督促整改，对违规住人拒不整改的，依法予以查封、取缔、停租。同时，要加强对电动自行车违规停放和充电的治理，对违规在疏散通道、楼梯间以及不符合消防安全条件的室内场所停放和充电的电动自行车，应责令当场改正，车主不在场的情况下，由属地村（社区）安排临时保管。

（2）提高业务水平和改进技防措施。定期组织业务培训，增强基层服务巡查队的排查和指导隐患整改能力；以整改火灾隐患，优化消防环境、消除场所安全隐患为最终目的，抓好各类技术改造手段的落实；从根本着手，消除"三小"场所及出租屋安全隐患。

六、调查体会

火灾发生后，火调人员立即赶赴现场设置警戒线，同时，要求辖区派出所保护火灾现场，第一时间寻找周边监控及目击证人，通过监控视频分析、证人证言，确定了起火部位。调查人员在勘查起火部位时耐心、细致、认真，最终清理出大量锂电池，这对认定起火原因发挥了至关重要的作用。

2022年东莞市大朗镇竹山竹园一路一街12号"10·25"火灾

2022年10月25日4时48分许,东莞市大朗镇竹山竹园一路一街12号发生一起一般火灾事故,火灾烧损部分建筑结构以及一批毛织缝纫机、毛织物,疏散了9名被困人员,无人员伤亡。

一、基本情况

起火建筑位于东莞市大朗镇竹山竹园一路一街12号,该建筑为四层村民自建房,高15米,钢筋混凝土结构(见图5-95),占地面积150平方米。伍某某租用了整栋自建房,一层转租给其他人作为毛织作坊,二层车间为着火层,存放大量羊毛织物和加工工具(见图5-96);三层及四层为员工宿舍,建筑设有两条逃生楼梯,生产区域和住宿区域没有完全物理分隔。

图5-95 起火建筑概貌

图 5-96　二层为着火的毛织车间

二、火灾发生经过和救援情况

2022年10月25日5时02分许，东莞市消防救援支队指挥中心接到报警：东莞市大朗镇竹山竹园一路一街12号起火。指挥中心立即调派大朗大队共7辆消防车、32名指战员前往救援。到达现场后，指挥员立即开展火情侦查。经询问报警人，得知起火场所为二层毛织缝纫机车间，共有9名被困人员。5时20分许，搜救组在屋顶天面发现9名被困人员，沿疏散楼梯转移被困人员至安全区域。5时25分许，成功救出被困人员后，指挥员重新调整了现场救援力量。6时59分许，明火基本被扑灭。

三、火灾原因调查

根据现场勘验痕迹、证人证言等证据，认定该起火灾起火时间为2022年10月25日4时48分许，起火部位为东莞市大朗镇竹山竹园一路一街12号二楼车间中部靠东北侧区域，起火原因为二楼车间中部靠东北侧区域的电气线路故障引燃周围可燃物。

（一）起火时间的认定

经调查，认定起火时间为2022年10月25日4时48分许。主要依据如下：

（1）调查询问情况。据现场人员郑某某反映，事发当天他正在起火建筑的三楼休息，5时许，三楼突然断电，同时发现楼梯间有浓烟和火光。

（2）监控视频分析。根据起火建筑外围监控视频显示，4时48分许，已有群众在周边停留并观望起火建筑，说明此时建筑已出现异常情况。4时49分许，从楼下停放车辆的挡风玻璃上可以看到有火光反射，因此认定火灾起火时间为4时48分许。

(二) 起火部位的认定

经调查,认定起火部位为东莞市大朗镇竹山竹园一路一街 12 号二楼车间中部靠东北侧区域。主要依据如下:

(1) 现场勘验情况。从过火痕迹来看,二楼车间西南侧堆放大量毛织物,毛织物表面烧损焦黑,毛织物堆下层部分过火痕迹较轻。中部靠东北侧区域的毛织缝纫机烧损,二楼车间中部区域烧损痕迹最重,烧损痕迹向四周逐渐递减(见图 5-97)。二楼车间上方天花板设有部分铁制支架,部分支架向东北侧方向坍塌。天花板东北侧区域靠中部部分批荡层烧损脱落,钢筋裸露(见图 5-98)。靠西北墙放置的缝纫机东南一侧烧损,另一侧较完好;靠东南墙放置的缝纫机西北一侧烧损,另一侧较完好。

图 5-97 车间中部区域烧损痕迹最重,烧损痕迹向四周逐渐递减

图 5-98 天花板批荡层脱落,钢筋裸露

（2）调查询问情况。根据证人郑某某的证言，他从三楼逃生经过二楼时，发现着火位置位于二楼车间中部靠东北侧区域，当时西南侧区域没有着火。

（三）起火原因的认定

经调查，认定起火原因为二楼车间中部靠东北侧区域的电气线路故障引燃周围可燃物。主要依据如下：

经现场勘验，二楼车间中部靠东北侧区域的毛织缝纫机烧损严重，毛织物过火炭化，附近残留烧损的电气线路，电线绝缘层烧损，线芯裸露（见图5-99）。结合证人证言，事发时二楼车间的机器处于通电状态，但没有人员在场。该区域未存放易燃易爆物品，未发现遗留火种痕迹，未发现明显液体燃烧的流淌痕迹。经排除人为放火、遗留火种引燃、易燃易爆物品自燃等可能性，最终认定起火原因为电气线路故障引燃周围可燃物。

图5-99　电线绝缘层烧损，线芯裸露

四、事故教训

（1）"三小"场所、出租屋经营者疏于消防安全管理。该场所放置大量可燃的毛织衣物料，并且堆放凌乱，未按安全规范进行放置。毛织衣物料附近敷设大量电气线路，且电气线路未定期安排专业人员进行检测维保，给此次火灾的发生增加了可能性。

（2）场所设住宿区域不符合规范。该起火灾发生在4时48分许，正值毛织行业人员休息时段，住宿人员位于起火区域以上的楼层休息，而该场所的经营加工区域与住宿区域未进行有效的物理分隔，且远远达不到住人条件，存在严重的消防安全隐患，导致火灾发生后楼上休息的人员无法通过疏散楼梯进行逃生。

（3）经营者缺乏消防安全意识。该场所经营者消防安全意识淡薄，未意识到其在该场所设住宿区域会存在极大的消防安全隐患，存在侥幸心理。

五、火灾警示

（1）火灾荷载大。家庭式毛织加工作坊普遍配置电脑针织机，通常需24小时不间断超负荷使用，且完成订单后才停机维护，而一个订单的周期少则15天，多则一个月以上。同时，加工作坊内存放大量毛织原料，增加了火灾荷载。

（2）毛织行业"三合一"场所的业主及经营者普遍存在消防安全意识淡薄的问题。受经济利益驱动，他们往往忽视安全生产要求，规避消防法规，导致消防安全管理漏洞百出。另外，由于这一行业大多都是小本生意，业主及经营者为节省成本，并没有重视消除消防安全隐患的工作，也未配备专职消防管理人员，导致日常消防安全检查流于形式，各种违规违章的行为层出不穷。

（3）消防安全管理"上热下冷"的现象较为普遍和突出，主要表现在属地消防安全监管职责落实不到位，不愿管、不敢管的现象较为突出。大朗镇村民自建房的管理问题已经不仅仅是消防安全管理问题，只不过所出现的问题多数是以火灾的形式表现出来，因此，其他负有安全监管职能的部门容易把这一问题单纯地指向为消防安全问题，在监管上同样是不愿管，而仅依靠消防部门的监管力量就显得杯水车薪。

（4）落实消防安全责任制。对于"三小"场所，应按照"谁经营，谁负责"的原则，建立健全消防安全责任制，落实消防安全责任人。经营单位应严格按照广东省《小档口、小作坊、小娱乐场所消防安全整治技术要求》开展达标创建工作，落实技防物防措施，配备报警装置和灭火设施，并落实每日防火检查和巡查，确保疏散通道畅通。

（5）加强火灾危险源控制。"三小"场所装修材料必须采用难燃或不燃材料，电气线路必须穿金属管或PVC阻燃管进行保护，不违规用火、用电、用油、用气，规范电动自行车停放、充电。

（6）加强培训，提高群众消防安全意识。"三小"场所工作人员普遍学历较低，消防意识不强，加强消防培训和教育就显得尤为重要，使其掌握必要的消防安全知识，如防火灭火知识、火灾的危害、火场逃生技能、如何使用灭火器、火灾预防措施等。相关职能部门和属地村（社区）要增加宣传消防知识的频次和广度，采用"接地气"的方式，使经营者牢固树立消防安全责任主体意识，提高自防自救能力。

六、调查体会

该火灾发生在毛织业小作坊内，火灾发生时，场所人员均在三楼、四楼就寝。由于场所内没有监控设备，人员在讲述逃生过程中提及起火二楼的情况，称当时明火是在中部靠东北侧区域，另一侧未见火光。通过现场的痕迹勘验，起火二楼西南侧区域毛织物料烧损痕迹相对较轻，还有大部分物料未过火燃烧。相反，东北侧区域烧损痕迹较重，现场痕迹也证实了该人员的说法，从而确定了起火部位。因此，证人证言和现场痕迹要相结合，当两者一致时，才具有真实性。

2022年东莞市企石镇新南村宝石路485号"4·12"火灾

2022年4月12日05时03分许,东莞市企石镇新南村宝石路485号民宅发生一起火灾事故,火灾烧损部分建筑结构及塑胶制品一批。

一、基本情况

起火建筑位于东莞市企石镇新南村宝石路485号,建筑南侧为宝石路,北侧为空地及一栋三层村民自建房,东侧、西侧均为一栋三层村民自建房。起火建筑为一栋长方形建筑,地上三层,首层为钢筋混凝土结构,二层及三层为钢结构,三层天花板均为塑胶帆布(见图5-100、图5-101)。经现场测量,该建筑占地面积约240平方米,首层钢筋混凝土结构建筑面积约240平方米,二层至三层钢结构建筑面积约510平方米,总建筑面积约750平方米。首层主要存放塑胶原料及成品仓库,二层为塑胶制品生产车间,三层主要为厨房、生活住宿区和成品晾晒区。

该建筑由姚某于2022年3月15日租给许某使用,许某租用后作塑胶生产和员工住宿使用。

图5-100 起火建筑正面

图 5-101 起火建筑后面

二、火灾发生经过和救援情况

2022年4月12日05时03分许,企石消防救援大队接到支队119指挥中心电话:东莞市企石镇新南村宝石路485号民宅发生一起火灾事故。指挥中心立即调派企石消防大队5辆消防车、28名指战员赶赴现场处置。05时07分,大队值班干部率首批救援力量到达现场处置,第一时间组织开展火情侦察、人员疏散及火灾扑救。05时25分,明火被完全扑灭。

火灾发生后,东莞市人民政府及企石镇人民政府等有关单位的领导亲临火灾现场指导火灾事故处置工作。

三、火灾原因调查

火灾发生后,在东莞市消防救援支队的指导下,调查人员通过大量的调查询问取证工作,对火灾现场进行详细的反复勘查,收集和掌握了大量的第一手材料。

(一)起火时间的认定

经调查,认定起火时间为2022年4月12日凌晨4时58分许。主要依据如下:

监控视频显示,起火建筑东面墙上出现微弱火光,经视频微变分析,认定起火时间为2022年4月12日凌晨4时58分许。

(二)起火点的认定

经调查,起火部位为二楼东北角,有过火及烟熏痕迹,认定起火点为二楼东北角由东向西第三间洗手间西侧门框旁边地面的红色塑料桶(距东墙3.9米、距北墙2.4米)(见图5-102至图5-104)。

图 5-102 二楼东北角过火及烟熏痕迹

图 5-103 起火点处"热得快"

图 5-104 起火点处红色塑料桶

(三）起火原因的认定

经调查，认定起火原因为红色塑料桶内的"热得快"持续干烧过热导致电气线路故障引燃周边可燃物（见图5-105至图5-107）。

图5-105 "热得快"与插座连接点

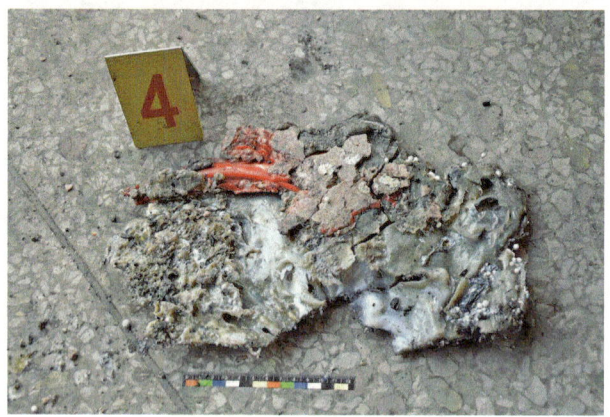

图5-106 红色塑料桶烧损情况

图5-107 "热得快"干烧过热后发热管变色痕迹

四、事故教训

（1）建筑安全隐患突出。起火建筑属于村民自建用房，经营者在投入使用后未办理任何相关行政手续。建筑存在"先天不足"问题，只有一条疏散楼梯；扩建二层、三层钢结构建筑，且生产车间与住宿区域设置在同一建筑内。而此类问题一直存在，长期"带病运行"。

（2）电线设置不符合要求。车间内的部分电线存在电线裸露现象，部分电线未按要求进行敷设，部分货物、生产原材料堆放在电线下方，一旦遇到电线短路或过载等情况，极易引燃周边可燃物。

（3）日常管理混乱。起火建筑内的企业未制定本单位的消防安全制度、消防安全操作规程等，未组织开展防火巡查，未落实消防设施的管理、维修、保养等工作，未落实消防安全生产主体责任。

（4）疏散通道不畅通。起火建筑内只有一条疏散楼梯且楼层之间未进行防火分隔，火灾发生时，大量有毒烟气封住逃生通道，并迅速扩散到二层、三层，人员因吸入有毒烟气，丧失逃生自救能力。

（5）经营者许某消防安全生产主体责任未落实。许某违规在小作坊顶楼设置居住场所，未开展防火检查，未及时发现并消除员工用电热棒烧水洗澡的安全隐患。

（6）房东姚某未履行消防安全管理责任。姚某将房屋租赁给许某后，既未督促协助许某做好消防安全工作，也未及时对存在的消防违法行为进行制止。

（7）消防安全责任落实不到位。经了解，由于小作坊属无牌无证擅自经营，为了逃避监管检查，该经营者长期关闭所有大小门，导致巡查人员误以为该建筑尚未出租，加上当时该村积极响应上级工作部署要求，组织全员全力开展疫情防控、全民核酸检测等工作，导致村委会未及时发现该小作坊已开始生产，未能对该建筑开展巡查。

五、火灾警示

（1）健全消防安全管理制度。企业人员多、可燃物多，发生火灾的危险也越大。因此，要制定消防安全管理制度，对消防设施设备等进行规范管理。此外，要安排专人定期对消火栓等消防设施进行检查，一旦发现有损坏的消防设备，应立即更换或维修，使消防设施始终处于良好备用状态。

（2）定期开展隐患排查。火灾的发生往往是由于疏忽大意，因此，防火巡查是排除火患的重要环节，巡查人员要认真对企业用火用电有无违章情况、安全出口是否关闭、疏散通道是否堆放杂物等消防安全情况进行检查，对发现的问题要及时处理，整改到位，做到防微杜渐。

（3）强化消防安全宣传。村（社区）要对小作坊负责人及从业人员普及消防安全基本常识，提高居民的消防安全意识。小作坊负责人也要对新员工进行消防安全岗前培训，定期对员工宣传消防安全知识，让员工重视消防安全。

六、调查体会

该起火灾体现了区域协作机制的重要性，火灾发生后，启动区域协作机制，调派了周边辖区的火调人员前往现场开展调查，现场分为视频组、询问组、勘验组。在统一指挥下，有效地开展各项工作，询问组第一时间反馈有效信息给勘验组，勘验组结合询问信息、现场痕迹，确定起火部位，清理起火部位后提取物证，为火灾认定提供了有力的证据。

2022年东莞市东城街道主山社区草岭路3号106室"9·13"火灾

2022年9月13日6时28分许,东莞市东城街道主山社区草岭路3号106室的东莞市东城华仔电动车维修店发生火灾,造成1人死亡。

一、基本情况

(一)事故相关单位情况

东城华仔电动车维修店(见图5-108),注册地址为东莞市东城街道主山社区草岭路3号106室,统一社会信用代码为92441900MA7L6K***,法定代表人为黄某某,类型为个体工商户,经营范围:电动自行车维修、电动自行车销售、电池销售。

图5-108 起火后店铺

(二)建筑基本情况

起火建筑建于1999年,坐东朝西,西面为草岭路,东面、南面、北面都是居民住宅,该建筑地上五层,高20米,占地面积约1 000平方米,建筑面积约5 000平方米,钢筋混凝土结构(见图5-109)。建筑首层为临街商铺(15家),首层商铺与建筑其他部分相对独立,二至五层为公寓式酒店,该建筑主要物权属于主山社区。起火店铺为建筑首层106室,长8.55米,宽4.2米,建筑面积约35.9平方米,内设钢板水泥二层阁楼,阁楼面积约 10 平方米。商铺产权人为叶某某，黄某某于 2020 年 4 月 1 日与叶某某的丈夫张某某签订租赁合同，租用该商铺，提供电动自行车维修和蓄电池租赁服务。店铺一楼为快递、外卖骑手等提供更换电池服务以及维修电动自行车，东北面为蓄电池充电区；二层阁楼兼具放置配件及人员休息功能，该店铺为 24 小时营业场所。

图 5-109　起火前建筑

二、火灾发生经过和救援情况

（一）事故发生经过

经调取现场周边视频显示，9 月 13 日凌晨 2 时 30 分许，黄某某在店铺门前停留一阵子就回到店铺，直至火灾发生都未出现。酒店正门监控视频显示，9 月 13 日 6 时 31 分 04 秒（北京时间 6 时 28 分 56 秒），东城华仔电动车维修店玻璃有闪光，接着酒店监控拍摄到店铺后门有浓烟冒出。据群众谭某某反映，9 月 13 日 6 时 28 分许，其在酒店一楼做报表时突然听到起火店铺传出爆炸声，走出去发现起火店铺后门有浓烟冒出，伴随噼啪声响和爆炸声。

（二）应急救援情况

2022 年 9 月 13 日 6 时 28 分许，东城街道草岭路 3 号的店铺发生火灾。东城大队接到指挥中心调度指令后，迅速调动中心站、樟村站、同沙站，出动 9 辆消防车和 40 名指战员赶赴现场处置。6 时 37 分许，东城专职消防队到达现场，现场已处于猛烈燃烧阶段。救援人员立即出动两个水枪阵地，同时派出两组搜救组进行人员疏散，于 7 时 10 分，搜救出一名被困人员，经现场医护人员确认已无生命体征。7 时 15 分，明火被扑灭。

8时2分，火场清理完毕，现场交由东城大队负责监护，其余增援力量收整器材归队。

三、火灾原因调查

（一）询问调查情况

事故发生后，事故调查组对相关人员进行了调查询问，简要情况如下：

（1）谭某某：2022年9月13日6时28分许，我在东城街道草岭路3号109室东莞市泊趣酒店公寓一楼前台做报表，听到隔壁店铺有爆炸声响，第一声很响，接着有连续爆炸声。我看到外面有人过来查看，我猜可能着火了，就跑到后门，发现106店铺的后门冒浓烟，并伴随着噼里啪啦烧电线和电池爆炸的声音，我立即打电话给负责人，并拨打119报警。

（2）王某某：起火店铺是2020年4月份开业的，店主叫"华仔"，就他一个人经营，主要业务是维修电动自行车和给外卖员的电动自行车提供电池。平时我看到很多外卖员在隔壁店铺换电池。事发当天凌晨三点，我搞完卫生时发现店铺已经关门了。

（3）方某某：我是经营电动车买卖的，黄某某是维修电动车的，我都是把电动车给他维修，平时来往较多。他的店铺进门左边放了一个双层货架，上面放满了轮胎，货架再往里放了两个外卖箱，外卖箱旁边放了冰箱和电脑，电脑旁是一米七的沙发，沙发后有一个货架，放了电动车的配件和杂物，货架后面是电池充电的地方。铺位右边放的是充气的工具，还有一个放修车工具的货架。因为锂电池功率大、收费高，所以黄某某主要靠锂电池充电赚钱。店铺的电池经常有老化发生故障的现象，我看到过好几次电池冒烟或着火。我也劝过他很多次，叫他不要在室内充电，这些电池有存在故障的、有使用年份比较长的，危险大，出事概率高。

（4）甘某某：9月12日14时，我去106店铺吃饭、喝奶茶，然后在一楼沙发休息，17时接单跑外卖，21时又到店里躺在沙发上玩手机游戏，当时黄某某坐在门口看手机。晚上12点我又接单去送外卖，送完外卖已经是9月13日凌晨2时了，到店发现黄某某在沙发上玩手机，后来我又出去送外卖，送完就直接回家了，3时10分左右我就睡觉了。店铺内阁楼有沙发床，一楼也有个沙发，店主有时候躺沙发就睡了，有时候睡阁楼的沙发床上。他吃饭一般是叫外卖，有一个电磁炉，没有用明火，平时也不点蚊香。

（5）张某某：2020年4月1日，我以每个月2 000元的租金把106店铺租给黄某某，店铺有一个阁楼，为钢架混凝土结构。2022年6月份的时候我去那里看了一下，当时没有发现店铺里有电动车电池充电的情况，但因为个人身体的原因，我之后没有去看过店铺了。

（二）现场勘查情况

为查明事故原因，事故调查组对事故现场进行了勘验检查，情况如下：

（1）初步勘验。

起火店铺卷闸门朝西，后门位于东墙偏北处。店铺内阁楼位于一楼东侧区域上方，面积约 15 平方米，铁板钢柱结构（见图 5-110）。一楼西侧放置的电动车过火严重，表面烧损。南墙西侧靠门处为充气机，充气机东侧放置一个货架。北墙西侧放置了一个货架，货架东侧为冰箱、电脑台和沙发。一楼靠南墙处装有楼梯，楼梯可通往阁楼，楼梯底下为厕所。靠东墙沿南北方向放置一个货架，靠北墙沿南北方向放置一个货架及两个铁架，该货架东侧地面散落多个电池组。阁楼靠东墙偏北放置一张沙发床，西侧放置工作台，南侧放置电动车轮毂及电池维修配件。

图 5-110　店铺烧损情况

店铺整体过火较重，南、北墙皮烧损脱落（见图 5-111、图 5-112），顶部楼板烧损脱落，地面散落大量炭黑色燃烧残骸，阁楼受高温烘烤作用发生弯曲变形，锈蚀明显

图 5-111　店铺南墙严重烧损脱落

图 5-112 店铺北墙严重烧损脱落

（见图 5-113）。店铺外侧过火严重，店铺上方的招牌烧毁，内部骨架裸露，店铺卷闸门明显过火且受高温作用表面锈蚀。店铺内侧玻璃大门过火严重，整体碎裂，店铺外侧地面有大量燃烧物残渣，外侧的西南方向放置充电箱，充电箱倒塌在地面，外壳轻微过火表面锈蚀。

图 5-113 阁楼受高温烘烤发生弯曲变形

（2）细项勘验。

店铺内部整体过火严重，有大量燃烧物残骸，阁楼底部槽钢骨架明显过火且受高温作用变形向下弯曲。一楼西侧区域整体过火痕迹呈北重南轻、东重西轻。南北墙及天花板批荡层大面积脱落，靠墙散落若干货架残骸，货架受高温烘烤作用弯曲变形锈蚀明显。对一楼中部的电动车进行清理，发现该区域过火烧损部分地板，靠东侧货架区域瓷砖过火痕迹西重东轻。阁楼过火痕迹北重南轻，东侧窗户防盗网受高温烘烤作用弯曲变形。一楼东侧区域过火痕迹中间重四周轻。靠东墙货架过火痕迹北重南轻，靠北墙货架过火痕迹南重北轻，且货架中间横梁受高温作用出现向下弯曲变形痕迹（见图 5-114）。厕所内部无明显过火痕迹，厕所门口金属架过火痕迹较轻。靠北墙货架散落 18 个锂电池组，锂电池组有不同程度过火痕迹，部分锂电池组出现变形痕迹，外壳破损（见图 5-115）。锂电池正上方钢板中部区域锈蚀明显，出现大量点状残骸附着痕迹。

图 5-114　货架烧损变形

图 5-115　现场锂电池组烧损情况

（3）专项勘验。

对店铺进行电气专项勘验：电箱位于北墙西侧靠门处，电箱过火锈蚀脱落，对线路进行勘验，未发现电气线路故障痕迹（见图 5-116）。由电箱引出线路沿墙至北墙东侧货架旁并排布置有 10 个充电插座，插座过火痕迹较重，外重内轻，外壳烧毁，内部铜导线暴露（见图 5-117），对插座线路进行勘验，未发现电气线路故障痕迹。东侧北面货架区域锂电池组过火痕迹较重，有不同程度受损，部分锂电池组外壳有明显烧损，内部电芯裸露。

图 5-116　现场电气线路

图 5-117　清理后复原充电装置

（三）物证提取情况

1 号物证：于店铺东侧区域夹层下方，距西墙 1.1 米、距东墙 1.4 米处提取烧损锂电池残骸，编号为 1 号物证。

2 号物证：于店铺东侧区域夹层下方，距西墙 1.0 米、距东墙 1.8 米处提取地面炭化物残骸，编号为 2 号物证。

3 号物证：于店铺东侧区域夹层下方，距西墙 0.8 米、距东墙 1.5 米处提取烧损充电器残骸，编号为 3 号物证。（见图 5-118）

图 5-118 物证提取情况

综上所述,根据证人证言、现场勘验痕迹、现场物证等证据,认定起火时间为 2022 年 9 月 13 日 6 时 28 分许(经北京时间校准),起火部位为东莞市东城华仔电动车维修店东北侧铁架上,起火原因为东莞市东城华仔电动车维修店东北侧铁架上的锂电池热失控引发。

四、事故教训

事故场所 2020 年 4 月份开始营业,从 2020 年 4 月至事故发生期间,主山社区涡岭分社消防巡查员与东城街道网格管理中心的巡查员多次对事发场所进行了检查,但未能发现该场所存在的消防隐患,或者发现其在室内锂电池充电的危险行为时未能责令进行整改,且未向上级反馈。以上情况暴露出社区检查人员与网格中心的巡查员在对辖区内的场所进行检查时,未能及时发现消防隐患并对问题进行处理和反馈。

五、火灾警示

(1)产品质量管控滞后。随着快递、外卖行业的迅猛发展,电动自行车及锂离子电池产业快速扩张,但相关产品质量标准尚不健全,导致产品质量管控滞后。特别是对充电自燃问题的关注和监管不足,致使此类安全事故频发,呈逐年上升趋势,严重威胁群众生命财产安全。

(2)基层巡查人员对安全风险预见性不足。东莞市对"三小"场所、出租屋消防安全隐患巡查和整改建立了一整套监管机制,网格部门负责隐患巡查,社区既兼顾巡查也跟进整改。主山社区的网格人员虽多次巡查涉事场所,但未能充分预判电动自行车电池充电柜设置在室内的安全隐患，包括电池充电自燃以及室内的人员安全疏散问题。一旦电池发生自燃起火，其迅速释放的有毒烟气将严重威胁室内人员生命安全。

（3）经营主体消防安全意识极其欠缺。经营者将集中充电柜设置在首层室内，室内又设了阁楼，且经营场所长期24小时经营，而电池使用频率高，充电频繁，达到使用年限的电池自燃风险极高，而一旦自燃发生在夜间，造成的人员伤亡将难以避免。

六、调查体会

火灾发生后，火调人员迅速赶赴现场，有序地开展了现场勘查、证据收集和痕迹分析工作。通过调取并研判周边监控视频，调查人员发现火灾初期燃烧特征符合锂电池热失控引发的起火现象。在火灾现场勘查过程中，调查人员发现店铺内违规存放大量锂电池。调查人员通过痕迹分析，确定了起火部位，并结合相关物证和证人证言，准确地分析了火灾发生的原因，为后续责任追究提供了有力依据。

2023年东莞市大朗镇屏山屏安路29号"5·10"火灾

2023年5月10日0时26分许,东莞市大朗镇屏山屏安路29号102室发生一起一般火灾事故。火灾烧损一批电器设备、生活用品、家具和房屋结构等,造成6人受伤。

一、基本情况

起火建筑为东莞市大朗镇屏山屏安路29号102室,该建筑是一幢出租性质的村民自建住宅,地上七层,钢筋混凝土结构,占地面积约300平方米,建筑面积约2 400平方米(见图5-119)。该建筑土地属于东莞市大朗镇屏山社区居委会所有,建筑产权属于周某某所有。建筑首层101室出租给"清真西北牛肉面馆"做餐饮,102室出租给长顺建设集团有限公司屏安路项目部作办公室使用,内设有一夹层。其中,首层102室使用面积为120平方米,夹层面积为97平方米,后来长顺建设集团有限公司屏安路项目部将102室的夹层分隔成5个房间作宿舍使用。住宿人员有13人,均为屏安路工程项目部的施工人员。

图5-119 起火前建筑概貌

二、火灾发生经过和救援情况

2023年5月10日0时35分许,东莞市消防救援支队指挥中心接到报警:大朗镇屏安路29号一住宅发生火灾。指挥中心立即调派大朗大队共11辆消防车、50名指战员赶赴现场处置。5月10日0时48分许,大朗镇犀牛坡消防分站救援人员到达现场。1时15分,明火被扑灭。此次火灾营救出6名被困人员。

三、火灾原因调查

根据现场勘验、证人证言、监控视频、鉴定意见书等证据,认定该起火灾起火时间为2023年5月10日0时26分许,起火部位为东莞市大朗镇屏山屏安路29号102室一层办公室西南角的电箱(距地面1.8米),起火原因为办公室西南角的电箱发生电气线路故障引燃周围可燃物。

(一)起火时间的认定

经调查,认定起火时间为2023年5月10日0时26分许。主要依据如下:

(1)报警记录。该起火灾报警时间为0时35分,报警人发现火情时,首层火势已较大,且持续燃烧了一段时间。

(2)监控视频分析。通过调取周边的监控视频进行分析,0时26分许,东莞市大朗镇屏山屏安路29号102室办公室西南角附近出现一瞬间火光(见图5-120),随后有浓烟冒出,可以推断此时火灾已经发生。

图5-120 墙边反射出微弱的火光

(二)起火部位的认定

经调查,认定起火部位为东莞市大朗镇屏山屏安路29号102室一层办公室西南角的电箱(距地面1.8米)。主要依据如下:

(1)调查询问情况。据现场证人反映,火灾发生在首层办公室,且办公室门口当时并未起火,火光靠近办公室内侧。

（2）监控视频分析。通过调取周边的监控视频进行分析，0时26分许，东莞市大朗镇屏山屏安路29号102室办公室西南角附近出现一瞬间火光，在此之前，其他位置未见火光，该区域出现火光后，伴随有浓烟迅速冒出，燃烧特征符合起火过程，可以判定起火部位位于办公室西南角附近。

（3）现场勘验情况。办公室燃烧痕迹西重东轻。西侧西南角烧损痕迹最重，附近未见遗留火种痕迹，未见液体燃烧的流淌痕迹，仅有电气线路和电器设备烧损痕迹（见图5-121）。西南角设有一立柜式空调机和电箱，空调机身过火烧损均匀，对空调进行拆解后发现，空调内部结构保存尚完整，未见明显熔痕。对电箱进行专项勘验，该电箱外壳过火受损均匀，内部电线烧损炭化，存在熔断痕迹（见图5-122）。

图5-121 办公室西南角烧损情况

图5-122 电箱外壳过火受损均匀，内部电线烧损炭化

（三）起火原因的认定

经调查，认定起火原因为办公室西南角的电箱发生电气线路故障引燃周围可燃物。主要依据如下：

（1）现场勘验情况。办公室燃烧痕迹西重东轻。西侧西南角烧损痕迹最重，附近未见遗留火种痕迹，未见液体燃烧的流淌痕迹，仅有电气线路和电器设备烧损痕迹。西南角设有一立柜式空调机和电箱，对电箱进行专项勘验，该电箱外壳过火受损均匀，内部电线烧损炭化，存在熔断痕迹。

（2）调查询问情况。据现场目击人员邹某某反映，0时20多分，他在夹层的宿舍床上躺着看手机时，突然听到首层办公室方向传来"啪"的一声，随后夹层的风扇立即断电了，该风扇电源线路与办公室西南角电箱为同一组供电回路。

（3）物证检验情况。现场提取办公室西南角电箱的电线进行司法鉴定，根据广东震华痕迹司法鉴定所的鉴定意见书（粤震司法鉴定所〔2023〕痕鉴字第285号）：该电箱及内部的线路存在高温电弧和电热作用形成的痕迹。

综上所述，认定起火原因为办公室西南角的电箱发生电气线路故障引燃周围可燃物。

四、事故教训

（1）防火分隔不到位。长顺建设集团有限公司屏安路项目部在室内首层设办公室，夹层做宿舍，但住宿区域与首层未进行有效的防火、防烟分隔，且宿舍隔墙存在缝隙，导致首层办公室起火时，浓烟通过缝隙进入夹层住宿区域，造成人员疏散困难。

（2）擅自改变场所的使用性质。该项目部未向有关部门报备、报批，私自架设电气线路，将夹层分隔成5个房间，电气线路安全性未得到保证，且管理人员未定期进行电气线路检查，为此次火灾留下隐患。

（3）二手房东未履行监管职责，消防意识淡薄。二手房东杨某在得知该项目部改造102室做宿舍时，未能指出并督促其整改发现的消防安全隐患，安全监督不到位。

（4）逃生窗口被封堵。夹层住宿区域的窗口被防盗网封死，防盗网也没有安装逃生窗，导致人员通过窗口疏散逃生时需要撬开防盗网，从而延误疏散逃生的时机。

五、火灾警示

（1）行业部门监管责任落实不到位。该项目部是从2022年10月份开始租用的，最初作办公室使用，后来擅自违规改造夹层作员工宿舍使用，且防火分隔不达标，多处隔墙存在空隙。相关监管部门未能及时发现并制止上述违法行为，致使火灾发生时，无法保障人员安全疏散。

（2）属地安全监管责任落实不到位。屏山社区最近一次检查该场所的日期为2023年

5月6日，其在巡查中未能发现该场所存在的消防安全隐患。

（3）二手房东、项目部有关人员安全意识淡薄。房东只租不管，租客只用不管，未有效制定安全管理制度，未定期进行安全检查，未定期进行疏散逃生演练，对安全管理规定置若罔闻，安全意识非常淡薄。

六、调查体会

火灾发生在该场所的首层，事发时，所有人员都在夹层宿舍休息，由于建筑内无监控设备、无目击证人，调查人员到场后第一时间能够收集的信息并不多，加之大部分伤者被紧急送往医院抢救，询问取证工作未能全面展开。通过对其他人员进行询问，得知起火前办公室发出了一声异响，且夹层的电风扇随即停止运行，这一信息说明有可能是电气火灾。通过对起火办公室进行勘验，调查人员初步确定起火部位位于办公室西侧区域，但具体的起火点没有相关证据印证，调查工作陷入困境。在起火场所内未能找到新的突破点，调查人员便将注意力转移到建筑外围，发现该起火建筑邻近的一建筑有一个监控摄像头刚好对着起火场所，随即调取了该监控视频，通过监控视频分析确定了起火点为办公室西南角。再通过对西南角的电箱进行司法鉴定，证实该电箱发生了电气故障引起火灾。此次调查工作告诉我们，火灾调查取证是全面性的，当调查工作陷入困境时，我们不妨试一试将调查注意力转移到起火场所之外的地方，或许会有意想不到的收获。

2023 年东莞市莞城街道东门路花街 6 号"5·5"火灾

2023 年 5 月 5 日 0 时 49 分许,东莞市莞城街道东门路花街 6 号铺的东莞市莞城雯雯花店发生一起一般火灾,无人员伤亡。

一、基本情况

起火建筑为东莞市莞城街道东门路花街 6 号铺,属于沿街搭建商铺,简易铁皮棚结构,地上一层(见图 5-123、图 5-124),建筑产权者为莞城街道资产管理中心,由莞城街道资产管理中心委托街属企业东莞市莞城置业发展有限公司负责管理。该建筑南北长 5.6 米,东西宽 3.5 米,建筑面积 19.6 平方米。建筑坐东朝西,东面为兴贤街,南面为和阳路,西面为东门路,北面为相邻商铺东莞市莞城千娇艳花店。

图 5-123 起火建筑正面

图 5-124　起火建筑后面

二、火灾发生经过和救援情况

5月5日0时55分，东莞市消防救援支队接警中心接到报警，指挥中心立即调派莞城消防站、东城中心站、东城樟村站、石碣横滘村站等4个消防站共10辆消防车、42名消防员赶赴现场处置。5月5日1时32分，火势得到控制。1时41分许，明火基本被扑灭。3时44分许，余火被清理完毕，消防员全部归队。

莞城街道公安分局、应急管理分局、东正社区、资产管理中心在接到该起火灾警情后，立即组织人员到场协助，并开展现场应急救援处治工作，同时，做好疏散周边群众、进行交通疏导、维护现场秩序等工作。

三、火灾原因调查

根据现场勘查、调查询问、监控视频等证据，认定该起火灾起火时间为2023年5月5日0时49分许，起火部位为东莞市莞城雯雯花店东北角区域（距离东面隔墙约0.45米，距离北面隔墙约0.9米），起火原因为电气线路故障引燃周边可燃物引发火灾。

（一）起火时间的认定

经现场勘查、调查询问、监控视频分析，认定起火时间为2023年5月5日0时49分许。主要依据如下：

（1）接警调度。东莞市消防救援支队接警中心接到报火警的时间为2023年5月5日0时55分。

（2）监控视频时间校对。东莞市莞城雯雯花店监控设备位于商铺北面区域，视频角度由北向南拍摄（监控视频上传至网上云端），东莞市莞城开心鲜花店监控设备位于商铺东面区域，视频角度由东向西拍摄（监控视频上传至网上云端）。东莞市莞城雯雯花店监控视频显示，5月5日0时53分49秒，商铺内出现爆燃（见图5-125）。东莞市莞城开心鲜花店监控视频显示，5月5日0时53分49秒，监控设备显示有震动并伴有爆炸声（见图5-126），东莞市莞城开心鲜花店经营者莫某某（报警人）于0时55分07秒拨打电话报火警（与接警时间一致）（见图5-127），经对比分析，东莞市莞城雯雯花店监控时间和东莞市莞城开心鲜花店监控系统时间显示一致，且均与北京时间保持同步。

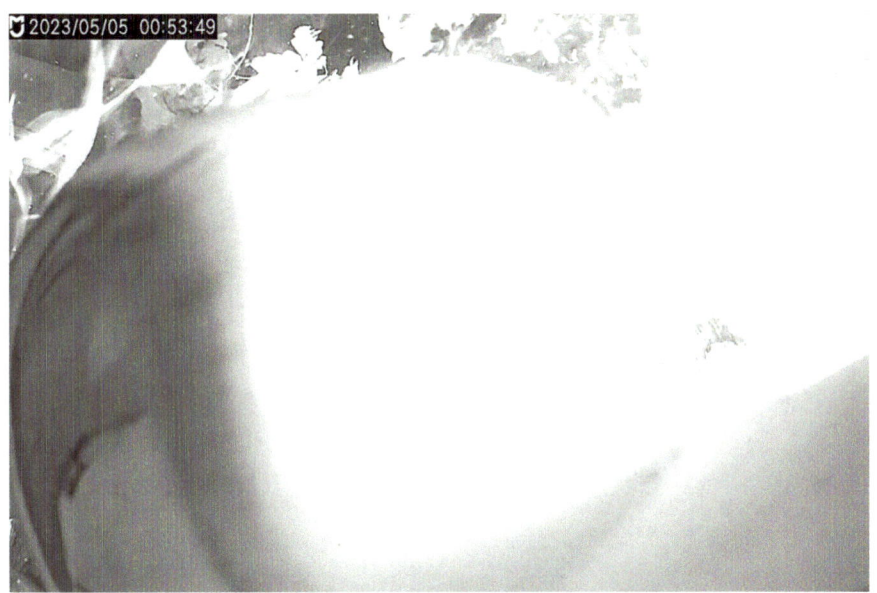

图5-125　东莞市莞城雯雯花店内出现爆燃

图5-126　东莞市莞城开心鲜花店监控视频

图 5-127 莫某某（报警人）正在报火警

（3）监控视频分析。东莞市莞城雯雯花店监控画面显示，5月5日0时31分13秒花店内出现烟雾，0时31分43秒再次出现烟雾，0时34分14秒至0时49分47秒，持续出现烟雾，但未见火光。0时49分48秒开始出现火光（见图5-128），之后火势逐渐蔓延，0时53分49秒出现爆燃，0时53分57秒监控画面消失。

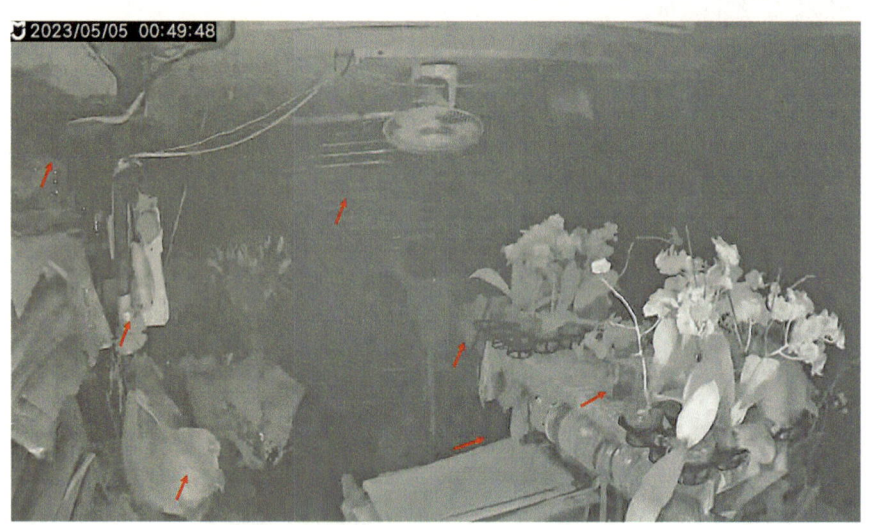

图 5-128 0时49分48秒东北角区域出现火光

（二）起火部位的认定

经现场勘查、调查询问、监控视频分析，认定起火部位为东莞市莞城雯雯花店东北角区域（距离东面隔墙约0.45米，距离北面隔墙约0.9米）。主要依据如下：

（1）调查询问情况。据花店经营者翟某某、周某某反映，花店的电气线路和用电设备集中在商铺东北角区域。

（2）监控视频分析。东莞市莞城雯雯花店监控画面显示，5月5日0时34分14秒至0时49分47秒，东北角区域持续出现烟雾，但未见火光。0时49分48秒开始出现火光，0时53分34秒东北角四层金属货架中间且靠近隔板边缘位置出现火焰（见图5-129）。

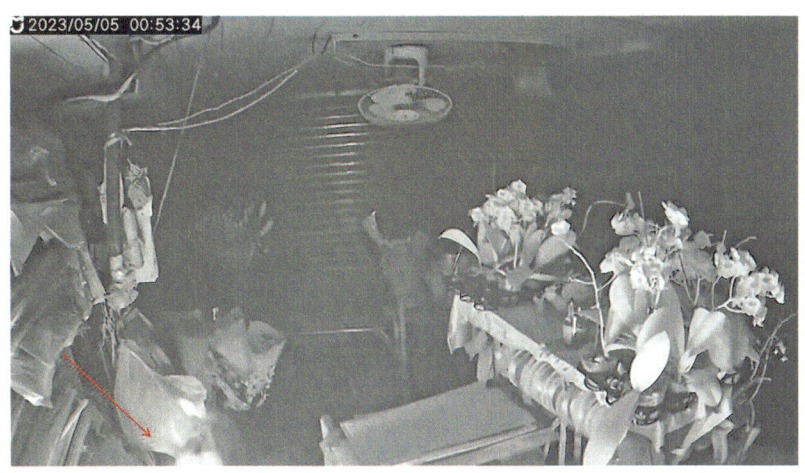

图5-129　0时53分34秒东北角区域出现火焰

（3）现场勘查情况。东莞市莞城雯雯花店顶棚金属龙骨、顶棚因高温受热导致局部变形，变形程度呈北重南轻。西北角区域的三层梯形货架东南侧变形和烧损程度最为严重，其他部位未见明显变形（见图5-130）。东北角区域金属立柱因受热导致上下两处折弯，下面向南面折弯，上面向北面折弯（见图5-131）。东北角区域四层金属货架北侧列第二、三、四层金属隔板因高温受热导致变形且向南面倾斜（见图5-132），金属隔板氧化程度呈南重北轻。经现场测量，花店东北角四层金属货架中间且靠近隔板边缘位置距离东面隔墙约0.45米，距离北面隔墙约0.9米。

图5-130　三层梯形货架东南侧变形和烧损情况

图 5-131　金属立柱因受热导致上下两处折弯

图 5-132　金属隔板因高温受热导致变形且向南面倾斜

(三) 起火原因的认定

经现场勘查、调查询问、监控视频分析，认定火灾原因为电气线路故障引燃周边可燃物引发火灾。主要依据如下：

(1) 排除放火嫌疑。经莞城街道公安部门调查，未发现内、外部人员进入现场放火的证据和疑点。经现场勘验，未发现起火建筑内地面及墙面附着助燃液体流淌痕迹；起火花店未设置窗户，未发现卷闸门被机械力破坏痕迹（消防救援人员灭火破拆除外）及可疑物品。

(2) 排除自燃的可能。经现场清理，未发现起火部位存放有可自燃物品。

(3) 排除遗留火种的可能。据花店经营者翟某某及其丈夫周某某反映，其商铺内没有点蚊香的习惯，经营者也没有抽烟的习惯。根据监控视频，周某某于5月4日21时38分许离开花店，且未见商铺内有使用蚊香的情况，因此不存在遗留火种。

（4）排除外来火源的可能。该花店未设置窗户，且起火前商铺的两道卷闸门都已上锁关闭，形成一个密闭空间，不存在外来火源的情况。

（5）排除雷击引起火灾的可能性。起火前未见下雨或者打雷，不存在雷击引发火灾的情况。

（6）调查询问情况。据花店经营者翟某某、周某某反映，花店的电气线路和用电设备集中在商铺东北角区域。火灾发生前，商铺多次出现电气线路故障导致断电、漏电的情况，但经营者未引起重视，未对电气线路进行检修。

（7）监控视频分析。东莞市莞城雯雯花店监控画面显示，0时34分14秒至0时49分47秒，东北角区域持续出现烟雾，但未见火光。0时49分48秒开始出现火光，之后火势逐渐蔓延，0时53分49秒出现爆燃，0时53分57秒监控画面消失。

四、事故教训

该起火灾共造成了17间商铺、3栋自建房、1辆汽车受损，教训极其深刻。

（1）起火商铺经营者消防安全意识淡薄。火灾发生前，该花店多次出现电气线路故障导致断电、漏电的情况，但经营者未引起重视，未对电气线路进行检修，导致电气线路长期"带病运行"。

（2）火情发现晚。根据该花店监控视频，火灾发生期间，商铺内的独立式烟感报警器一直未发挥作用。店内开始出现烟雾的时间为0时31分13秒，而报警的时间为0时55分，中间已经间隔了约24分钟，莞城消防站第一批力量到场时，现场火势已经进入了猛烈燃烧阶段，错过了最佳灭火时间。

（3）火灾荷载较大。据了解，东门路花街商铺普遍存放大量鲜花包装纸、花材。由于鲜花包装纸、花材的理化属性，火灾发生后，火势很快就进入猛烈燃烧阶段，并产生大量毒害烟气。

（4）违规使用可燃泡沫彩钢板。东门路花街商铺顶棚普遍使用可燃泡沫彩钢板，由于泡沫属于易燃材料，一旦着火，火势发展快，燃烧猛烈，极易发生大面积火灾。

（5）未采用实体墙做有效物理分隔。东门路花街商铺之间用塑料隔板进行分隔，火灾发生后，导致火势迅速蔓延。

（6）占用防火间距。兴贤街2号自建房、兴贤街5号自建房门口搭建雨棚与东门路花街商铺相连，占用了防火间距。东门路花街商铺起火后，火势通过雨棚蔓延至兴贤街2号自建房、4号自建房及5号自建房。

五、火灾警示

（1）压实各级消防安全监管责任。一是各社区、各部门应认真贯彻落实《消防安全责任制实施办法》，进一步明确消防安全职责，落实辖区各部门的管理责任，切实消除"无人监管"的盲区和漏洞。二是各行业、各部门制定行业消防安全管理标准，根据行业的特点，定期开展消防宣传教育，对被监管单位开展有针对性的消防安全检查，及时督促整改火灾隐患。三是扎实开展网格化管理工作，智慧网格管理中心要继续深入贯彻落实"智网工程"各项工作，量化工作任务，推行工作日志模式，要求网格管理员保质保量按期完成入格的火灾风险排查。

（2）压实社会各单位消防安全生产主体责任。一是督促企业强化消防安全生产主体责任的落实，通过约谈、警示教育、宣传培训等方式，进一步提升社会面防御火灾的能力。二是充分整合巡查力量，开展隐患排查和风险排除等工作，落实"三小"场所、出租屋和企业的消防安全生产主体责任，推动业主和承租人自主开展消防隐患自查自改。

（3）加大消防隐患排查整治力度。一是针对老城区违规搭建、违规使用彩钢板、电线私拉乱接等突出问题，集中开展一次消防隐患排查治理行动。二是在排查治理中，要根据市政府的有关要求，全面推广"三小"场所、出租屋安装联网型烟感设备和简易喷淋设施，坚决遏制"三小"场所、出租屋亡人火灾事故发生。

（4）广泛深入开展消防宣传提示。结合典型火灾事故案例，针对消防安全责任人、管理人等目标人群开展消防安全提示警示教育，督促各单位落实消防安全责任。结合消防安全宣传工作要求，发动安全员、网格员和街道团委的志愿者等人群，深入老旧小区、居民楼院、出租屋及"三小"场所等重点区域，提供消防宣传上门服务，帮助他们排查火灾隐患，宣讲消防安全常识和逃生自救技能，加强消防安全事故警示教育，提高应急自救能力。

六、调查体会

火灾发生后，火调人员迅速赶赴现场，第一时间对过火区域17间商铺及周边监控视频进行证据保全。通过监控视频分析以及目击人员的询问了解，锁定起火商铺为东门路南面路口第一间商铺。火调人员又通过起火商铺内的监控视频，确定了起火时间和起火部位。此外，火调人员还到长城宽带东莞分公司调取起火商铺网络信号中断日志，为起火时间的认定提供有力依据。因监控未能拍摄到起火点，为进一步确定起火原因，火调人员邀请电力行业协会的3名专家到火灾现场协助调查，专家提出了专业意见，最终确定了起火原因。

第六章
再生资源类火灾事故典型案例

2011年东莞市长安镇锦厦环村东路5号"9·1"火灾

2011年9月1日0时40分许,东莞市长安镇锦厦环村东路5号东莞市昌立包装材料有限公司发生较大火灾,火灾烧损厂内设备及物品一批,造成3人死亡,6人受伤。

一、基本情况

起火建筑位于东莞市长安镇锦厦环村东路5号,共一层(见图6-1),坐南朝北,混合结构(墙为砖墙,屋面为彩钢板,横梁为铁架),北面是锦厦社区环村东路,东面是云浮信德石材,南面与东运汽修厂相连,西面是陇西建材。

该建筑呈梯形,东面南北长58米,西面南北长63米,南面东西宽26米,北面东西宽28米,占地面积1 573平方米。

图6-1 起火建筑概貌

二、火灾发生经过和救援情况

2011年9月1日0时44分,长安消防大队值班室接东莞市消防局119指挥中心调度指令:东莞市长安镇锦厦环村东路5号昌立包装材料有限公司发生火灾,现场有人员被困。接到指令后,消防大队立即出动5辆消防车、30名指战员前往救援。消防队到场后第一时间从火灾现场救出 8 名被困人员，并送医院救治。同时调集联动单位锦厦社区、公安分局长安派出所、120 急救中心到场协助。长安消防大队向消防局指挥中心请求增援，市公安消防局全勤指挥部赶赴现场指挥灭火救援，并调动南城、虎门、松山湖、厚街、大岭山、特勤一中队等 6 个中队共 10 辆水罐消防车、1 辆高喷消防车、1 辆供气车、1 辆装备车、47 名消防指战员。经过 30 多分钟的紧张扑救，火势于 1 时 30 分许得到全面控制。2 时许，明火基本被扑灭，并开始清理现场。

火灾发生后，广东省公安消防总队、东莞市人民政府、东莞市公安局、东莞市公安消防局、长安镇人民政府等有关单位的领导先后到场指挥灭火救援及处理善后工作。

三、火灾原因调查

火灾发生后，东莞市公安消防局与刑侦部门积极开展了调查工作。调查组通过大量的调查询问取证工作，对火灾现场进行详细的内外围反复勘查，收集和掌握了大量的第一手材料。

（一）起火部位的认定

经调查，认定起火部位为东莞市昌立包装材料有限公司厂房中部本田小车（湘 E449**）处。主要依据如下：

（1）对起火建筑内部勘查发现，建筑中部停放的本田小车（湘 E449**）上方的屋面彩钢板和横梁烧损严重，屋面彩钢板被烧弯曲变形、变色严重，并以此为中心向四周逐渐减轻，表明该部位最早起火，燃烧时间最长；横梁变色明显，下重上轻，并以此为中心向四周逐渐减轻（见图 6-2）。其余区域屋面彩钢板及横梁烧损较轻。

图 6-2　屋面彩钢板和横梁烧损情况

（2）铁柱下方有混凝土砖块，混凝土砖块烧损严重，北面有砖块掉落，南面则没有，呈上重下轻（见图6-3）。柱子变色明显，呈下重上轻，北重南轻，其中1#柱子变色最明显，3#柱子变色最轻，表明火势由中部向南侧蔓延。

图6-3　铁柱烧损情况

（3）货车（粤B508＊＊）车身烧损呈南重北轻、东重西轻，轮胎烧损严重，前轮胎比后轮胎严重（见图6-4），表明火势由本田小车（湘E449＊＊）向货车方向蔓延。

图6-4　货车烧损痕迹呈南重北轻

（4）铲车位于本田小车西南侧，车头向南，车尾向北，其车身烧损严重，呈北重南轻、东重西轻（见图6-5），表明火势由东向西蔓延。

图 6-5 铲车烧损情况

（5）本田小车（湘 E449＊＊）四周堆放的纸皮烧损、炭化程度严重，其余区域纸皮烧损程度较轻，并以此为中心向四周逐渐减轻（见图 6-6），表明该部位燃烧的时间长、起火早。

图 6-6 本田小车烧损痕迹

（6）据陇西建材的员工廖某某反映，他在锁中间第二道门时，看到打包车间第三至第六个窗口里面有明显红光；两三分钟后听到爆炸声，大概从第一、第二个窗口位置传出来，同时看到第一、第二个窗口上方屋顶和墙的位置有火花喷出来。

（7）据起火建筑西面陇西建材的监控视频显示（见图 6-7），火光最早出现在 2 号、4 号、5 号窗口，3 号窗口没有火光，且 2 号窗口火光最亮，表明火势位于起火建筑中部。

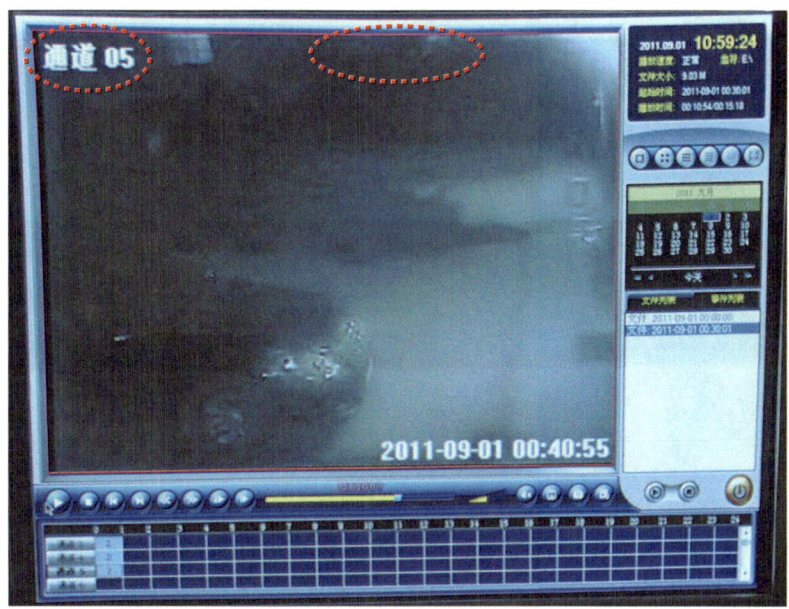

图 6-7 监控视频

（二）起火点的认定

经调查，认定起火点位于东莞市昌立包装材料有限公司厂房中部的小汽车（湘 E449**）发动机舱内。主要依据如下：

（1）对建筑内的现代小车（湘 E467**）（见图 6-8）、本田小车（湘 E449**）（见图 6-9）、货车（粤 B508**）、铲车进行勘验，发现只有本田小车（湘 E449**）发动机舱是由里向外烧的。

图 6-8　湘 E467** 小车发动机舱火烧痕迹

图 6-9　湘 E449 ** 小车发动机舱火烧痕迹

（2）对本田小车（湘 E449 **）进行勘验。本田小车发动机舱（前盖板下方）氧化变色锈蚀严重，其中电池东侧铁架锈蚀变色最严重，前盖板表面呈白色，氧化变色较轻。发动机舱内的电气线路受热酥化，用手轻轻一拔就断。发动机舱烧损严重，发动机气缸盖罩受热熔化，铅蓄电池外壳完全炭化（见图 6-10）。以上表明本田小车（湘 E449 **）发动机舱是最早起火的。

图 6-10　湘 E449 ** 小车发动机气缸盖罩火烧痕迹

（3）公安部消防局沈阳火灾物证鉴定中心出具的技术鉴定报告（见图 6-11）：本田小车（湘 E449 **）车前盖的检材 1-1#、1-2#和 1-3#痕迹显微硬度值（Hv 值）依次为 120.77、126.08 和 140.18，检材 2-1#、2-2#和 2-3#痕迹显微硬度值（Hv 值）依次为 133.47、113.94 和 111.93，硬度值（Hv 值）越低，表示温度越高，说明火势由发动机舱内部向外部蔓延。

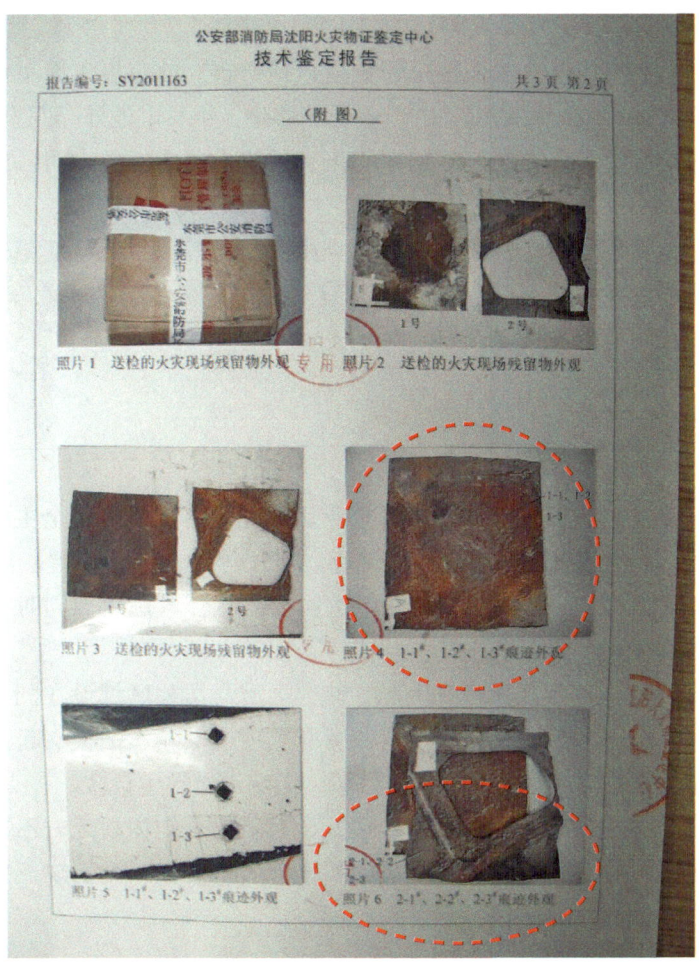

图 6-11 鉴定报告

上述炭化、现场勘验痕迹、物证鉴定等证据证明，起火点位于东莞市昌立包装材料有限公司厂房中部的小汽车（湘 E449 ** ）发动机舱内。

(三) 起火原因的认定

(1) 排除放火刑事犯罪的嫌疑。根据东莞市公安局长安分局出具的《长安镇锦厦"9·1"火灾事故的调查报告》，排除放火刑事犯罪的嫌疑。

(2) 排除自燃及吸烟遗留火种引起火灾因素。经现场勘验，起火部位无自燃物品；火灾现场无阴燃起火痕迹特征；该火灾燃烧猛烈，发生突然，为明燃起火特征。

(3) 排除电气线路及用电设备故障起火因素。经现场勘查、调查询问，对着火建筑电气线路及用电设备进行全面勘查，未发现短路、断路及过负荷所产生的故障痕迹。

(4) 排除雷击引发火灾因素。据东莞市长安镇气象部门提供的资料，火灾发生前后，东莞市昌立包装材料有限公司区域无下雨、雷电现象发生。

(5) 认定起火原因是停放在东莞市昌立包装材料有限公司厂房中部的小汽车（湘 E449 ** ）发动机舱内电气线路故障起火。

①本田小车发动机舱是由里向外烧的。

②本田小车发动机舱电池东侧铁架锈蚀变色最严重，前盖板表面呈白色，氧化变色较轻。发动机舱烧损严重，发动机气缸盖罩受热熔化，铅蓄电池外壳完全炭化。

③公安部消防局沈阳火灾物证鉴定中心出具的技术鉴定报告表明，火势由发动机舱内部向外部蔓延。

综上所述，根据现场勘验、证人证言、监控视频资料和物证鉴定结论等，认定该起火灾起火原因是停放在东莞市昌立包装材料有限公司厂房中部的小汽车（湘E449**）发动机舱内电气线路故障起火。

四、事故教训

（1）消防安全主体责任未落实。涉事企业负责人未落实消防安全主体责任，消防安全管理失控漏管。起火建筑违规将生产、储存、居住等功能混合设置，属于典型"三合一"场所。且宿舍区域安全出口被锁闭，严重影响人员疏散逃生。同时，厂房内消防设施瘫痪失效，影响灭火救援工作开展。

（2）防火分隔不到位。起火建筑生产、储存区域与居住区域设在同一建筑内，未进行有效防火分隔。厂房内存放大量可燃物，屋面采用聚氨酯彩钢板，起火后火势迅速蔓延失控，并产生大量有毒烟气扩散到居住区域，影响人员逃生自救。

（3）消防安全意识薄弱。涉事企业管理人员消防安全知识缺乏，不重视火灾的预防和管理，未定期组织员工进行消防安全培训和疏散逃生演练，员工缺乏处置突发火灾和逃生自救的能力。

五、火灾警示

（1）落实行业部门监管责任。一要强化消防安全治理队伍建设，健全消防安全治理服务中心、村（社区）消防巡查服务队，构建基层消防安全治理机制。二要建立部门联合执法机制，结合火灾形势研判和风险等级辨识，重点抽取高风险单位开展监督抽查。三要进一步加强责任追究，发生火灾事故，既要查原因，也要查责任、查教训，通过严惩事故责任单位和相关监管人员，达到"处理一起、警示一片、规范一方"的效果。四要对严重违法违规、存在重大火灾隐患拒不整改的单位及相关责任人，依法纳入安全生产和消防安全失信"黑名单"，实施联合惩戒。

（2）推动企业落实消防主体责任。要着力推动辖区企业落实消防安全主体责任，明确企业消防安全责任人和管理人职责，督促和指导企业完善消防安全制度，加强企业的用火用电安全、消防设施设备维护保养、防火检查巡查、消防安全教育等方面的规范管理。

（3）加强消防人防、技防和物防建设。一要进一步做好消防安全宣传教育，协助企业至少培养一名消防安全"明白人"。企业消防明白人要培养员工防火意识，不在宿舍、生产车间、厂房等场所乱接乱拉临时电线及私自使用电气设备，以免超负荷用电，引发火灾。二要定期组织开展防火巡查，检查单位消防设施、灭火器材和消防安全标志是否完好有效，确保疏散通道、安全出口的畅通。三要制定符合单位实际的应急疏散预案，定期组织员工进行演练，提高员工扑救初期火灾和逃生自救的能力。

六、调查体会

在汽车火灾调查过程中，需要收集各种证据，如车辆的油路、电路、发动机等部件的状况，也需要了解车辆的历史，包括是否进行过维修、更换过油路或电路等部件，这些信息可能对确定火灾原因有所帮助。本案例对小车的车前盖进行勘验，通过分析其硬度值（Hv值），得知火势是由发动机舱内部向外部蔓延。汽车火灾调查是一项非常复杂的工作，需要细致入微地处理每一个环节，如现场保护、证据收集和分析、车辆历史检查等，以确保调查结果的准确性和可靠性。

2021年东莞市虎门镇沙角社区牛荣一路61号"8·8"火灾

2021年8月8日2时40分许,东莞市虎门镇沙角社区牛荣一路61号的废品回收站发生火灾,烧损刘某某经营的废品回收站空调、风扇、电动三轮车、废旧电器设备、生活用品等物品,烧损东莞市虎门利兴二手设备回收经营部家电设备、床上用品和家具等物品,烧损邓某郁违规搭建的铁皮房等建筑结构,造成2人死亡,2人受伤。

一、基本情况

(一) 起火建筑基本情况

起火建筑位于虎门镇沙角社区牛荣一路61号,占地面积约384.8平方米,地上一层,建筑为铁皮结构,铁皮房长约31.8米,宽约12.1米,设有5间铁皮房,由东向西分别为1~5号铁皮房,每间铁皮房均用铁皮分隔,1号铁皮房位于东面,设有1个出入口,2~5号铁皮房设有前后两个出入口,前门对外为道路,后门对外为田地(见图6-12、图6-13)。铁皮房中出租了1~3号铁皮房,1号铁皮房为东莞市虎门利兴二手设备回收经营部(蔡某某经营),2号、3号铁皮房为刘某某经营的废品回收站(刘某某承租)。发生火灾的铁皮房为刘某某经营的废品回收站。

图6-12 1~3号铁皮房分布(俯视图)

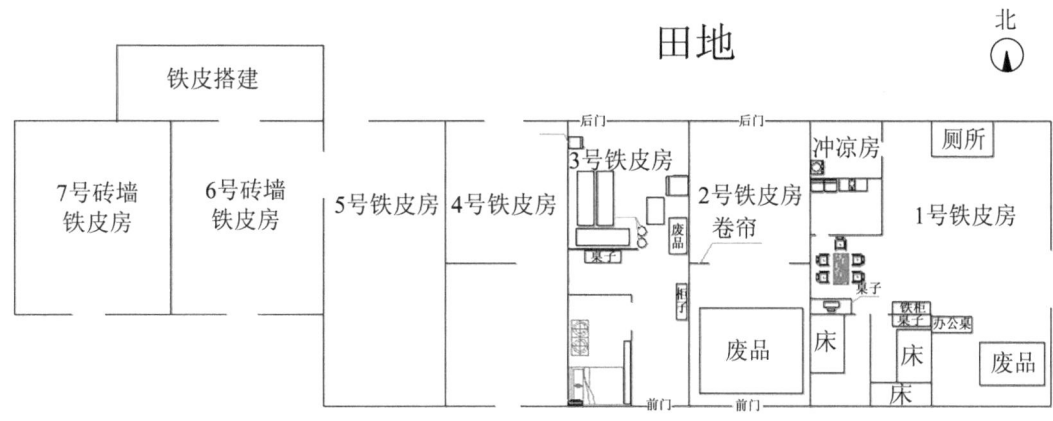

图 6-13 起火建筑平面图

各方租赁关系如下：虎门镇沙角社区牛喉小组与邓某某于 2013 年 1 月 5 日签订了为期 10 年的农田租赁合同，用于种植鲜花、树木。2018 年邓某某在此地搭建 5 间铁皮房，2018 年 9 月将 1 号铁皮房转租给蔡某某使用，2019 年 9 月将 3 号铁皮房转租给赵某某使用，2021 年 4 月将 2 号铁皮房转租给赵某某使用，4、5 号铁皮房未进行出租。租赁方邓某某与承租方蔡某某、赵某某均未签订租赁合同。

(二) 起火单位基本情况

1 号铁皮房为东莞市虎门利兴二手设备回收经营部，经营者为蔡某某，成立日期为 2021 年 6 月 28 日，经营范围包括二手设备回收与销售（含自动化设备、中央空调设备、变压器设备、发电机设备、机械设备、酒店设备、家用电器）、金属制品、塑胶制品、电子数码产品及电线电缆。该经营部自 2018 年 9 月开始使用现事故铁皮房，用作存储、居住及其配套用房。

2 号铁皮房作为刘某某、赵某某放置回收废品场所。

3 号铁皮房作为刘某某、赵某某居住及放置回收废品场所。

二、火灾发生经过和救援情况

(一) 事故发生经过

对现场进行勘验并调取起火建筑对面牛喉二路 20 号住宅监控视频进行分析，监控记录：北京时间 2021 年 8 月 7 日 17 时 36 分 10 秒（监控视频显示时间 17 时 38 分 10 秒），监控视频记录了火灾发生前一天（白天）建筑情况（见图 6-14）。8 月 8 日 2 时 38 分 43～44 秒，1 号铁皮房上方灯带闪烁后突然熄灭；2 时 40 分 13 秒，3 号铁皮房顶部区域突然出现闪光，持续时间为 0.6 秒；2 时 40 分 30 秒，3 号铁皮房门口有人出现，并有敲门动作；2 时 41 分 43 秒，3 号铁皮房出现明火。(见图 6-15 至图 6-19)

图 6-14 火灾发生前一天（白天）建筑情况

图 6-15 监控视频画面中，1号铁皮房上方一灯带闪烁

图 6-16 监控视频画面中，1号铁皮房上方一灯带熄灭

第六章 再生资源类火灾事故典型案例

图 6-17　监控视频画面中，3 号铁皮房顶部区域突然出现闪光

图 6-18　监控视频画面中，3 号铁皮房门口有人出现并敲门

图 6-19　监控视频画面中，3 号铁皮房出现明火

303

(二) 救援情况

2021年8月8日2时40分，东莞市消防救援支队指挥中心接到报警：虎门镇沙角社区牛荣一路61号一废品回收站发生火灾。支队指挥中心立即调派虎门大队赶赴现场。2时48分虎门大队沙角分站出动2辆消防车、8名指战员作为第一批力量到场。随后，中心站、南面站、南栅站以及沙角、路东兼职队等队站消防员陆续到达现场处置，共出动11辆消防车、46名指战员参与救援。在火灾扑救过程中，虎门镇值班领导以及公安、应急、医疗等部门负责人相继到达现场。经现场扑救，3时05分，火势得到控制。3时15分，明火基本被扑灭。4时02分，火灾处置完毕。

火灾发生后，东莞市消防救援支队，虎门镇人民政府、镇公安分局、镇消防救援大队等有关单位的领导第一时间到达现场指导消防救援工作。

三、火灾原因调查

事故发生后，技术组组织专业力量积极开展火灾事故调查工作，对5名有关人员进行了调查询问，形成了询问笔录7份，对事故现场进行了详细的勘验，对周边监控视频进行了详细分析，并邀请广东震华痕迹司法鉴定所的专家到场开展勘查并提取有关物证进行鉴定。经调查，认定起火时间为2021年8月8日2时38分，起火部位为东莞市虎门镇沙角社区牛荣一路61号废品回收站3号铁皮房后半部西侧中部床垫区域，起火原因为3号铁皮房后半部西侧中部床垫处的电气线路短路引燃周围可燃物导致火灾。

(一) 起火时间的认定

经调查，认定起火时间为2021年8月8日2时38分许。主要依据如下：

(1) 调查询问情况。东莞市虎门利兴二手设备回收经营部的经营者反映，8月8日凌晨，他在厨房准备从冰箱拿东西时，闻到从西面飘过来的烟味，随后铁皮房内停电。

(2) 监控视频分析。8月8日2时38分43～44秒，1号铁皮房上方灯带闪烁后突然熄灭。

(3) 现场勘查情况。东莞市虎门利兴二手设备回收经营部南侧灯带开关处于开启状态，其突然熄灭是电路突然断电所致。

(二) 起火部位的认定

经调查，认定起火部位为东莞市虎门镇沙角社区牛荣一路61号废品回收站3号铁皮房后半部西侧中部床垫区域。依据如下：

(1) 监控视频分析。8月8日2时40分13秒，3号铁皮房顶部区域突然出现闪光，持续时间为0.6秒。2时40分30秒，3号铁皮房门口有人出现，并有敲门动作。2时41分43秒，3号铁皮房出现明火。

(2) 现场勘验情况。3号铁皮房内部过火中间重南北轻，西重东轻。铁皮房顶部铁皮过火锈蚀，框架遇高温变形，向下塌陷。铁皮房内西侧铁皮隔墙过火，锈蚀痕迹明显，部分区域过火变形，有熔穿痕迹；东墙顶部过火发黑，底部靠墙摆放的冰箱等家电均严重烧毁，锈蚀发黑；北墙为砖墙，抹灰层完全脱落，玻璃烧毁，窗户框架散落；西南角彩钢板隔间的墙面过火变形，表面严重发白。铁皮房内的可燃物几乎完全烧毁，四周均散落大量家电家具残骸、回收废旧物品残骸，金属框架残骸表面锈蚀痕迹明显，部分受高温发生变形弯曲（见图6-20）。铁皮房内东侧墙角的冰箱过火完全烧毁，残留铁皮外壳，过火程度下重上轻（见图6-21）。铁皮房内中部区域停放三轮摩托车，摩托车轮胎、坐垫等可燃物完全烧毁，框架残骸表面锈蚀严重。铁皮房中部后侧摆放一张弹簧床，床体木板及海绵等完全烧毁，残留钢筋弹簧，弹簧钢架变形，残留物均呈灰烬状。弹簧床中部靠西墙位置发现电源线残骸，表面带有熔痕（见图6-22）。

图6-20　3号铁皮房内部烧损情况

图6-21　冰箱过火完全烧毁，残留铁皮外壳

图 6-22　弹簧床电源线残骸，表面带有熔痕

（三）起火原因的认定

经调查，认定起火原因为 3 号铁皮房后半部西侧中部床垫处的电气线路短路引燃周围可燃物导致火灾。依据如下：

（1）根据东莞市气象局提供的证明，2021 年 8 月 8 日 2 时至 4 时，虎门路东村自动站录得降雨量为 15 毫米，最大阵风为 2.5 米/秒（2 级），气温为 28.9～30.2 摄氏度，当时没有出现雷击现象，可以排除雷击造成火灾的可能性。

（2）经现场勘验，未发现遗留火种痕迹，可以排除遗留火种造成火灾的可能性。

（3）根据调查询问及监控视频分析，未发现可疑人员出入起火现场，可以排除外来人员蓄意放火造成火灾的可能性。

（4）在起火部位（3 号铁皮房后半部西侧中部床垫区域）提取了可疑的火灾物证，共 2 份物证（见图 6-23）。

图 6-23　3 号铁皮房物证提取位置

1号物证提取于3号铁皮房中部床垫上,为多股铜导线,带有熔痕。

2号物证提取于3号铁皮房中部西墙,为多股铜导线,带有熔痕。

广东震华痕迹司法鉴定所对2份物证进行了技术鉴定,出具了1份司法鉴定意见书(粤震司法鉴定所〔2021〕痕鉴字第424号),鉴定结论:经过宏观观察和金相组织分析,判定样品1-1为一次短路作用形成,样品2-1、样品2-2为短路作用形成,样品2-3为火烧作用形成。

四、事故教训

(1)经营者消防安全意识淡薄。场所经营者及其家人消防安全意识淡薄,且逃生自救能力较差。1号铁皮房经营者发现火情后未第一时间对仍在熟睡状态下的家人进行疏散,其后来协助疏散后亦未对人数进行清点,导致未能及时发现1名滞留人员。3号铁皮房承租者在有人居住的情况下,前门违规停放了两辆电动三轮车,且内部存放较多回收废品,导致逃生通道狭窄,严重阻碍人员自救逃生。

(2)场所建筑违规搭建。1~5号铁皮房均为铁皮搭建,铁皮房之间仅用铁皮分隔,而铁皮容易受热变形,无法有效阻止火势和浓烟蔓延。而且,3号铁皮房分隔的房间使用彩钢板,而彩钢板中的泡沫燃烧产生有毒浓烟,浓烟不仅阻挡被困人员逃生视线,还对人体呼吸道有一定的伤害,极易造成人员伤亡。

(3)二手房东消防安全主体责任落实不到位。二手房东将不符合消防安全条件的建筑出租给承租者,未及时消除出租场所火灾隐患,导致场所内各类消防安全隐患风险叠加,积患成灾,造成了人员伤亡。

五、火灾警示

(1)再生资源回收场所必须严格落实消防安全责任制,管理人员要定期做好防火巡查,及时清理可燃易燃物品,明确划分易燃可燃材料堆场、仓库、易燃废品集中站和生活区等区域,并做好防火分隔。杜绝堆放杂物堵塞消防通道的行为,时刻确保疏散通道、消防车通道畅通。此外,再生资源回收场所要按照规定配备足够的消防设施,定期开展检查维保,若有过期失效和损坏的消防设施,必须及时更换。

(2)再生资源回收场所要定期加强检查电气线路,电线必须穿管保护,严禁私拉乱接电线、不得使用铜丝或铁丝代替保险丝、杜绝违规使用大功率电器等。

(3)再生资源回收场所应加强火源管理,严禁吸烟和乱扔烟头。实施动火作业前,操作人员应履行动火审批手续,严格按照规程操作,远离易燃可燃物并配备灭火设施。要将回收的易燃易爆材料分类存放,对大量堆积的易燃物品要及时散热,防止发生自燃。

(4)再生资源回收场所从业人员应加强消防意识,提高从业人员消防安全意识和应急处置能力。经营者应积极开展应急教育培训和消防演练,使相关人员熟练掌握火灾初期处置和疏散逃生知识。

(5)房东在签订租赁合同时,应与承租方明确消防安全管理职责,且日常要对承租单位的消防安全工作统一协调、管理，定期进行检查，发现消防隐患要及时督促整改。

六、调查体会

该起火灾现场铁皮烧损严重，顶棚坍塌，内部大量废品燃烧，现场寸步难行，调查人员首先通过对监控视频进行分析，确定起火建筑为3号铁皮房。3号铁皮房内存放大量电器设备，烧损较重，调查人员结合询问情况，重点勘查床垫，最终在床垫残骸中提取电线残骸，结合现场烧损痕迹，确定起火原因，圆满地完成此次调查工作。

2022年东莞市万江街道流涌尾社区大兴工业路"1·12"火灾

2022年1月12日15时05分，东莞市万江街道流涌尾社区大兴工业路发生一起火灾，火灾涉及万江街道大件物处理中心简易板房以及纸品厂东莞市春晓纸业有限公司，火灾烧损部分建筑结构，烧损了纸品原材料、半成品、成品、机器设备及物品一批，未造成人员伤亡。

一、基本情况

万江街道大件物处理中心（见图6-24）建筑的东面是大兴工业路，南面是春晓纸品厂，西面是河流，北面是苗圃基地，土地所有权人是东莞市万江区流涌尾股份经济合作社，权属性质为集体土地所有权，总面积约1 000平方米。该区域内垃圾转运站由东莞市城市管理和综合执法局万江分局管理，其他区域由社区自行管理。

万江街道大件物处理中心东面为大门，南面为实体砖墙，高约3米，中部位置共搭建有五座简易单层板房，西面为空地，北面为垃圾转运站。

东莞市春晓纸业有限公司为单层钢结构厂房（见图6-25），高约8米。厂房东侧、南侧外围建有办公用房，单层砖混结构，总面积约2 600平方米。

图6-24 万江街道大件物处理中心航拍图

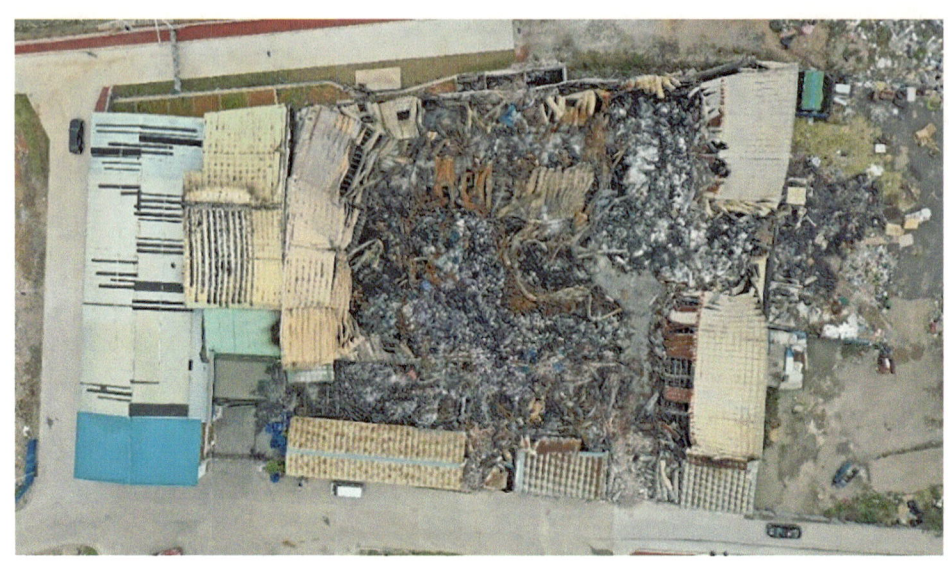

图 6-25　东莞市春晓纸业有限公司航拍图

二、火灾发生经过和救援情况

2022年1月12日15时05分许，东莞市消防救援支队指挥中心接到报警：东莞市万江街道流涌尾社区大兴工业路一垃圾站发生火灾。支队立即调派万江及周边镇街消防救援力量前往处置，支队全勤指挥部遂行出动。东莞市消防救援支队万江大队于15时10分到达现场，火势已蔓延至相邻纸品厂，现场火势猛烈，浓烟滚滚，大队指挥部立即向支队指挥中心汇报并请求支援，同时设置3组水枪阵地进行扑救。支队全勤指挥部按照"一次性调集、多点调派"的方案，形成灭火攻坚、供水保障、高空作业、现场指挥等集成部署，调派南城、厚街、中堂等大队参与处置。16时05分，火势得到控制。16时55分，明火被扑灭。18时50分，现场清理完毕。

三、火灾原因调查

经现场勘验、调查询问、监控视频分析以及物证鉴定（检测），认定起火原因是万江街道大件物处理中心南面围墙处由东向西第三座简易板房内电加热取暖器电气线路故障引起火灾。

（一）起火时间的认定

经调查，认定起火时间为2022年1月12日15时01分许。主要依据如下：

根据环卫工人李某某反映，1月12日15时01分许，环卫工人张某某发现简易板房冒出烟气，并告知他和张某，他和张某此前一直在垃圾站内工作，未发现着火冒烟（见图6-26、图6-27）。

图 6-26 没有出现明显的黑烟

图 6-27 墙体处出现黑烟

（二）起火部位的认定

经调查，认定起火部位为万江街道大件物处理中心南面围墙处由东向西第三座简易板房。主要依据如下：

（1）调查询问情况。根据环卫工人张某某、李某某、张某的询问笔录：1 月 12 日 15 时 01 分许，万江街道大件物处理中心南面围墙处李某某居住的简易板房冒出烟气。此时，其他简易板房、纸品厂均没有明显着火、冒烟情况。

（2）现场勘查情况。万江街道大件物处理中心南面围墙处由东向西第三座简易板房（李某某及其家人居住）严重烧毁，此区域烧损最为严重，该板房东西两侧相邻房间烧损程度呈递减（见图 6-28）。

（3）天气情况。1 月 12 日东北风 3 级、气温 15~24 摄氏度，东北风导致火势迅速向西南方向的纸品厂蔓延。

图 6-28 万江街道大件物处理中心南面围墙处板房烧损情况

(三) 起火原因的认定

经调查,认定起火原因是万江街道大件物处理中心南面围墙处由东向西第三座简易板房内电加热取暖器电气线路故障引起火灾。依据如下:

(1) 现场勘查情况。

对由东向西第三座泡沫彩钢板集装箱房进行内部细项勘验,该集装箱房原有两个隔间,中间隔板被拆除后,形成一个大的房间,共设有两个门口。房间内东北至西北方向,分别放置衣柜、矮柜、床垫,其中,东北角落的衣柜部分烧毁,衣物过火受损,未完全烧毁,烧损程度上重下轻;矮柜烧毁,烧损程度上重下轻;西北角落的床垫已严重烧毁,只剩下弹簧结构,此处周边摆放的物品已完全烧毁,床垫烧损程度由东北向西北方向逐渐加重。房间内东南至西南方向,分别放置沙发、冰箱、空调、布衣柜,其中,东南角落的沙发未完全烧毁,残留有沙发构件;冰箱剩下框架结构,冰箱残骸东面柜体未变形,西面柜体严重变形;安装在冰箱上方的空调烧损严重,仅剩金属元件掉落在冰箱旁,空调外机安装在集装箱房上方,掉落在集装箱中部位置,烧损严重,仅剩金属外壳;西南角落的布衣柜已完全烧毁,地面残留有衣架残骸,此处周边摆放的物品已完全烧毁,炭化痕迹严重,烧损程度由东南向西南方向逐渐加重。集装箱东面自北向南依次放置衣柜、鞋架、沙发,鞋架烧损严重,仅剩框架。集装箱西面自北向南依次放置床垫、电加热取暖器、布衣柜,电加热取暖器烧损严重,仅剩金属残骸。

对集装箱房内烧毁最为严重的床垫及其周边进行专项勘验,该床垫已严重烧毁,只剩下弹簧,床垫东南角烧毁变形严重,向下坍塌,其余部分变形较轻,此处周边摆放的物品已完全烧毁,炭化痕迹严重,烟熏过火痕迹由此处向周边蔓延(见图 6-29、图 6-30)。现场火调人员对床垫东南角进行整理,发现此处残留有电加热取暖器残骸及多股铜线,提取该物证,并送广东震华痕迹司法鉴定所进行技术鉴定(见图 6-31、图 6-32)。

图 6-29　李某某居住的简易板房烧损情况

图 6-30　床垫及其周边烧损情况

图 6-31　电加热取暖器残骸

图 6-32　提取电加热取暖器残骸

（2）物证检验情况。

根据广东震华痕迹司法鉴定所的鉴定意见书，通过对事故现场提取的电加热取暖器残骸中的 3 段线路样品进行鉴定，鉴定意见：经过宏观观察和金相组织分析，判定样品 1-1 为一次短路作用形成，样品 2-1、样品 2-2 为电热作用形成（见图 6-33）。

图 6-33　司法鉴定意见

四、事故教训

（1）大件物处理中心内随意搭建简易板房住人。社区环卫工人自行搭建简易板房用作住宿，内部还存放了汽油、液化石油气瓶，导致火势蔓延。

（2）采用泡沫彩钢板搭建建筑。无论是万江街道大件物处理中心还是东莞市春晓纸业有限公司，其建筑均采用易燃的泡沫彩钢板搭建，这种建筑材料加速了火势的蔓延。

（3）厂房内物品摆放密集，火灾荷载过大。厂房内大量堆放原纸、纸制品，导致火势蔓延迅速、扑救难度大。

（4）消防安全主体责任未落实。李某某违规在大件物处理中心内设置居住场所，且防火间距不足，也未开展防火检查，未能及时发现并消除板房内电加热取暖器存在的事故隐患。此外，东莞市春晓纸业有限公司货物摆放不合理，未定期开展消防安全自查，也未制定事故应急处置预案。

（5）流涌尾社区对辖区土地监督管理不到位。大件物处理中心为社区围蔽场所，对内部存在环卫工人违规居住的情况失察。

五、火灾警示

安全无小事，防患于未然，火灾的发生往往是因为一时的疏忽大意。为预防火灾事故的发生，保障人们的生命财产安全，我们需要有基本的火灾预防常识。首先，我们应该主动预防，从自己做起，从身边的小事做起，做到防患于未然。其次，消防安全是社会和谐稳定的重要保障。火灾不仅会造成人员伤亡和财产损失，还可能破坏社会秩序，影响社会稳定。因此，做好消防安全工作，不仅是个人的义务，也是社会共同的责任。最后，我们每个人都应该积极参与消防安全管理，共同维护社会的和谐稳定。

六、调查体会

该起火灾烧损面积大，火调人员到场后第一时间寻找监控视频，通过监控视频分析及对关键人员开展调查询问，快速确定了起火部位。勘验人员对重点部位进行勘验，提取物证送检，完善证据链，为认定起火原因提供了有力的支撑。这起废品回收站火灾事故发生的原因主要是消防安全管理不足以及当事人消防安全意识淡薄。通过对这些原因的分析，我们可以认识到，对废品回收场所等类似场所，必须加强火灾风险的防范和应急管理，严格落实消防安全培训与管理制度，才能有效避免类似事故再次发生。

2022年东莞市中堂镇东泊社区新村二街"9·12"火灾

2022年9月12日20时58分许，东莞市中堂镇东泊社区新村二街的一家无证再生资源回收站点（经营者为李某某，以下称李某某的废品回收站）发生火灾，烧损李某某的废品回收站部分建筑、设备、废品及物品一批，造成2人死亡。

一、基本情况

起火场所位于东莞市中堂镇东泊社区新村二街，铁皮房东侧为农用地，南侧为新村二街路，西侧为空地，北侧为弘方工业路。6间铁皮房依次标注为①、②、③、④、⑤、⑥，①号铁皮房为东莞市中堂泳成食品店，②号铁皮房为陈某某的仓库，③号铁皮房为李某某的废品回收站，④号铁皮房为陈某某的废品回收站，⑤号铁皮房为成某某的集装箱仓库，⑥号铁皮房为刘某某的集装箱仓库（见图6-34）。

图6-34 建筑基本情况

（1）铁皮房基本情况。

东莞市中堂泳成食品店（①号铁皮房）地块户主是刘某某（与刘某置换所得），地块面积约230平方米，地块搭建时间是2004年。2020年11月由林某某承租，作东莞市中堂泳成食品店经营场所。

陈某某的仓库（②号铁皮房）地块户主是刘某某，地块面积108平方米，地块搭建时间是2016年。2022年4月由陈某某承租，作为陈某某的仓库经营场所。

李某某的废品回收站（③号铁皮房）地块户主是刘某某，地块面积 108 平方米，地块搭建时间是 2004 年。2021 年 10 月无偿给李某某使用，作为李某某的废品回收站经营场所。

陈某某的废品回收站（④号铁皮房）地块户主是刘某某（与刘某置换所得），地块面积约 230 平方米，地块搭建时间是 2009 年。2021 年 12 月由陈某某承租，作为陈某某的废品回收站经营场所。

成某某的集装箱仓库（⑤号铁皮房）地块户主是刘某某，地块面积约 122 平方米，2022 年 6 月由成某某承租，放置集装箱，违规改作家庭住宿用途。

刘某某的集装箱仓库（⑥号铁皮房）地块户主是刘某某，地块面积约 122 平方米，2021 年 11 月由刘某某承租，放置集装箱，违规改作家庭住宿用途。

（2）起火建筑基本情况。

起火建筑为李某某的废品回收站，建筑主体地上一层，铁皮结构。起火建筑由李某某实际使用，李某某平时外出收捡的废品泡沫以及收购的泡沫、废旧铜线等废料堆积在建筑内，进行简单加工后转卖。起火建筑所在地块现状地类为建设用地，土地利用总体规划为一般农用地，由于该地块未办理合法用地手续，因此未能办理营业执照。

二、火灾发生经过和救援情况

2022 年 9 月 12 日 21 时 4 分许，东莞市消防救援支队指挥中心接到报警：中堂镇东泊社区新村二街一铁皮房发生火灾。中堂消防救援大队于 21 时 5 分出动，同时调度辖区企业队、村兼职消防队共 3 辆车、18 人增援。21 时 11 分，中堂消防救援大队首批救援力量到达现场，现场已处于猛烈燃烧阶段。指挥员侦查后得知有两名被困人员，立即成立搜救组进行搜救，同时在该起火建筑大门正前方、西侧、西南侧部署水枪阵地进行扑救，利用附近的水塘等天然水源进行供水保障。支队指挥中心同时调派望牛墩、万江、莞城、特勤一站、特勤二站及勤务站共 6 个队站、25 辆消防车、112 名指战员赶赴现场处置。21 时 14 分，临时指挥部调派钩机赶赴现场。21 时 25 分，确定人员被困位置后展开破拆。21 时 30 分，现场搜救出 2 名被困人员并送往医院救治，22 时经抢救无效后死亡。22 时 10 分，明火被扑灭。

火灾发生后，东莞市人民政府、东莞市消防救援支队及中堂镇人民政府等有关单位的领导第一时间赶赴现场指导应急救援工作。

三、火灾原因调查

经调查，认定起火时间为 2022 年 9 月 12 日 20 时 58 分许，起火部位为东莞市中堂镇东泊社区新村二街李某某的废品回收站西北侧（距离西墙约 2 米，距离北墙约 5 米），认定起火原因为李某某的废品回收站西北侧处遗留火源引燃附近的废品泡沫箱等可燃物起火蔓延成灾。

（一）起火时间的认定

经调查，认定起火时间为 2022 年 9 月 12 日 20 时 58 分许。主要依据：通过监控视频分析（实时监控视频，与北京时间一致），2022年9月12日20时58分，李某某的废品回收站西北侧最先出现明火，火光逐渐变亮并向周边蔓延（见图6-35）。

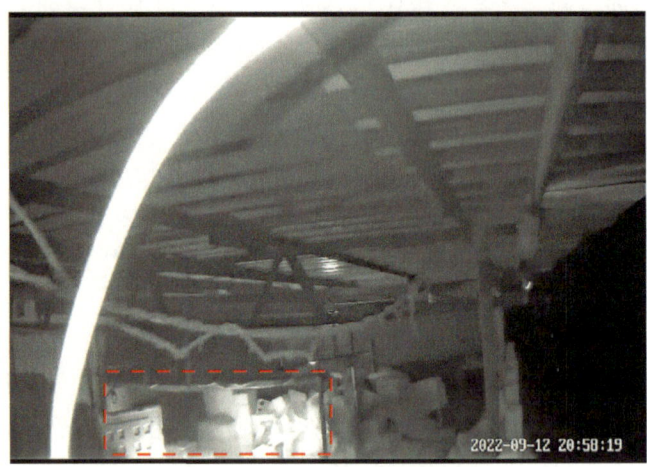

图6-35 西北侧最先出现明火

（二）起火部位的认定

经调查，认定起火部位为东莞市中堂镇东泊社区新村二街李某某的废品回收站西北侧（距离西墙约2米，距离北墙约5米）。主要依据如下：

（1）监控视频分析。2022年9月12日20时58分，李某某的废品回收站西北侧最先出现明火，火光逐渐变亮并向周边蔓延。通过监控视频对比，发现最先起火区域为散装聚苯乙烯泡沫堆垛底部（距集装箱门口约2米处）（见图6-36）。

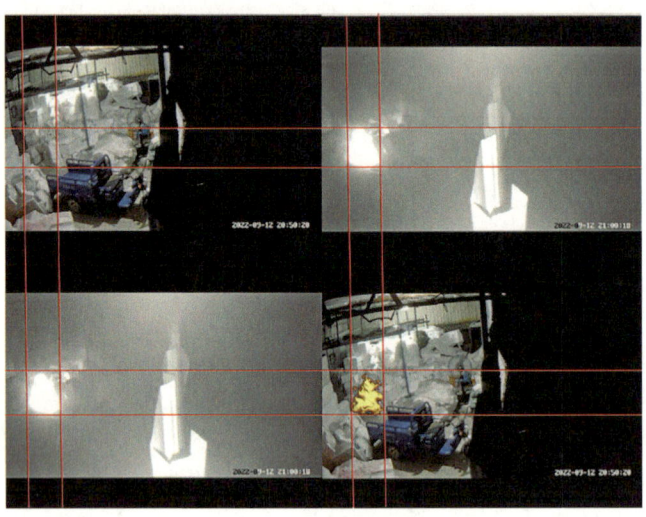

图6-36 监控视频情况

（2）现场勘验情况。废品回收站西侧（距离西墙2.8米处）烧损痕迹最严重，该处放置的可燃物完全烧毁，残留铁质马达、滑轮以及铜导线等残骸，顶部铁皮棚遇高温变形塌陷到地面呈最低位，过火锈蚀痕迹明显，烧损痕迹以此为中心，向四周递减

(见图6-37)。

图6-37 废品回收站西侧烧损情况

(三)起火原因的认定

经调查,认定起火原因为李某某的废品回收站西北侧处遗留火源引燃附近的废品泡沫箱等可燃物起火蔓延成灾。主要依据如下:

(1)调查询问情况。据员工反映和监控视频,李某某和仵某某都有抽烟习惯,平时他们会在废品回收站内抽烟(见图6-38)。

图6-38 在回收站内抽烟

(2)监控视频分析情况。根据调查询问及监控视频分析,未发现可疑人员出入起火现场。火灾发生前,监控视频清晰显示,9月12日20时50分,李某某关闭大门,监控视频中也未发现有外来人员放火的行为，可以排除外来人员蓄意放火造成火灾的因素。

根据监控视频，9月12日20时59分，起火时废品回收站内的照明灯还是亮着的，可以排除电线故障引发火灾的因素（见图6-39）。

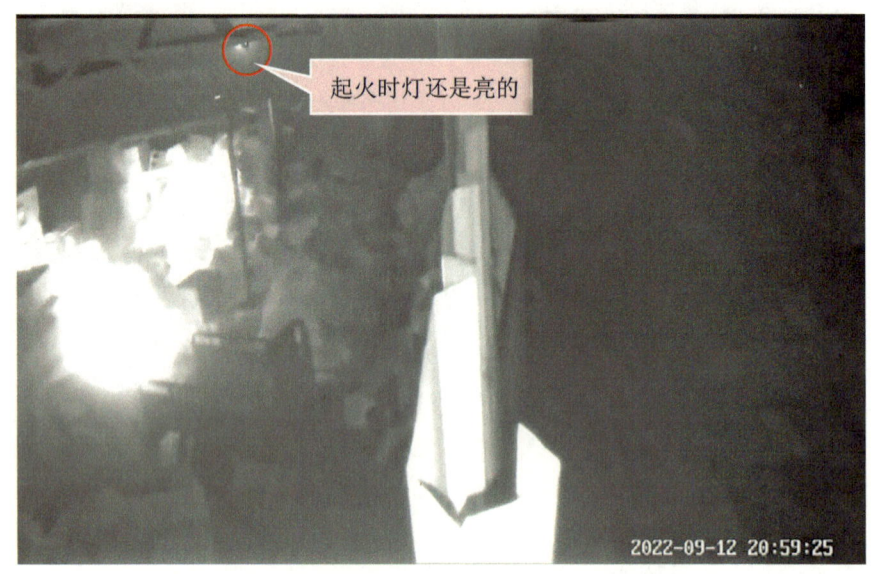

图6-39　起火时废品回收站内的照明灯正常照明

根据监控视频，9月12日20时9分7秒，李某某、仵某某与一个路人在抽烟（见图6-40），同时整理室外的泡沫，他们将打包好的泡沫搬到室内。20时17分26秒，李某某将烟头丢到地上，并踩灭（见图6-41）。

图6-40　三人在抽烟

图 6-41 李某某将烟头丢到地上

（3）现场勘验情况。废品回收站西侧（距离西墙 2.8 米处）烧损痕迹最严重，该处放置的可燃物完全烧毁，残留铁质马达、滑轮以及铜导线等残骸，顶部铁皮棚遇高温变形塌陷到地面呈最低位，过火锈蚀痕迹明显，烧损痕迹以此为中心，向四周递减。对起火部位进行清理，未发现电气线路故障痕迹（见图 6-42）。

图 6-42 起火部位烧损情况

（4）物证鉴定情况。在起火部位提取了部分火灾物证，包括冷风扇马达一台、电气线路若干，送广东震华痕迹司法鉴定所进行技术鉴定。根据广东震华痕迹司法鉴定所鉴定意见书（粤震司法鉴定所〔2022〕痕迹字第 431 号），结论是送检样品痕迹为火烧作用和二次短路作用形成，可以排除电气线路故障引起火灾事故的可能性。且从现场勘验和监控视频分析来看，冷风扇和电源线路并不在最初起火部位，起火过程也未发现线路打火现象。

（5）根据东莞市气象局提供的证明，2022 年 9 月 12 日 19 时到 22 时，东莞市中堂镇东泊社区新村二街气温 31~33 摄氏度，湿度 41%~48%，西北风 2~3 级，瞬时最大风速为 2.7~4.6 米/秒，无雷击。可知火灾发生前，废品回收站区域未出现阴雨、雷击现象，可以排除雷击造成火灾的可能性。

（6）起火部位周围有废品泡沫箱等可燃物，经模拟实验，将烟头放置在纸皮上后，可引燃纸皮继而引燃泡沫箱，现场具备遇火源引发火灾的条件。

（7）经询问有关人员，起火部位只堆放了泡沫箱，没有堆放自燃物品，起火现场未发现自燃性物质和自燃物质残体，此次火灾可以排除物品自燃的因素。

（8）经公安刑侦和消防部门调查，此次火灾可以排除放火引发火灾的因素。

四、事故教训

（1）违规搭建板房存在消防安全隐患。废品回收站经营者李某某在空地上搭建集装箱板房作居住用途，而板房结构容易受热变形，无法有效阻隔火势和浓烟的蔓延，且集装箱板房只有一个出口，未按规范设置紧急疏散通道。

（2）易燃物品未按要求存放。废品回收站内存放大量聚苯乙烯泡沫材料，导致发生火灾后火势迅速蔓延。此外，聚苯乙烯泡沫材料在燃烧后产生有毒浓烟，浓烟不仅阻挡被困人员的逃生视线，还对人体呼吸道等造成极大的伤害，易造成人员伤亡。

（3）人员消防安全意识淡薄。场所经营者李某某及其家人消防安全意识淡薄，存在违规住人等安全隐患，且逃生自救能力较弱。火灾发生时，李某某正在和其妹妹进行微信视频通话，未能及时发现火灾，错过了初期火灾最佳的逃生时机。且李某某发现起火后，没有及时报警，而是打电话给其父亲求救，错过了最佳的逃生时机。

（4）消防设施设置不符合要求。涉事场所李某某的废品回收站消防设施不达标，只配备了少量灭火器，未依法依规配置消防设施设备，无法满足初期火灾预警、逃生自救和扑救初期火灾的需求。

（5）村（社区）未落实属地监管责任。涉事现场是无证废品回收站，属地为中堂镇东泊社区，其在排查时未能发现隐患，也未采取强制措施进行处治，未落实属地监管责任。

五、火灾警示

（1）提高政治站位，压实各方安全责任。按照"管行业必须管安全、管业务必须管安全、管生产经营必须管安全"的要求，辖区再生资源回收部门和所属村（社区）要强化落实监管责任和属地责任，摸清同类场所的底数，开展针对消防安全的专项整治。

（2）深刻吸取事故教训，举一反三，防范类似事故发生。针对再生资源回收场所的火灾风险特点，组织相关部门成立生产安全事故隐患专项整治工作组，定期督导再生资源回收场所排查安全隐患，以"零容忍"的态度坚决整治监管盲区、责任缺位、无证经营、违规住人等突出问题。对拒不整改、久拖不改的，运用法律等手段，依法从严查处。同时，联合有关部门建立工作台账，确立行业规范，坚持动态排查，加强规范有证经营站点的监管，全面清退无证经营的再生资源回收站点，建立消防安全标准化。

（3）做好消防宣传，突出隐患排查整治工作。结合消防安全主题，持续推进"五进"等各类宣传活动，深入普及消防安全知识，切实提升群众消防安全意识。建立务实管用的基层消防力量，强化基层火灾防范，确保火灾救早、救小，有效保护人民群众的生命财产安全。

六、调查体会

火灾发生后，调查人员迅速赶往现场，由于当事人已在火灾中遇难，没有起火初期的目击证人，火调人员积极寻找监控视频，对监控视频进行恢复，并开展走访询问。因为监控属于360度动态捕捉设备，恢复后也仅能看到起火后的视频，因此只能对起火前当事人的生活习惯进行分析。调查人员运用专业的仪器和技术，对火灾现场进行痕迹分析，分析火灾原因，确定可能的火源。提取起火部位的全部电气线路送检排查，对残存的泡沫箱进行实验分析，了解其可燃性质，经综合分析，最终确定了起火原因。

第七章

居民住宅类火灾事故典型案例

2011年东莞市谢岗镇泰园社区泰康花园G座405房"3·29"火灾

2011年3月29日23时20分许,东莞市谢岗镇泰园社区泰康花园G座405房发生火灾,造成2人死亡,1人受伤。

一、基本情况

起火建筑为东莞市谢岗镇泰园社区泰康花园G座(建于1996年)的住宅楼,钢筋混凝土结构,地上六层(见图7-1),一至六层总建筑面积为4 868平方米,共有四条直通天台的楼梯,一梯两户,一层有八户人口。405房位于四层,建筑面积为94.5平方米,东面是406房,西面是404房,北面和南面均为过道。泰康花园G座405房最初户主为赖某某,赖某某于2005年12月将405房卖给陈某某,火灾发生时该房的业主为陈某某。

图7-1 起火前建筑概貌

二、火灾发生经过和救援情况

3月29日23时45分,谢岗镇消防大队接到报警:谢岗镇泰园社区泰康花园住宅小区G座405房发生火灾。接警后,谢岗消防大队立即出动3辆消防车、12名指战员赶赴现场,于23时47分到达现场并展开扑救。3月30日0时20分,火势得到控制。0时30分,明火彻底被扑灭。火灾现场共疏散被困群众20余人,1人当场死亡,1人送医后经抢救无效身亡,1人重伤。

火灾发生后,广东省公安消防总队、东莞市人民政府、东莞市公安局、东莞市公安消防局及谢岗镇人民政府等有关单位的领导先后到场指挥灭火救援及善后处理工作。

三、火灾原因调查

（一）外围勘验

（1）405 房、505 房和 605 房北面的外墙无明显烟熏痕迹，南面的外墙有明显烟熏痕迹（见图 7-2），呈下重上轻、东重西轻，其中四层窗户上方的烟熏痕迹最严重，瓷砖烧毁脱落，五层和六层的窗户烟熏痕迹较轻，瓷砖没有脱落；阳台上的防盗网变色明显，呈下重上轻、东重西轻，四层变色最明显，并向上方逐渐减轻。

图 7-2　外墙烧损情况

（2）四层楼梯处有过火痕迹（见图 7-3），墙面及天花板附着浓密烟熏痕迹，呈下重上轻；五至六层楼梯处无过火痕迹（见图 7-4）。

图 7-3　四层楼梯处烧损情况

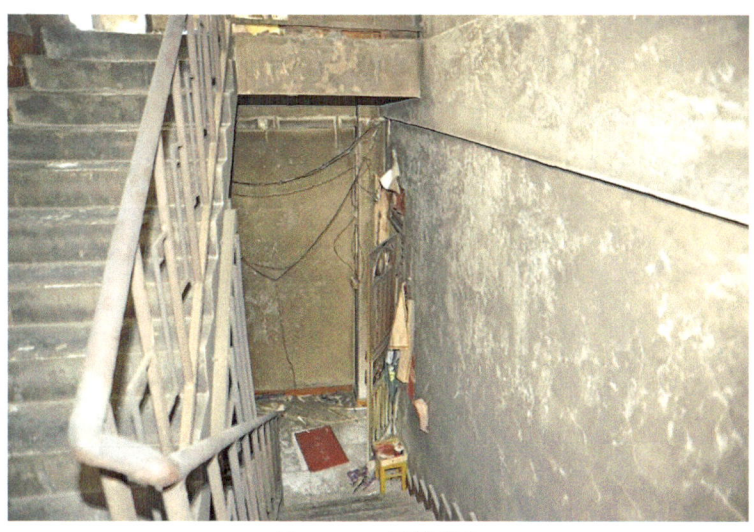

图 7-4　五层楼梯处

（3）406 房大门的上方有明显烟熏痕迹，下方没有烟熏痕迹，室内没有明显的烟熏痕迹。

（4）404 房房内和外墙都没有明显的烟熏痕迹。

（二）内部勘验

（1）405 房北侧靠外墙设了一间卧室，西北侧靠外墙设了一间厨房和一个卫生间，西面中间位置设了一间杂物房，西南侧设了一间卧室和一个卫生间，东南侧为阳台，东侧中部为客厅及走道。

（2）405 房的客厅和西南侧卧室已完全过火，里面的家私、家电及建筑构件（楼板、梁）等烧损严重，墙面、楼板上附着浓密烟熏痕迹（见图 7-5）。北侧的卧室、厨房和杂物房内物品及木制家具完好，未发现明显的烧损痕迹，但均存在不同程度的烟熏痕迹。

图 7-5　客厅烧损情况（1）

(3) 客厅和西南侧卧室的内部烧损痕迹最严重。客厅上方木龙骨烧损痕迹呈南重北轻，墙面木龙骨烧损痕迹呈上重下轻（见图 7-6）。西南侧卧室上方木龙骨烧损痕迹呈北重南轻，墙面木龙骨烧损痕迹呈上重下轻。

图 7-6　客厅烧损情况（2）

(4) 405 房西南侧卧室内物品放置情况：室内南侧外墙有一窗户，靠外墙处放置一张床，床头边放置了一个衣柜，床的北侧放置一张婴儿床，里面放有衣服，床的东侧放置一张铁柜子（见图 7-7、图 7-8）。卧室北侧有一个洗手间，与门口相通。卧室内墙面及天花板均采用木龙骨加木夹板装修，烧损严重。

(5) 客厅与西南侧卧室之间的门框烧损痕迹呈上重下轻，南面西侧的门框旁烧损痕迹比东侧的门框旁烧损痕迹严重，形成西低东高的斜面形燃烧痕迹（见图 7-9）。

图 7-7　卧室烧损情况

图 7-8　卧室东侧烧损情况

图 7-9　客厅与西南侧卧室之间的门框烧损情况

（6）铁柜子上的物品烧损痕迹呈上重下轻、西重东轻，并向西南侧塌陷。

（7）衣柜烧损痕迹呈上重下轻、南重北轻，形成南低北高的斜面形燃烧痕迹。

（8）婴儿床上的物品烧损痕迹呈下重上轻、西重东轻，并向西侧塌陷（见图7-10）。

（9）卧室窗户开口部位设有铁栅栏，经勘验发现，靠近床一侧的铁栅栏变形变色痕迹明显（见图7-11）。

（10）卧室的床与婴儿床之间发现有塑胶凳燃烧的残留物（距南墙2.7米、距西墙1.8米）（见图7-12、图7-13）。

图 7-10 婴儿床烧损情况

图 7-11 卧室窗户处烧损情况

图 7-12 塑胶凳烧损情况（1）

图 7-13　塑胶凳烧损情况（2）

（三）起火原因的认定

（1）排除放火起火因素。经东莞市公安局刑侦支队、谢岗公安分局刑侦大队调查，未发现内、外部人员进入现场放火的证据和疑点。现场勘验，未发现起火建筑内地面及墙面附着助燃液体流淌痕迹，因此可以排除放火致灾的可能性。

（2）排除电气线路及用电设备故障起火因素。经现场勘查、调查询问，405 房在 29 号下午就被供电所的工作人员关掉电源的总开关，房内的用电设备均没有处于工作状态，且对 405 房内电气线路及用电设备进行勘查，均未发现电气线路故障痕迹，因此可以排除电气线路及用电设备故障起火因素。

（3）排除自燃起火因素。经现场勘查、调查询问，起火部位未储存可能引起自燃的物品，因此可以排除自燃起火因素。

（4）认定火灾原因是使用蜡烛照明，蜡烛引燃周围可燃物。

①陈某某的四个子女（最大的 10 岁，最小的 3 岁）在火灾发生前，无监护人看管，在起火房间内使用蜡烛照明。

②李某某（陈某某的妻子）熄灭蜡烛出去工作后，陈某珊又点着蜡烛，并将它放在西南侧卧室的塑胶凳上（距南墙 2.7 米、距西墙 1.8 米）（见图 7-14），之后陈某珊睡着了。

综上所述，认定该起火灾原因为 405 房业主陈某某的女儿陈某珊在西南侧卧室使用蜡烛照明不慎，引燃周围可燃物并蔓延成灾。

四、事故教训

（1）行业主管部门、镇（街道）与村（社区）未落实消防安全责任制度，供电部门未能及时提供电力保障，导致涉事场所违规使用明火照明，成为火灾事故的重要诱因。

（2）监护人陈某某和李某某疏于对儿童的教育，未尽到监护责任，未落实儿童安全

图 7-14 小孩现场指认

监护责任。对陈某珊在卧室使用蜡烛照明的危险行为未及时发现和制止，由于用火不慎，蜡烛引燃周围可燃物并引发火灾，这是导致本次火灾事故的直接原因。

（3）405 房内的墙面、天花板全部采用木龙骨加木夹板等可燃材料装修，且部分区域使用了三合板，大大增加了火灾荷载，此类材料燃烧后产生大量高温有毒烟气，对人员生命安全造成极大危害，不但阻碍了室内人员有效逃生，而且严重影响救援人员开展搜救及灭火作业，直接导致 2 人死亡。

（4）建筑结构存在先天隐患。起火建筑为敞开式楼梯间，405 房着火后，烟气通过户门迅速蔓延到楼梯间，形成烟囱效应，加速火势蔓延。高温有毒烟气在 6 楼楼梯间聚集无法排出，导致被困人员吸入过量一氧化碳中毒死亡。

（5）群众缺乏消防常识和应急逃生技能。遇难者林某某在跟随家人一起逃往天台时，因体力不支或吸入有毒烟气，未能抵达安全区域，倒在了楼梯口处，家人则成功脱险。

五、火灾警示

（1）加强消防安全管理。相关部门应加强对老旧住宅的监管力度，建立消防安全管理制度，明确老旧住宅小区消防责任人和职责，加强日常巡查和检查。要结合社区基础网格建设，完善消防安全网格化管理标准，加强网格消防信息采集、情况反馈和问题督办。此外，健全网格员培训制度和工作考核制度，对网格内单位、场所、居（村）民楼院、村组常态化开展排查整治。

（2）改善消防安全条件。对老旧住宅的消防设施进行更新和完善，确保消防通道畅通、消防设施完好。同时，要定期检查电气线路和燃气管道，及时发现并消除安全隐患，要健全信息共享和联合执法机制，切实提升对老旧住宅的监管效果。

（3）加强靶向宣传教育。针对此次火灾暴露出的群众逃生能力不足问题，重点聚焦老旧住宅小区、城中村出租屋及"三小"场所等居住人员特点，发动基层巡查力量，深入居民住宅区、村（居）民自建房、出租屋，采取"面对面"方式普及用火用气用电安全知识，切实提升群众消防安全意识。同时，在住宅小区、居民楼院、城中村宣传栏等醒目位置张贴本区域发生的火灾案例，警示群众加强火灾防范意识。

（4）完善消防基础设施体系建设。加快消防站布局优化和消防供水设施建设，确保城市消防规划站点落地，夯实辖区火灾防控基础。在偏远村居，建立小型消防站。大力推进村居微型消防站标准化建设，配置实用型器材装备，切实提高微型消防站的效能。

六、调查体会

此次火灾调查涉及未成年人取证工作，询问未成年人需要注意的事项多，其易因教唆、恐惧等情况造成取证困难。经调查人员耐心劝导，在监护人配合下，最终确认是儿童将点燃的蜡烛带入房间引发火灾。勘验人员通过现场烧损情况，确定燃烧物品情况，认定起火部位和起火点，所有证据相互印证，最终认定了火灾原因。

2013年东莞市莞城街道学左前街三巷二横巷1号"10·25"火灾

2013年10月25日0时50分许,东莞市莞城街道学左前街三巷二横巷1号住宅发生较大火灾,火灾烧损部分建筑结构及物品一批,造成5人死亡。

一、基本情况

起火建筑位于东莞市莞城街道学左前街三巷二横巷1号,该建筑为三层半钢混结构的民宅(独栋),占地面积约70平方米,建筑面积约263平方米(见图7-15、图7-16)。

图7-15 起火建筑概貌

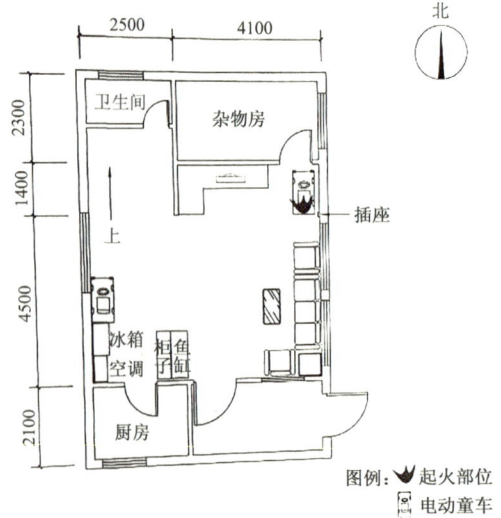

图7-16 起火建筑平面图

二、火灾发生经过和救援情况

2013年10月25日0时55分许,东莞市公安消防局指挥中心接到报警:东莞市莞城街道学左前街三巷二横巷1号住宅发生火灾。指挥中心立即调派莞城中队4辆消防车、25名指战员赶往现场处置。0时59分,莞城中队到达现场。01时33分许,明火基本被扑灭,在火灾扑救过程中抢救出一名两岁小孩,送医后经抢救无效死亡。此次火灾共造成5人死亡(4名成人、1名小孩)。

火灾发生后,广东省消防救援总队、东莞市人民政府、东莞市公安局、东莞市消防救援支队及莞城街道等有关单位的领导先后到场指挥灭火救援及处理善后工作。

三、火灾原因调查

火灾发生后,火调人员与公安刑侦部门积极开展调查工作。调查人员进行了大量的调查询问取证工作,对火灾现场进行详细的内外围反复勘查,收集和掌握了大量的第一手材料。

(一)起火时间的认定

经调查,认定起火时间为2013年10月25日0时50分许。主要依据如下:
(1)东莞市公安消防局119接警中心的接警记录。
(2)证人蒋某某、李某某、袁某某、施某某的询问笔录。
(3)相关视频资料。

(二)起火部位的认定

经调查,认定起火部位为莞城街道学左前街三巷二横巷1号住宅一楼客厅东北角。主要依据如下:

(1)据第一目击证人蒋某某反映,当时他踮起脚透过窗户往屋里看,看到(一楼东面)中间窗户右下角的窗帘着火了。证人李某某反映,他看到(一楼东面)窗户上的窗帘烧了起来。证人袁某某反映,他走近学左前街三巷二横巷1号一楼时,发现窗户那里着火了,有火光冒出。

(2)对起火建筑内部勘查发现,一楼烧损程度最严重,二楼、三楼烧损程度较轻。一楼的客厅烧损程度最严重,厨房次之,杂物房和厕所烧损最轻。客厅北面烧损重,南面烧损轻,东面烧损重,西面烧损轻。

(三)起火点的认定

经调查,认定起火点为莞城街道学左前街三巷二横巷1号住宅一楼客厅东北角的电动童车处。主要依据如下:

(1)对火灾现场进行勘验,一楼东墙批荡层剥落,泥沙裸露,烧损程度北重南轻、下重上轻,窗户北侧形成"U"形烧损痕迹(见图7-17)。

图 7-17 一楼烧损情况

（2）东墙两个窗户的玻璃全部破碎，窗框及防盗网变形变色，烧损程度上重下轻、北重南轻（见图 7-18）。

图 7-18 东墙窗户烧损情况

（3）东墙窗户下方的木沙发炭化，呈北重南轻；茶几坍塌炭化，呈北重南轻（见图 7-19）。

图 7-19 东墙窗户下方的木沙发烧损情况

（4）东北角的电动童车塑料外壳全部熔化，变形变色，仅残留铁架（见图7-20）。

图7-20　东北角的电动童车烧损情况

（5）靠北墙摆放的电视柜、电视机烧损，残留金属后机板，电视柜摆放的物品烧损呈东重西轻，形成东低西高的斜面形烧损痕迹（见图7-21）。

图7-21　电视柜、电视机烧损情况

（6）在电动童车上方距北墙1.7米、距地面1.3米处有一个插座，插座上有一片电源线的金属插销，插销下方残留部分电线线芯（见图7-22）。

图7-22　电动童车上方插座烧损情况

（7）电动童车处的墙面有"V"形燃烧痕迹（见图7-23）。

图7-23 墙面有"V"形燃烧痕迹

上述炭化、现场勘验痕迹、物证等证据证明，起火点为一楼客厅东北角的电动童车处。

（四）起火原因的认定

（1）排除放火刑事犯罪的嫌疑。根据东莞市公安局莞城分局刑事侦查大队出具的《莞城公安分局关于"10·25"火灾事故的调查情况》和现场勘验的情况，可以排除放火刑事犯罪的嫌疑。

（2）排除自燃及吸烟遗留火种引起火灾因素。该起火灾从发现到燃烧，时间短、起火快，无阴燃起火痕迹特征，排除自燃及吸烟遗留火种引起火灾因素。

（3）排除雷击引发火灾因素。根据东莞市气象局出具的气象证明，发生火灾时，莞城街道学左前街的天气是晴天，火灾发生前后，该区域无雷电现象发生。

（4）认定起火原因是停放在一楼客厅东北角的电动童车在充电过程中发生线路故障引发火灾。

①经现场勘验，电动童车上方的插座上有一片电源线的金属插销，插销下方残留部分电线线芯，说明当时电动童车在充电。

②电动童车里的线路有熔痕，提取熔痕经广东震华痕迹司法鉴定所鉴定，熔痕为电热作用形成。

③起火点附近有窗帘和木沙发，具备可以被电气线路故障热源引燃的条件。

④证人骆某某反映，电动童车一般是白天给小孩子玩一下，白天没见他们充过电，应该是晚上的时候给电动童车充电的。

综上所述，根据现场勘验、证人证言、司法鉴定等证据，认定该起火灾起火原因是停放在一楼客厅东北角的电动童车在充电过程中发生线路故障引发火灾。

四、事故教训

（1）起火建筑内所有阳台及窗户均安装了防盗网，火灾发生时，大量有毒烟气迅速扩散到二楼、三楼，导致睡眠中的人员难以在最短时间内选择最有利的逃生路线。

（2）起火部位周围放置了大量的可燃物，导致火灾蔓延迅速，并产生大量有毒烟气。

（3）火灾发生时屋内人员正在睡觉，未能及时发现火灾，错失逃生的最佳时机。

（4）有关人员缺乏安全用电的防火知识和逃生知识，部分电器在晚上进行充电，易造成火灾发生。

五、火灾警示

（1）做好家庭电气火灾的预防工作。发生家庭电气火灾，可能造成严重的经济损失和人员伤亡。预防家庭电气火灾，最有效的方法之一是强制安装使用通过国家认证的漏电保护装置及防火开关，严禁超负荷用电。此外，要强化家庭落实技术防范措施，加强监督管理工作，确保消防安全。

（2）居委会要加大对居民的消防安全教育培训，督促安装有防盗网的住户在防盗网上设计一个可以开启的紧急逃生口，遇到危险时可以直接打开或拆除。

（3）推广住宅安装烟感探测器，确保实现在火灾初期烟感探测器能发出警报，提醒居民及时逃生，并及早向消防指挥中心报警。

（4）居民应定期检查电器及插座，确保没有电线老化、接触不良等情况。同时，避免长时间使用电器充电。日常生活中要注意用电安全，不使用"三无"电器产品，不超负荷用电。

（5）加大消防宣传培训力度，提高群众消防安全意识和灭火自救能力。利用主流媒体在黄金时间段刊播消防公益广告，特别是居家防火、留守儿童等消防安全专题。同时，将消防知识纳入教学、科普、普法、就业培训等工作内容，使消防安全宣传培训覆盖到各行各业，使业主牢固树立消防安全主体意识，落实消防安全工作自我管理、自我检查、自我整改、自我培训，使人民群众的消防安全意识切实得到提高。

六、调查体会

在家庭住宅火灾调查中，我们发现，家庭住宅火灾往往是由多个因素共同作用引起的，包括电器故障、燃气泄漏、人为失误等。因此，在调查中，我们需要综合考虑所有可能的因素。此起火灾发生后，调查人员迅速赶赴现场，有序地开展了现场勘查、证据收集和分析工作。通过勘查火灾现场，对电动童车进行详细勘验，并对现场地面进行清洗，将现场烧损痕迹更加直观体现出来，再结合相关物证和证人证言，准确地找出了火灾发生的原因。

2023年东莞市道滘镇南城村南中路35号"4·19"火灾

2023年4月19日6时56分许,东莞市道滘镇南城村南中路35号住宅发生火灾,造成1人死亡。

一、基本情况

起火建筑为吴某某(遇难者)所有,建于2005年,位于道滘镇南城村南中路35号,二层砖混结构,高约6米,占地面积约40平方米,总建筑面积约80平方米,首层为客厅、厨房及卧室,第二层为客厅、卧室。该建筑仅有一条敞开楼梯通往天面,起火建筑西面、南面与巷道及其他居民楼相邻,北面、东面紧贴居民楼(见图7-24、图7-25)。

图7-24 起火建筑航拍图

图7-25 起火建筑概貌

二、火灾发生经过和救援情况

2023年4月19日7时15分许,东莞市消防救援支队指挥中心接到报警:道滘镇南城村南中路35号一村民自建房发生火灾,且有人员被困。接警后,道滘专职消防队立即出动2辆装备车、2辆水罐泡沫车、2辆水罐车、1辆云梯高喷泡沫车、22名指战员赶赴现场处置,通知辖区7个村兼职消防队赶赴现场。支队指挥中心同时调派万江专职消防队、厚街消防大队赶赴现场。7时25分,道滘专职消防队到场后,立即铺设1条水干线、2支水枪对建筑进行灭火降温,同时成立搜救小组、内攻小组。经询问现场人员,了解到居住人员已逃生,内攻组在水枪掩护下对建筑一层内物品进行搬离并逐步打通内攻路线。7时34分,现场人员反映其1名亲属被困一楼最里面的卧室,随即派出搜救组进行搜救。7时40分,明火被扑灭,在一楼卧室搜救出一名被困人员,立即转移给现场医护人员实施抢救。

火灾发生后,东莞市消防救援支队、道滘镇人民政府等有关单位的领导先后到场指挥灭火救援及处理善后工作。

三、火灾原因调查

经调查,认定起火时间为2023年4月19日6时56分许,认定起火部位为东莞市道滘镇南城村南中路35号吴某某住宅一楼卧室中间(距北墙约0.9米、距西墙约1.0米)处,认定起火原因为吴某某用火不慎,引燃屋内存放的可燃物起火蔓延成灾。

(一)起火时间的认定

经调查,认定起火时间为2023年4月19日6时56分许。主要依据:通过监控视频分析(对监控视频录像校对,与北京时间相差1秒),2023年4月19日6时56分30秒,住宅建筑正门冒出白色烟雾,随后烟雾逐渐变大(见图7-26)。

图7-26 住宅建筑正门冒出白色烟雾

（二）起火部位和起火原因的认定

经调查，认定起火部位为东莞市道滘镇南城村南中路 35 号吴某某住宅一楼卧室中间（距北墙约 0.9 米、距西墙约 1.0 米）处，起火原因为吴某某用火不慎，引燃屋内存放的可燃物起火蔓延成灾。主要依据如下：

（1）调查询问情况。据遇难者的女儿吴某反映，吴某某有抽烟习惯，其因病卧床期间（半年）未曾自行购买香烟，但偶尔接受邻居和朋友赠予的香烟，其卧室内放有大量打火机。吴某每天早上为吴某某倒尿桶时，发现尿桶内尿液中偶有疑似烟灰的物质。

（2）监控视频分析情况。根据监控视频，未发现可疑人员出入起火现场，排除外来人员蓄意放火的因素。

（3）现场勘验情况。住宅一楼卧室中间（距北墙约 0.9 米、西墙约 1.0 米）处烧损痕迹最严重，该处放置的可燃物完全烧毁，以此处为中心，向东约 0.5 米处的床架严重烧损并断开，床架烧损情况从断口处向北、向南、向东烧损痕迹逐渐减轻；从中心向北约 0.9 米处的墙皮剥落严重，形成明显的"V"字形燃烧痕迹，该痕迹底端靠近墙根位置；从中心向南约 1.0 米处墙皮剥落不规则，且低位区域的墙皮没有明显剥落，不属于低位燃烧（见图 7-27）。对起火部位进行清理，未发现电气线路故障痕迹（见图 7-28）。

（4）根据东莞市气象局数据，2023 年 4 月 19 日 1 时至 8 时，天气情况为暴雨至中雨，气温 21～26 摄氏度，西南风 3 级，无雷击。排除雷击造成火灾的可能性。

（5）起火部位周围有书桌、塑料制品、纸皮及衣物等大量可燃物，烟头掉落在塑料薄膜、纸皮、衣物上，能够引燃物品，具备引发火灾的条件。

（6）经现场勘查及询问有关人员，起火房间未存放易自燃物品，起火现场也未检出自燃性物质和其残留物，排除物品自燃引发火灾的可能性。

（7）经公安刑侦和消防部门调查，此次火灾可以排除放火引发火灾的因素。

图 7-27 起火部位烧损情况

图 7-28 起火部位清理后

四、事故教训

（1）场所堆放大量可燃物。起火建筑内堆放有大量的纸箱、衣物、被褥以及塑料制品等可燃物，且物品之间距离较近，一旦发生火灾，燃烧时的热值非常高，辐射热非常强，产生大量热气，导致火灾迅速蔓延，严重影响人员疏散逃生。

（2）人员消防安全意识淡薄。该户家庭成员没有足够的消防安全意识，对大量可燃物品的摆放和整理较为随意，长期占用并堵塞疏散通道，且家中没有配置烟雾报警器、灭火器等消防设施，存在严重安全隐患。

（3）村（社区）消防宣传不到位。对该户屋内的情况，村委工作人员虽然有所了解，但没有及时开展消防安全宣传教育，未尽到提醒的义务。

五、火灾警示

（1）要注意用火用电安全。加强用火用电看护，做到人走火灭、电断。电气线路应由专业电工进行敷设，不私拉乱接电线，不超负荷用电，不贪图便宜购买假冒伪劣电器产品和插线板。注意家庭用火，不要躺在床上或沙发上抽烟，特别是身体劳累或者醉酒时，烟头落在沙发、被褥上易引发火灾。此外，烟头应掐灭在烟灰缸内，不能随意扔在废纸篓或其他可燃物上，也不能随意扔出窗外。

（2）要提升居民消防安全意识。部分居民自建房消防安全条件先天不足，例如未经正规的设计，消防安全条件差，一旦发生火灾，火势和高温有毒烟气会迅速蔓延到其他楼层，加之有的居民会在外窗、阳台和安全出口处安装防盗网或卷帘门，造成建筑内人员疏散逃生困难。室内货物密集堆放，甚至在楼梯间、疏散通道及起居室内也堆满货物，部分区域还违规增设夹层、隔间以扩大储物空间，一旦发生火灾，后果不堪设想。因此，住宅建筑应保持疏散通道畅通，严禁堵塞、锁闭、占用疏散逃生通道和逃生出口。此外，住宅建筑确需安装防盗网或铁栅栏的，应在防盗网上设置尺寸不小于 1 米×0.8 米且随时能够打开的逃生口。

（3）要学会火场逃生。一旦发现火情，要第一时间拨打火警电话 119，禁止贪恋财物，应通过疏散走道、楼梯间向室外或屋面天台疏散。同时，家中要配备常用消防器材，如安装独立式烟感报警装置，配备灭火器、防烟面罩、灭火毯等消防用品，以备急用，并掌握相关器材的使用方法。

六、调查体会

大量调查走访，广泛收集与火灾有关的信息，是火灾调查工作取得成功的关键。此次火灾调查中，虽然周边有许多监控摄像头，但无法拍摄到起火建筑的起火情况。事发时间为清晨，起火建筑为私人住宅，当事人年龄较大，常年卧床，未能及时呼救，周边邻居也未发现起火异常。调查人员通过对监控视频进行分析及调查询问有关人员，得知当事人有吸烟习惯，现场勘验中根据火灾特征、火灾痕迹，一一排除其他引火源，最终确定了起火原因。

第八章
出租屋类火灾事故典型案例

2012年东莞市厚街镇三屯社区企山头林屋32号"1·1"火灾

2012年1月1日9时35分许,东莞市厚街镇三屯社区企山头林屋32号206房发生火灾,造成1人死亡。

一、基本情况

起火建筑位于东莞市厚街镇三屯社区企山头林屋32号,建筑共五层,钢筋混凝土结构,占地面积140平方米,总建筑面积约700平方米,房东是尹某坤,东莞厚街人。起火建筑坐东朝西,东西长10米,南北宽14米,西面是街道,北面是企山头林屋33号,东面是街道,南面是企山头林屋30号。

二、火灾发生经过和救援情况

2012年1月1日10时02分,东莞市厚街公安消防大队接到出警指令:东莞市厚街镇三屯社区企山头林屋32号206房发生火灾。厚街中队立即出动4辆消防车赶往现场,同时通知三屯社区兼职消防队出警。社区兼职消防队于10时09分到达现场,厚街消防大队于10时14分到达现场,此时明火已被社区兼职消防队扑灭。经搜救,发现有一小女孩被困,小女孩被救出后经120抢救无效死亡。

火灾发生后,东莞市公安消防局、厚街镇人民政府等有关单位的领导先后到场指挥灭火救援及处理善后工作。

三、火灾原因调查

火灾发生后,东莞市公安消防局与刑侦部门积极开展了调查工作。调查组通过大量的调查询问取证工作,对火灾现场进行详细的内外围反复勘查,收集和掌握了大量的第一手材料。

(一)起火部位的认定

经调查,认定起火部位为东莞市厚街镇三屯社区企山头林屋32号206房卧室。主要依据如下:

(1)起火建筑的楼梯无烟熏痕迹。206房西面外墙有两个窗户,由北向南第一个窗户完好,第二个窗户的玻璃受热破碎。

(2)206房客厅未过火,客厅内物品无明显烧损痕迹,墙面及天花板附着浓密的烟熏痕迹，呈上重下轻（见图8-1）。厨房内物品完好，未发现明显的烧损痕迹，但存在不同程度的烟熏痕迹。

图8-1　客厅烧损情况

（3）206房卧室北侧过火，里面的家私、家电烧损严重，墙面、楼板上附着浓密的烟熏痕迹，卧室内部烧损痕迹较其他地方重（见图8-2）。

图8-2　卧室烧损情况

（二）起火点的认定

经调查，认定起火点为东莞市厚街镇三屯社区企山头林屋32号206房卧室的西北角。主要依据如下：

（1）衣柜烧损并向北侧塌陷，衣柜内衣物烧损痕迹呈北重南轻。

（2）卧室的房门烧损变色呈上重下轻，形成斜面形烧损痕迹，上方呈泛白状，中间呈深褐色，下方呈浅褐色。

（3）西侧外墙有一扇窗户，窗户玻璃烧损破碎，由北向南第一块玻璃烧损破碎面积较大，第二块玻璃烧损破碎面积较小，呈北重南轻；铝合金玻璃框烧损变色，呈北重南轻（见图8-3）；防盗网烧损变形变色，北面防盗网有轻微变形，下方变形较重，上方未变形，呈下重上轻；南面防盗网未变形，但附着浓密的烟熏痕迹，呈北重南轻，北面窗框下方残留少量烧损软化的玻璃。

图8-3 窗户烧损情况

（4）北侧墙体下方部分脱落，呈白色，南侧墙体未脱落；东墙北侧门口上方附着浓密的烟熏痕迹，呈北重南轻；西北角墙体批荡层下方脱落，呈白色，上方呈灰白色，烧损程度下重上轻。

（5）卧室的床受损较重，床头基本未过火，但床尾已完全过火，床上的物品烧损痕迹呈北重南轻（见图8-4）；北侧的铁质床架呈白色，床尾处的弹簧裸露变形变色，西北角的弹簧架变色明显，以此为中心向四周减轻。

图8-4 卧室床尾处烧损情况

（6）床尾与西北墙角之间放有一台电视机，电视机架烧损，仅残留铁质框架，电视机烧损严重，外壳正面朝下，底面朝上，外壳受烧变形变色（见图8-5、图8-6）。提取电视机残骸，发现电视机线路板烧损严重，提取线圈处电线，部分电线熔断。电视机内部氧化变色严重，外部氧化变色较轻，呈内重外轻。

图8-5　电视机烧损情况

图8-6　电视机残骸

上述炭化、现场勘验痕迹等证据证明，起火点为东莞市厚街镇三屯社区企山头林屋32号206房卧室的西北角。

（三）起火原因的认定

（1）排除放火嫌疑。经厚街公安分局刑侦大队调查，未发现内、外部人员进入现场放火的证据和疑点。经现场勘验，未发现起火建筑内地面及墙面附着助燃液体流淌痕迹及两个以上起火点痕迹，未发现窗户玻璃被机械力破坏痕迹及可疑物品，窗户玻璃破裂均为火灾热炸裂痕迹，因此可以排除放火致灾的可能性。

(2) 排除自燃及吸烟遗留火种引起火灾因素。经现场勘验，起火部位无自燃物品，火灾现场无阴燃起火痕迹。该起火灾燃烧猛烈，发生突然，为明燃起火特征。

(3) 排除雷击引发火灾因素。火灾发生前后，东莞市厚街镇三屯社区区域无下雨、雷电现象发生。

(4) 认定起火原因是东莞市厚街镇三屯社区企山头林屋 32 号 206 房卧室的电器故障引燃周围可燃物。

①东莞市厚街镇三屯社区企山头林屋 32 号 206 房卧室的电视机的燃烧痕迹是由里向外燃烧。

②对电视机进行勘验。电视机架烧损，仅残留铁质框架，电视机烧损严重，外壳正面朝下，底面朝上，外壳受烧变形变色。提取电视机残骸，发现电视机线路板烧损严重，提取线圈处电线，部分电线熔断。电视机内部氧化变色严重，外部氧化变色较轻，呈内重外轻。

综上所述，根据现场勘验、现场痕迹等证据，认定该起火灾起火原因是东莞市厚街镇三屯社区企山头林屋 32 号 206 房卧室的电器故障引燃周围可燃物。

四、事故教训

(1) 屋主消防安全意识淡薄。其在卧室内堆放较多可燃物，且缺乏系统的消防知识，对火灾的危险认识不足，不能及时发现消防安全隐患。

(2) 未定期检查家里的电器设备。

(3) 购买电器设备必须选择正规厂家生产的且有国家 3C 认证的产品。

五、火灾警示

(1) 监护人应切实履行安全教育责任。避免将孩子独自留在家中，确需将孩子留在家中，应该教会孩子基础的安全常识和急救技巧，学会对突发事件进行处置，将紧急救助电话（报警电话 110、急救电话 120、火警电话 119 等）贴在显著位置。监护人要教会孩子，如果在紧急情况下联系不到父母，该联系哪些人，保管好亲戚或社区民警的电话和详细地址。

(2) 要使用安全的电器，注意防范家用电器故障引发的火灾。监护人应注意电动自行车充电消防安全，教育家庭成员如何正确使用电器设备，并告诉未成年人哪些电器设备是有潜在危险的。

(3) 定期检查燃气设备。定期检查燃气管线是否老化，不能私自更改燃气管线，厨房用火时不离人，并教育未成年人如何处理燃气泄漏等问题。

(4) 不私拉乱接电线。教育家庭成员不能私拉乱接电线，以免引起火灾或触电事故。使用电、炉火、土炕取暖时，要与周边可燃物保持安全距离，不能在电取暖设备上覆盖衣物。

六、调查体会

火灾事故调查过程中的细致程度是准确查明事故原因的关键。此次火灾中,调查人员对现场进行了全面细致的勘查,还特别注重多方面证据的综合分析,除了现场勘查外,还对相关人员进行了询问、对周边环境进行了考察,力求从多个角度验证事故原因,这种全面系统的调查方法增强了火灾原因认定的说服力。

2014年东莞市厚街镇珊瑚路107号 "11·20" 火灾

2014年11月20日14时17分许，东莞市厚街镇珊瑚路107号出租屋发生较大火灾，火灾烧损部分建筑结构及物品一批，造成3人死亡，1人受伤。

一、基本情况

起火建筑为东莞市厚街镇珊瑚路107号出租屋，该建筑于2002年3月建成，2005年进行了扩建，建筑权属人为黄某某，房屋用途为住宅，房屋所有权性质为私有产权，土地使用权性质为集体所有，该建筑一栋九层，钢筋混凝土结构（见图8-7），占地面积约400平方米，建筑面积约3 600平方米。2009年1月，业主黄某某向厚街镇出租屋服务管理中心登记备案，将该建筑用作出租住宅（编号为中心区0413，备案号为HB11222300***）。2013年11月，黄某某将住宅租赁给吴某某和张某某用作住宿。火灾发生时，该建筑一楼和二楼局部为发廊，一楼局部为出租屋的服务台和过厅，二楼局部为杂物房，三至八楼为住宅房间，九楼为杂物房。

图8-7 建筑概貌

二、火灾发生经过和救援情况

2014年11月20日14时17分许，东莞市公安消防局指挥中心接到报警：东莞市厚街镇珊瑚路一公寓五楼发生火灾。接到报警后，指挥中心立即调派厚街消防大队出动 8 辆消防车、35 名指战员赶赴现场扑救。首批消防力量到达现场后采取边救人边灭火的措施，组织力量沿楼梯铺设水带内攻灭火救人。根据现场指挥员反馈的情况，指挥中心迅速增调虎门中队、特勤一中队、南城中队、大岭山中队、特勤二中队、沙田专职队、道滘专职队前往增援，东莞市公安消防局全勤指挥部遂行出动，先后调集 8 个中队共 23 辆消防车、127 名消防人员赶赴现场救援。救援人员在建筑外侧利用三节拉梯营救被困人员，先后营救出 11 名被困人员。15 时 20 分许，明火基本被扑灭。搜救组又在 6 楼抢救出 1 名被困人员，在 7 楼抢救出 2 名被困人员，在天台抢救出 2 名被困人员，并交给现场 120 急救，其中 3 人抢救无效死亡，2 人轻伤住院。

火灾发生后，广东省公安厅、广东省公安厅消防局、东莞市人民政府、东莞市公安局、东莞市公安消防局及厚街镇人民政府等有关单位的领导先后到场指挥灭火救援及处理善后工作。

三、火灾原因调查

火灾发生后，东莞市公安消防局与公安刑侦部门积极开展了调查工作。调查人员通过大量的调查询问取证工作，对火灾现场进行详细的内外围反复勘查，收集和掌握了大量的第一手材料。

（一）起火部位的认定

经调查，认定起火部位位于出租屋 501 房。主要依据如下：

（1）证人证言。据二手房东吴某某反映，他打开 502 房门时未发现有烟，当打开 501 房门时，突然有大火与浓烟从房内喷出来。据 503 房的盘某某反映，被烟熏醒后他打开房门，看到对面 501 房火烧得很厉害，而且火已经烧到他房间了，走廊到处都是火种。

（2）监控录像情况。11 月 20 日 14 时 16 分 02 秒，二手房东吴某某打开 502 房门时，未发现 502 房有异常。11 月 20 日 14 时 16 分 08 秒，吴某某打开 501 房门时，发现有大量的浓烟从房门上方冒出来。

（3）现场烧损情况。一至四楼未过火，无明显烟熏痕迹。五楼的 501 房、503 房以及靠西面墙的敞开楼梯间过火，其余房间无明显过火痕迹，501 房前通道处过火，附着浓密的烟熏痕迹，呈西重东轻、上重下轻（见图 8-8）。六楼靠西面墙的敞开楼梯间过火，603 房有部分物品过火，601 房有明显的烟熏痕迹，其余地方无明显过火痕迹。七至九楼无明显过火痕迹。

（二）起火点的认定

经调查，认定起火点为出租屋 501 房的西北角。主要依据如下：

（1）501 房内烧损情况。房内物品基本过火，物品烧损严重，西面物品全部烧损，呈西重东轻。西面的一个衣柜、两张椅子、一张茶几和衣服全部烧损，形成炭化残留物。

图 8-8 501 房前通道处过火，附着浓密的烟熏痕迹

房内木质吊顶天花板烧损严重，西面木质龙骨大部分烧损，东面木质龙骨保留比较完好，呈西重东轻。西面墙体上的混凝土部分剥落，部分砖体裸露，东面墙体上的混凝土有轻微裂纹，砖体没有裸露。北面和南面墙体上的混凝土烧损痕迹呈西重东轻，形成西低东高的斜面形烧损痕迹。北面的电视桌西面烧损严重，东面烧损较轻，呈西重东轻，电视桌向西面倾斜，形成西低东高的斜面形烧损痕迹。房内的两张床烧损严重，呈西重东轻；西面的床烧损呈西北重东南轻（见图 8-9）。阳台门的铝门框烧损严重，呈西重南轻，形成西低南高的斜面形烧损痕迹（见图 8-10）。清除西北角处的炭化残留物，发现西北角的部分地砖裂开，其余地方的地砖完整（见图 8-11）。

图 8-9 房间烧损情况

图 8-10　阳台门的铝门框烧损情况

图 8-11　西北角烧损情况

（2）对火灾现场进行勘验，并对西北角处的残留物进行水洗，发现部分电线，且电线上有电熔痕（见图 8-12、图 8-13）。

图 8-12　西北角处的电线情况

图 8-13 起火部位情况

（3）对西北角处的电线进行提取（见图 8-14 至图 8-16），经广东震华痕迹司法鉴定所鉴定，该电线为一次短路和电热作用形成，证明该电熔痕处为起火点。

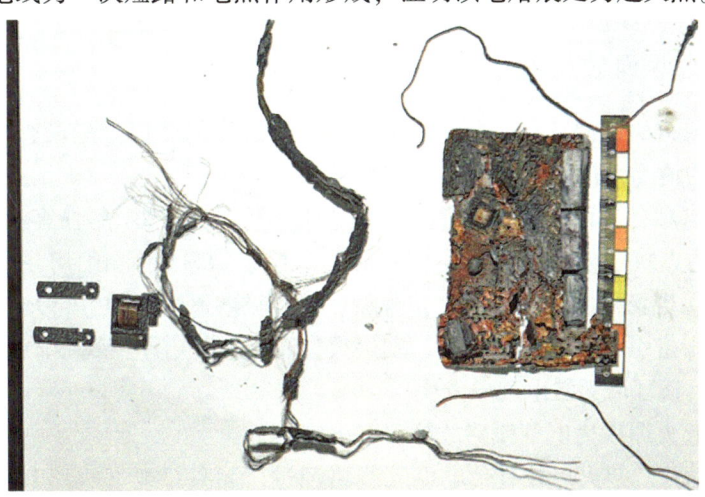

图 8-14 提取的物证情况（1）

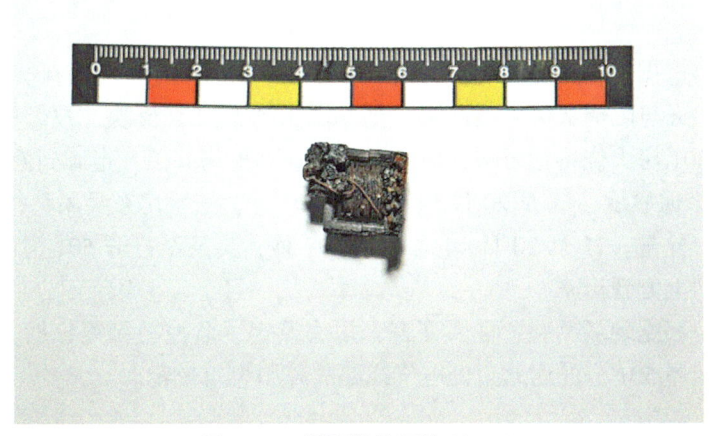

图 8-15 提取的物证情况（2）

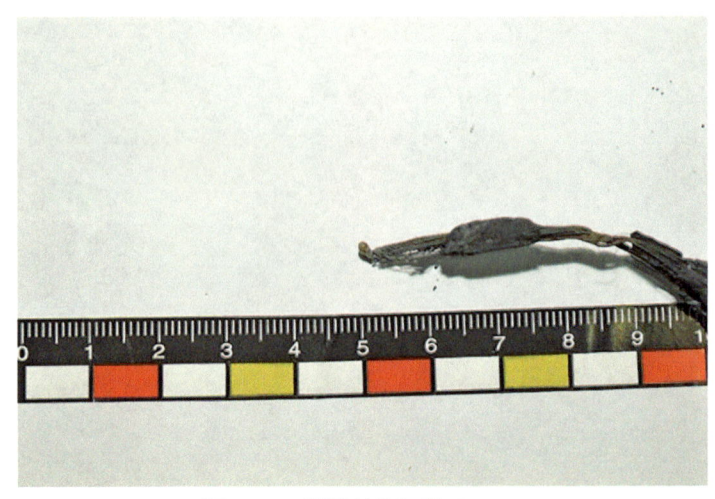

图 8-16　提取的物证情况（3）

上述炭化、现场勘验痕迹、物证鉴定等火灾证据证明，起火点为出租屋 501 房的西北角。

(三) 起火原因的认定

（1）排除放火引起火灾的可能性。根据东莞市公安局厚街分局调查的情况、监控视频和现场勘验的情况，排除放火刑事犯罪的嫌疑。

（2）排除自燃、遗留火种引起火灾的可能性。经调查，501 房住客没有吸烟的习惯，也没有在房间内点蚊香或存放能自燃的物品。监控录像显示，501 房住客于 11 时 58 分 54 秒离开房间。现场无阴燃起火痕迹，排除自燃及吸烟遗留火种引起火灾的因素。

（3）排除雷击引起火灾的可能性。发生火灾时，东莞市厚街镇珊瑚路的天气是晴天，火灾发生前后，该区域无雷电现象发生。

（4）认定起火原因为电气线路故障引起火灾。

①经现场勘验，起火点处有带电电气线路经过，而且该电气线路有熔痕，提取该熔痕，经广东震华痕迹司法鉴定所鉴定，该熔痕为一次短路和电热作用形成，具备引起火灾的条件。

②起火点处堆放大量衣服等可燃物，且地面铺有地毯，具备电气线路故障引起火灾的条件。

③证人证言。据二手房东吴某某反映，他打开 502 房门时未发现有烟，当打开 501 房门时，突然有大火与浓烟从房内喷出来。据 503 房的盘某某反映，被烟熏醒后他打开房门，看到对面 501 房火烧得很厉害，而且火已经烧到他房间了，走廊到处都是火种。

（5）监控录像显示，11 月 20 日 14 时 16 分 02 秒，二手房东吴某某打开 502 房门时，未发现 502 房有异常。11 月 20 日 14 时 16 分 08 秒，吴某某打开 501 房门时，发现有大量的浓烟从房门上方冒出来。

综上所述，根据现场勘验、证人证言、司法鉴定、监控视频等证据，认定该起火灾起火原因为出租屋 501 房的西北角处电气线路故障引燃可燃物。

四、事故教训

（1）出租屋管理者发现火情时，未及时组织人员疏散。火灾发生后，管理者打开起火房间501房的门后发现冒出大量烟气，未将房门关闭就去关电闸，导致火势和烟气迅速向外蔓延，且未及时通知、组织楼内住户疏散逃生，错过了安全疏散逃生的时机。

（2）疏散通道内堆放可燃物。该建筑内疏散通道、楼梯间堆放了床垫、自行车、地毯等杂物，既增加了火灾荷载，又影响了人员疏散。火灾发生后，产生大量高温有毒烟气，加速火势蔓延。

（3）部分住户安全意识淡薄。火灾发生在5楼，但3名遇难者均是7楼住户，且所在房间附近有两部疏散楼梯，他们均未能成功逃生自救，其中2名遇难者躲进洗手间避险时房间门都没有关闭，导致吸入过量有毒烟气窒息而亡。

（4）消防设施不齐全。出租屋业主消防意识淡薄，未按要求配备疏散指示标志、应急照明、灭火器、独立式烟感报警器等消防设施。

五、火灾警示

（1）管理者应积极履行组织在场群众疏散的义务。发生火灾时，出租屋管理人员没有履行相应的职责，给群众带来巨大的损失。

（2）掌握火场逃生技巧。①可用湿毛巾、口罩盖住鼻子，用水淋湿衣物，匍匐前进。因为烟气较空气轻而浮于上部，贴近地面是避免吸入烟气的最佳方法。②缓降逃生，用滑绳自救。严禁盲目跳楼，可利用疏散楼梯、阳台等逃生自救，也可用绳索、床单、窗帘自制简易救生绳，并用水打湿，拴紧在窗框、铁栏杆等固定物上，同时用毛巾、布条等保护手心，顺绳滑下至未着火的楼层脱离险境。③当受到火灾威胁时，要立即披上浸湿的衣物、被褥等，向安全出口突围，不能盲目地跟随人流相互拥挤、乱冲乱撞。撤离时，要朝明亮处或外面空旷的地方跑。火势不大时，要尽量往楼层下面跑，若通道被烟火封阻，则应背向烟火方向离开，逃到天台、阳台处。④遇火灾时不可乘坐电梯，要向安全出口方向逃生。⑤大火袭来，如果用手摸到房门已发烫，若此时开门，火焰和浓烟将会扑来，所以这时我们要关紧门窗，用湿毛巾、湿布塞堵门缝，防止烟火渗入。⑥若所有逃生线路被大火封住，那我们要立即退回室内，用打手电筒、挥舞衣物、呼叫等方式向外发送求救信号，引起救援人员的注意。

六、调查体会

要确保火灾原因认定准确无误，必须建立在取得完备的证据链，且每个证据之间能够相互印证的基础上。本起火灾事故中，起火房间位于五楼，而遇难人员却分布在其他楼层，涉及多方当事人。火调人员在开展调查过程中，获取了证人证言，通过现场勘查获取了燃烧蔓延情况、物品烧损轻重程度等痕迹信息，同时取得了物证的检验鉴定结论，形成了证据链且指向一致，从而确保了起火部位和起火原因的唯一性，圆满完成了这起涉及多方当事人的火灾事故调查工作。